Schnitt*punkt*

**Mathematik für Realschulen
Nordrhein-Westfalen**

**Rainer Maroska
Achim Olpp
Claus Stöckle
Jürgen Walgenbach
Hartmut Wellstein**

**unter Mitarbeit von
Agathe Bachmann, Langenfeld
Berthold Grimm, Billerbeck
Paul Krahe, Erkelenz
Rainer Pongs, Hürtgenwald-Kleinhau
Hartmut Wallrabenstein, Georgsmarienhütte**

**Ernst Klett Verlag
Stuttgart Düsseldorf Leipzig**

Bildquellenverzeichnis:

Angermayer, Toni, Holzkirchen; 56, 142.1 (Hans Reinhard), 189.2 (Günter Ziesler) – Archiv für Kunst und Geschichte, Berlin; 7.1, 7.3, 24, 77.1, 88 – Bach, Eric, Superbild-Bildarchiv, München-Grünwald; 12, 49.2 (Bernd Ducke), 58, 97, 107, 112 (H. Schmidbauer), 191 (Nasa) – Baumann, Presse-Foto, Ludwigsburg; 131, 138 – Bavaria Bildagentur, Gauting; U 1 (The Telegraph), 33.1 (Lederer), 84.2 (Picture Finders), 143.2 (Eckebrecht), 145.1 (Rudolf Holtappel), 173 (Benelux-Press), 176 (HL), 189.3 (Hansen), 196.2 (Greulich/Brachholz), 196.3 (Benelux-Press) – Bayrische Staatsbibliothek, München; 127.10 – Bongarts Sportpressephoto, Hamburg; 25, 65, 70, 146, 151, 160 – Bucher Verlag, München; 36.1 – Deutsches Museum, München; 34, 41– dpa, Frankfurt/Main; 49.1 (Wöstmann), 121 (Stefan Hesse), 123 (Witschel) – Gebhardt, Dieter, Grafik- und Fotodesign, Asperg; 31.1–5, 33.2, 75.1, 77.2, 115.3, 125, 127.1–9, 128, 143.1, 169, 171.1+2, 194, 197, 198, 199, 200, 201, 202, 203 – Globus Infografik, Hamburg; 183 – Hamann, Anne, Bildagentur, München; 86 (Georg Gerster) – Hughes, D. Sabie Park, Südamerika; 115.2 – IFA Bilderteam, München; 84.1 (Gottschalk), 152 (Ronchi), 157 (Renz), 166 (Nowitz), 177.2 (F. Prenzel), 180 (Aberham), 185 (Jakob), 187 (Bail), 189.1 (Lederer) – IVB-Report, Heilighaus; 177.1 – Mauritius Bildagentur, Stuttgart; 49.3 (K. W. Gruber), 48 (Waldkirch), 61.1 (Reinhard), 142.2 (Vidler) – Okapia, Bildarchiv, Frankfurt/Main; 118 (Hans Reinhard) – Presse- und Informationsamt Münster; 115.1 – Save Bildagentur, Augsburg; 100 (Armin Maywald) – Schmidtke, Schorndorf; 93 – Staatliche Münzsammlung, München; 61.2 + 3 – Studio X Images de Presse, F-Limours; 154 (Allain le Bot-Gamma) – Süddeutscher Verlag, Bilderdienst, München; 33.3 (Jan Bauer/ dpa) – Wegeng, Vollmer, Mühlhausen; 8, 36.2 – Zefa-Deuter Zentrale Farbbild Agentur, Düsseldorf; 33.4 (L. Migdale), 96 (Kotoh), 190 (Reinhard), 196.1 (Wartenberg)

Gedruckt auf Papier aus chlorfrei gebleichtem Zellstoff, säurefrei.

1. Auflage   € A 1 10 9 8 | 2004 2003 2002 2001

Alle Drucke dieser Auflage können im Unterricht nebeneinander benutzt werden; sie sind im Wesentlichen untereinander unverändert. Die letzte Zahl bezeichnet das Jahr dieses Druckes.
Ab dem Druck 2000 ist diese Auflage auf die Währung EURO umgestellt. Zum überwiegenden Teil sind in diesen Aufgaben keine zahlenmäßigen Veränderungen erfolgt. Die wenigen notwendigen Änderungen sind mit € gekennzeichnet. Lösungen und Hinweise zu diesen Aufgaben sind im Internet unter http://www.klett-verlag.de verfügbar.
© Ernst Klett Verlag GmbH, Stuttgart 1996. Alle Rechte vorbehalten.
Internetadresse: http://www.klett-verlag.de

Zeichnungen: Rudolf Hungreder, Leinfelden; Günter Schlierf, Neustadt und Dieter Gebhardt, Asperg
Umschlagsgestaltung: Manfred Muraro, Ludwigsburg
Satz: Grafoline T · B · I · S GmbH, L.-Echterdingen
Druck: Appl, Wemding

ISBN 3-12-741620-2

Inhalt

I Teilbarkeit natürlicher Zahlen   7

1 Teiler und Vielfache   8
2 Teilbarkeit von Summen   12
3 Endziffernregeln   14
4 Quersummenregeln   16
5 Primzahlen   18
6 Primfaktorzerlegung   20
7 Größter gemeinsamer Teiler   22
8 Kleinstes gemeinsames Vielfaches   25
9 Vermischte Aufgaben   28
Thema: Stickmuster   31
Rückspiegel   32

II Kreis und Winkel   33

1 Kreis   34
2 Kreissehne. Kreisbogen. Kreisausschnitt   37
3 Winkel   39
4 Winkelmessung   41
5 Einteilung der Winkel   44
6 Vermischte Aufgaben   46
Thema: Kirchenfenster   49
Rückspiegel   50

III Bruchzahlen   51

1 Brüche   52
2 Brüche als Maßzahlen von Größen   56
3 Bruchteile von beliebigen Größen   59
4 Brüche am Zahlenstrahl   62
5 Brüche als Quotienten   64
6 Erweitern und Kürzen   66
7 Ordnen von Brüchen   70
8 Vermischte Aufgaben   73
Thema: Brüche im Sport   75
Rückspiegel   76

IV Rechnen mit Bruchzahlen   77

1 Addieren und Subtrahieren gleichnamiger Brüche   78
2 Addieren und Subtrahieren ungleichnamiger Brüche   80
3 Rechengesetze der Addition. Rechenvorteile   85
4 Vervielfachen von Brüchen   89
5 Teilen von Brüchen   91
6 Multiplizieren von Brüchen   93
7 Dividieren von Brüchen   97

Inhalt

   8 Rechengesetze der Multiplikation. Rechenvorteile   101
   9 Verbindung der Rechenarten   103
10 Vermischte Aufgaben   108
Thema: Bruchrechnen früher   113
Rückspiegel   114

V Geometrische Figuren zeichnen   115

1 Spiegeln mit dem Geodreieck   116
2 Verschieben mit dem Geodreieck   119
3 Drehsymmetrische Figuren   121
4 Vermischte Aufgaben   123
Thema: Bandornamente   125
Rückspiegel   126

VI Dezimalbrüche   127

1 Dezimalschreibweise   128
2 Vergleichen und Ordnen von Dezimalbrüchen   131
3 Runden von Dezimalbrüchen   134
4 Umwandeln von Brüchen in Dezimalbrüche   136
5 Periodische Dezimalbrüche   138
6 Vermischte Aufgaben   140
Thema: Über dem See von Maracaibo   143
Rückspiegel   144

VII Rechnen mit Dezimalbrüchen   145

1 Addieren und Subtrahieren von Dezimalbrüchen   146
2 Multiplizieren und Dividieren mit Zehnerpotenzen   152
3 Multiplizieren von Dezimalbrüchen   154
4 Dividieren durch eine natürliche Zahl   158
5 Dividieren durch einen Dezimalbruch   161
6 Verbindung der Rechenarten   164
7 Vermischte Aufgaben   167
Thema: Tankstelle   169
Rückspiegel   170

VIII Sachrechnen   171

1 Rechnen mit Größen. Genauigkeit   172
2 Sachaufgaben   174
3 Tabellen   178
4 Schaubilder. Grafische Darstellungen   181
5 Mittelwert. Durchschnitt   185
6 Vermischte Aufgaben   188
Rückspiegel   193

Projektseiten

Prüfziffersysteme   194
Eine Seefahrt   196
Wir bauen einen Drachen   198
Pizza backen   200
Wir machen Musik   202

Lösungen der Rückspiegel   204
Mathematische Symbole und Bezeichnungen/Maßeinheiten   207
Register   208

Hinweise

1

Jede **Lerneinheit** beginnt mit ein bis drei **Einstiegsaufgaben**. Sie bieten die Möglichkeit, sich an das neue Thema heranzuarbeiten und früher Erlerntes einzubeziehen. Sie sind ein Angebot und können neben eigenen Ideen von der Lehrerin und vom Lehrer genutzt werden.

Im anschließenden **Informationstext** wird der neue mathematische Inhalt erklärt, Rechenverfahren werden erläutert, Gesetzmäßigkeiten plausibel gemacht. Hier können die Schülerinnen und Schüler jederzeit nachlesen.

> Im Kasten wird das **Merkwissen** zusammengefasst dargestellt. In der knappen Formulierung dient es wie ein Lexikon zum Nachschlagen.

Beispiele
Sie stellen die wichtigsten Aufgabentypen vor und zeigen Lösungswege. In diesem „Musterteil" können sich die Schülerinnen und Schüler beim selbständigen Lösen von Aufgaben im Unterricht oder zu Hause Hilfen holen. Außerdem helfen Hinweise, typische Fehler zu vermeiden und Schwierigkeiten zu bewältigen.

Aufgaben

2 3 4 5 6 7 …
Der Aufgabenteil bietet eine reichhaltige **Auswahlmöglichkeit**. Den Anfang bilden stets Routineaufgaben zum Einüben der Rechenfertigkeiten und des Umgangs mit geometrischem Handwerkszeug. Sie sind nach Schwierigkeiten gestuft. Natürlich kommen Kopfrechnen und Überschlagsrechnen dabei nicht zu kurz. Eine Fülle von Aufgaben mit Sachbezug bieten interessante und altersgemäße Informationen.

Kleine Trainingsrunden für die Grundrechenarten

> Angebote …
> … von Spielen, zum Umgang mit „schönen" Zahlen und geometrischen Mustern, für Knobeleien, …
> Kleine Exkurse, die interessante Informationen am Rande der Mathematik bereithalten und zum Rätseln, Basteln und Nachdenken anregen.
> Sie sollen auch dazu verleiten, einmal im Mathematikbuch zu schmökern.

Vermischte Aufgaben
Auf diesen Seiten wird am Ende eines jeden Kapitels nochmals eine Fülle von Aufgaben angeboten. Sie greifen die neuen Inhalte in teilweise komplexerer Fragestellung auf.

Themenseiten
Am Ende des Kapitels werden Aufgaben unter einem bestimmten Thema behandelt. Lehrerinnen und Lehrern wird somit die Möglichkeit gegeben, anwendungsorientiert zu arbeiten.

Rückspiegel
Dieser Test liefert am Ende jedes Kapitels Aufgaben, die sich in Form und Inhalt an möglichen Klassenarbeiten orientieren. Die Lösungen am Ende des Buches geben den Schülerinnen und Schülern die Möglichkeit, selbständig die Inhalte des Kapitels zu wiederholen.

Projektseiten
Diese Seiten stellen am Ende des Buches mathematische Inhalte der Kapitel unter ein Thema. Die Aufgabenstellungen sind sehr offen, sodass die Lehrerin und der Lehrer die Möglichkeit haben, die Materialien, die auf diesen Seiten gegeben sind, individuell zu nutzen.

I Teilbarkeit natürlicher Zahlen

Zur Geschichte

Der regelmäßige Lauf der Sonne, des Mondes und der Sterne brachte die Menschen schon im Altertum dazu, Regelmäßigkeiten in Zahlen auszudrücken. In Zahlen verbarg sich für sie religiöse Bedeutung und geheimes Wissen. Den Zahlen wurden Eigenschaften beigelegt. Zahlen, die man durch viele Zahlen ohne Rest teilen konnte (solche Zahlen heißen Teiler), galten als „freundlich", Zahlen mit wenigen Teilern als „unheilvoll" wie die böse Sieben und die Unglückszahl Dreizehn.

Pythagoras von Samos sah in der Verwandtschaft der Zahlen 220 und 284 ein Musterbeispiel für die menschliche Freundschaft. Einen Meilenstein in der Beschäftigung mit den befreundeten Zahlen stellten die Arbeiten von Leonhard Euler (1707–1783) dar. Im Jahr 1747 veröffentlichte er eine Liste von 30 Zahlenpaaren. Das größte von Euler gefundene Zahlenpaar lautete
$3^5 \cdot 7^2 \cdot 13 \cdot 19 \cdot 53 \cdot 6959$ und
$3^5 \cdot 7^2 \cdot 13 \cdot 19 \cdot 179 \cdot 2087$.

Euklid von Alexandria kannte vollkommene Zahlen. Er fand auch ein noch heute übliches Rechenverfahren, mit dem sich die größte Zahl bestimmen lässt, die in zwei gegebenen Zahlen aufgeht (Seite 24).

Eratosthenes von Kyrene (um 200 v. Chr.) durchsuchte die Folge der natürlichen Zahlen auf Primzahlen; also auf solche Zahlen, die sich nicht in ein Produkt aus zwei kleineren Zahlen zerlegen lassen.

Pythagoras von Samos
(etwa 580
bis etwa 500 v. Chr.)

Leuchtturm von Pharos bei Alexandria

Befreundete Zahlen

220 hat die Teiler
1, 2, 4, 5, 10, 11, 20, 22, 44, 55, 110, 220.
$1 + 2 + 4 + 5 + 10 + 11 + 20 + 22 + 44 + 55 + 110 = 284$

284 hat die Teiler
1, 2, 4, 71, 142, 284.
$1 + 2 + 4 + 71 + 142 = 220$

Vollkommene Zahlen

6 hat die Teiler 1, 2, 3, 6.
$1 + 2 + 3 = 6$
28 hat die Teiler 1, 2, 4, 7, 14, 28.
$1 + 2 + 4 + 7 + 14 = 28$

Leonhard Euler
(1707 bis 1783)

$2^{137} - 1 = 174\,224\,571\,863\,520\,493\,293\,247\,799\,005\,065\,324\,265\,471$
$= 32\,032\,215\,596\,496\,435\,596 \cdot 5\,439\,042\,183\,600\,204\,290\,159$

1 Teiler und Vielfache

1
Die Klasse 6 b der Gottlieb-Daimler-Realschule unternimmt eine Klassenfahrt. Herr Bauer möchte in der Klasse für die Vorbereitung Gruppen gleicher Größe bilden. Welche Möglichkeiten hat er, wenn in der Klasse 13 Schülerinnen und 11 Schüler sind?

2
Tintenpatronen werden im Schreibwarengeschäft in 6er-Packungen abgegeben. Welche Anzahlen von Patronen kannst du so erhalten?

Schreiben wir die Zahl 36 als Produkt, z. B. 4·9, so wissen wir, dass 4 und 9 die Zahl 36 ohne Rest teilen. Da 36 das 9fache von 4 und das 4fache von 9 ist, ist 36 ein Vielfaches von 4 und von 9.

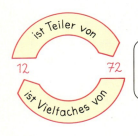

> Die Divisionsaufgabe $72 : 12 = 6$ geht ohne Rest auf.
> Wir sagen: 12 **teilt** 72; kurz geschrieben $12 | 72$.
> Wir nennen 12 einen **Teiler** von 72 und umgekehrt 72 ein **Vielfaches** von 12.

Beispiele

a) Schreiben wir eine Zahl auf alle möglichen Arten als Produkt aus zwei Faktoren, so erhalten wir alle Teiler. Wir beginnen dabei stets mit der Zahl 1. Danach prüfen wir, ob 2, 3, ... Teiler der Zahl sind. Wir können aufhören, sobald ein Produkt auftritt, bei dem der erste Faktor mindestens so groß ist wie der zweite.

20	24	25	27
1·20	1·24	1·25	1·27
2·10	2·12	5· 5	3· 9
4· 5	3· 8		
	4· 6		

b) Multiplizieren wir die Zahl 7 nacheinander mit den natürlichen Zahlen 1, 2, 3, 4, 5, ..., so erhalten wir die Vielfachen von 7, also 7, 14, 21, 28, 35, 42, ...
Bemerkung: 5 ist z. B. kein Teiler von 24. Dafür schreiben wir kurz: $5 \nmid 24$.

> Sämtliche Teiler einer Zahl werden in der **Teilermenge** zusammengefasst.
> Die Vielfachen einer Zahl werden in der **Vielfachenmenge** aufgezählt.

Beispiele

c) Für die Teilermenge der Zahl 20 schreiben wir kurz $T_{20} = \{1, 2, 4, 5, 10, 20\}$.
Für die Teilermengen der Zahlen 24, 25, 27 schreiben wir jeweils
$T_{24} = \{1, 2, 3, 4, 6, 8, 12, 24\}$; $T_{25} = \{1, 5, 25\}$; $T_{27} = \{1, 3, 9, 27\}$.
d) In der Vielfachenmenge schreiben wir nur die ersten Zahlen. Die Vielfachenmenge der Zahl 7 bezeichnen wir kurz mit V_7.
$V_7 = \{7, 14, 21, 28, 35, 42, ...\}$; $V_{12} = \{12, 24, 36, 48, 60, ...\}$; $V_{24} = \{24, 48, 72, 96, 120, ...\}$

Teiler und Vielfache

Aufgaben

3
Setze die Zeichen | oder ∤ richtig ein.
a) 7 □ 63 b) 4 □ 82 c) 5 □ 95
   9 □ 82   6 □ 96   7 □ 84
   6 □ 56   8 □ 96   9 □ 69
d) 11 □ 131 e) 14 □ 84 f) 16 □ 96
   13 □ 91   11 □ 121   12 □ 144
   12 □ 84   15 □ 75   13 □ 69

4
a) Welche Zahlen sind Vielfache von 8:
24, 28, 36, 54, 58, 72, 104?
b) Welche Zahlen sind Vielfache von 7:
35, 47, 56, 74, 84, 91, 107?
c) Welche Zahlen sind Vielfache von 12:
24, 32, 48, 64, 78, 96, 112?
d) Welche Zahlen sind Vielfache von 16:
32, 48, 56, 64, 88, 96, 144?

5
Prüfe,
a) ob 14 die Zahl 112 teilt,
b) ob 173 durch 13 teilbar ist,
c) ob 156 ein Vielfaches von 12 ist,
d) ob 4 ein Teiler von 196 ist,
e) ob 119 durch 17 teilbar ist.

6
Schreibe auf alle möglichen Arten als Produkt aus zwei Faktoren.
a) 32   b) 36   c) 42
d) 48   e) 56   f) 64
g) 72   h) 81   i) 112
k) 144 l) 169 m) 225

7
Teiler würfeln!
Jeder Spieler darf zweimal mit drei Würfeln werfen.
Spielregeln:
1) Bilde aus den Augenzahlen des ersten Wurfs das Produkt.
2) Bilde aus den Augenzahlen des zweiten Wurfs möglichst viele Teiler der Zahl aus dem ersten Wurf. Dabei sind alle Rechenoperationen erlaubt.
3) Für jeden Teiler gibt es einen Punkt.

1. Wurf
$4 \cdot 3 \cdot 4 = 48$

2. Wurf
1; 2 = 5 + 1 − 4; 3 = 4 − 1
4; 6 = 5 + 1; 8 = 5 + 4 − 1
16 = (5 − 1) · 4; 24 = (5 + 1) · 4

8
Bestimme die Teilermenge von
a) 18   b) 22   c) 27
d) 39   e) 45   f) 66
g) 44   h) 52   i) 63
k) 72   l) 84   m) 112.

9
Bestimme die Vielfachenmenge von
a) 13   b) 17   c) 19
d) 23   e) 28   f) 32
g) 9   h) 15   i) 18.

10
Gib von jeder der folgenden Zahlen alle Vielfachen zwischen 50 und 100 an.
a) 5   b) 7   c) 9
d) 14   e) 15   f) 21
g) 26   h) 31   i) 73

11
Um welche Vielfachenmenge handelt es sich? Setze die fehlenden Zahlen ein.
a) {8, 16, 24, 32, □, □, □, ...}
b) {□, 18, 27, 36, 45, □, □, ...}
c) {□, □, □, 24, 30, 36, □, ...}
d) {□, 24, 36, □, □, □, □, ...}
e) {□, 28, 42, 56, □, □, □, ...}
f) {□, □, 51, 68, 85, □, □, ...}

12
Um welche Teilermengen handelt es sich? Setze die fehlenden Zahlen ein.
a) {1, 2, □, □, 6, 12}
b) {1, 2, 5, 10, □, □}
c) {□, □, 17, 51}
d) {□, 2, 3, 4, □, □, 12, 18, □}
e) {□, 3, □, □, 15, □}
f) {□, □, □, 6, 19, 38, 57, □}

13
a) Prüfe, ob {1, 3, 5, 6, 15} eine Teilermenge ist.
b) Prüfe, ob {1, 3, 4, 9, 12, 36} eine Teilermenge ist.
c) Ergänze {1, 3, 8} zu einer Teilermenge. Es gibt viele Möglichkeiten.

Teiler und Vielfache

14
Rechne schriftlich.
a) Ist 4 674 durch 23, durch 38 teilbar?
b) Ist 6 034 durch 26, durch 28 teilbar?
c) Ist 6 794 durch 79, durch 86 teilbar?
d) Ist 3 870 durch 45, durch 65 teilbar?
e) Ist 5 082 durch 66, durch 77 teilbar?

15
Rechne schriftlich.
a) Ist 3 640 Vielfaches von 45, von 65?
b) Ist 4 930 Vielfaches von 58, von 85?
c) Ist 7 030 Vielfaches von 74, von 75?
d) Ist 9 936 Vielfaches von 32, von 23?
e) Ist 2 238 Vielfaches von 63, von 36?

16
Bestimme die Teilermengen der folgenden Zahlenpaare. Was fällt dir auf?
a) 4; 12   b) 6; 36
c) 9; 27   d) 21; 63

17
Bestimme die Vielfachenmengen der folgenden Zahlen. Was fällt dir auf?
a) 4; 12   b) 6; 36
c) 9; 27   d) 5; 15

18
Nenne drei Zahlen, die
a) nur zwei Teiler haben,
b) nur drei Teiler haben,
c) nur vier Teiler haben.

19
Um welche Vielfachenmenge handelt es sich,
a) wenn 65 an fünfter Stelle steht?
b) wenn 112 an siebenter Stelle steht?

20
a) Wie viele Möglichkeiten hat Ina, die Plättchen, mit denen sie ihren Vornamen „geschrieben" hat, zu einem Rechteck zusammenzulegen?
b) Wie viele Möglichkeiten hat sie mit den Plättchen, die sie für ihren Nachnamen gebraucht hat?
c) Wie viele Möglichkeiten hat sie mit allen Plättchen zusammen?

21
Nenne alle Möglichkeiten, wie du 60 Bonbons so verteilen kannst, dass alle Beschenkten gleich viele bekommen. Wie viele Kinder werden jeweils beschenkt, und wie viele Bonbons erhält jedes?

22
Gib alle Möglichkeiten an, 100 € in Geldscheine oder Münzen einer einzigen Sorte in ganzen Euro zu wechseln.

23
Ein Paket kostet 5,40 € Porto. Welche Möglichkeiten gibt es, Briefmarken einer einzigen Sorte aufzukleben?

24
In einem landwirtschaftlichen Betrieb werden Äpfel in Beutel verpackt. Welche Möglichkeiten gibt es, 600 Stück so zu verteilen, dass in alle Beutel gleich viele, aber höchstens 12 Äpfel kommen?

25
Butter wird in 250-g-Packungen angeboten. Welche Mengen lassen sich mit diesen Packmengen zusammenstellen?
a) 750 g   b) 1 500 kg   c) 1 250 g
d) 1 600 g   e) 2 400 kg   f) 3 500 g

26
36 quadratische Schmuckfliesen mit einer Kantenlänge von 16 cm sollen zu einem Rechteck ausgelegt werden. Welche Maße haben die möglichen Rechtecke?

27
Peters Schrittlänge beträgt 65 cm. Welche Strecke hat er nach
a) 45 Schritten   b) 60 Schritten
c) 150 Schritten   zurückgelegt?

28
Eine Tapetenbahn hat eine Breite von 52 cm. Wie breit kann eine Wand sein, damit keine Tapetenbahn zerschnitten werden muss? Nenne alle Möglichkeiten zwischen 5 m und 10 m.

Teiler und Vielfache

29
Um 16.00 Uhr fährt eine Straßenbahn von der Haltestelle ab. Bis 18.00 Uhr fahren die Bahnen im 12-Minuten-Takt. Nenne die Abfahrtszeiten.

30
Familie Bauer möchte in einem Kellerzimmer Fliesen verlegen. Das Zimmer ist 4,80 m lang und 2,80 m breit. Im Heimwerkermarkt sind quadratische Fliesen vorrätig mit den Seitenlängen 25 cm, 30 cm, 40 cm und 60 cm.
Welche würdest du empfehlen?

31
Prüfe, ob nach jeder Umdrehung des großen Zahnrades die rote Marke wieder mit der blauen Marke des kleinen Zahnrades zusammentrifft.

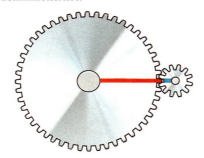

32
„Ich und du, Mül-lers Kuh, Mül-lers E-sel, der bist du!".
Bei welcher Anzahl von Kindern endet der Abzählvers bei dem Kind, das ihn aufsagt? (Es gibt mehrere Lösungen!)

33

Waagrecht:
1.) Teiler von 111
2.) teilbar durch 1 001
4.) Vielfaches von 808
6.) das größte zweistellige Vielfache von 12
7.) Vielfaches von 332 211
10.) Vielfaches von 121

Senkrecht:
1.) Vielfaches von 111
2.) Vielfaches von 14
3.) teilbar durch 7
5.) Vielfaches von 123
6.) größter Teiler von 9630
7.) teilbar durch 102
8.) Vielfaches von 23
9.) Vielfaches von 121

34
Ein Stockwerk eines Neubaus soll 2,88 m hoch werden. Für Treppenstufen sind die Höhen 16 cm, 17 cm, 19 cm oder 20 cm üblich. Welche Stufenhöhe ist geeignet?

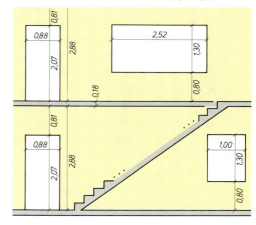

35
Bernd hat die gekachelte Wand in der Küche genau angesehen. Er stellt Petra eine Denkaufgabe:
„Die 300 Kacheln sind quadratisch. Die gekachelte Fläche ist rechteckig. Die Höhe des Rechtecks ist kleiner als die Breite und die Breite ist kleiner als die doppelte Höhe. Wie viele Kacheln liegen in einer waagerechten Reihe, wie viele in einer senkrechten Reihe?"

36
a) Geht die rote Linie durch den Punkt (21|15), (27|20), (70|55), (91|65)?
b) Welchen Rechts- und Hochwert hat der 8., der 12., der 15. Punkt?

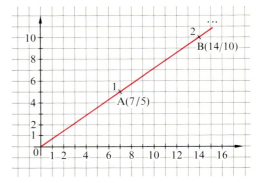

2 Teilbarkeit von Summen

1
Eine Jugendgruppe verkauft auf einem Basar Taschenbücher, das Stück für 6 €. Am Abend zählt sie ihre Tageseinnahme. Sie kommt auf 632 €.
Kann das stimmen?

2
Bei der Herstellung eines Buches werden in der Regel je 16 Seiten auf einen großen Bogen gedruckt. Dieser wird dann gefaltet und geschnitten, und mehrere solcher Bögen werden zu einem Buch zusammengeheftet. Aus wie vielen Bögen besteht ein Buch mit 160 Seiten, 192 Seiten, 336 Seiten?

Durch Dividieren stellen wir fest, ob eine Zahl durch eine andere ohne Rest teilbar ist oder ob ein Rest entsteht. Oft geht es jedoch einfacher. Wollen wir z. B. wissen, ob 2 135 durch 7 teilbar ist, so zerlegen wir 2 135 geschickt:

$2\,135 : 7 = (2\,100 + 35) : 7 = 2\,100 : 7 + 35 : 7 = 300 + 5 = 305$

Da sowohl 2 100 als auch 35 durch 7 teilbar sind, ist auch die Summe durch 7 teilbar. Auf dieselbe Art erkennen wir auch, dass $715 = 700 + 15$ nicht durch 7 teilbar ist.

> Sind in einer Summe alle Summanden durch eine bestimmte Zahl teilbar, so ist auch die Summe durch diese Zahl teilbar.
> Sind in einer Summe alle Summanden bis auf einen durch eine bestimmte Zahl teilbar, so ist die Summe nicht durch diese Zahl teilbar.

Beispiele
a) 1 648 ist durch 16 teilbar, denn $1\,648 = 1\,600 + 48$; sowohl 1 600 als auch 48 sind durch 16 teilbar.
b) 2 444 ist nicht durch 12 teilbar, denn $2\,444 = 2\,400 + 44$; zwar ist 2 400 durch 12 teilbar, nicht aber 44.
c) Große Zahlen kannst du auch in mehrere Summanden zerlegen:
$481\,272 = 480\,000 + 1\,200 + 72$; so erkennst du, dass 481 272 durch 12 teilbar ist.

Bemerkung: Eine entsprechende Regel gilt auch für Differenzen:
d) $273 = 280 - 7$; da 280 und 7 durch 7 teilbar sind, ist auch die Differenz durch 7 teilbar.

Aufgaben

3
Setze im Heft die Zeichen | oder ∤ ein.
a) 3 □ (1 800 + 21)   b) 6 □ (1 800 + 46)
c) 4 □ (4 000 + 34)   d) 8 □ (1 600 + 32)
e) 5 □ (500 + 35)   f) 15 □ (3 000 + 45)
g) 7 □ (4 200 + 49)   h) 13 □ (2 600 + 39)

4
Setze | oder ∤ ein.
a) 3 □ (42 000 + 900 + 48)
b) 6 □ (48 000 + 600 + 24)
c) 7 □ (14 000 + 800 + 91)
d) 8 □ (560 000 + 900 + 88)

Teilbarkeit von Summen

5
Welche Zahlen sind teilbar?
Zerlege geschickt in eine Summe.
a) durch 3: 54, 327, 628, 1 242, 2 705
b) durch 7: 84, 434, 727, 1 435, 2 195
c) durch 11: 121, 363, 555, 4 554, 1 331
d) durch 15: 155, 185, 465, 1 815, 4 575

6
Welche Zahlen sind teilbar?
Zerlege geschickt in eine Differenz.
a) durch 6: 56, 114, 174, 594, 5 988
b) durch 7: 64, 133, 203, 483, 6 986
c) durch 8: 76, 152, 392, 632, 7 984
d) durch 12: 108, 228, 588, 708, 1 176

7
Überprüfe durch Zerlegung.
a) 19|285   b) 11|385   c) 12|432
d) 13|676   e) 12|1 224   f) 15|1 560
g) 19|3 838   h) 31|3 844   i) 13|2 669
k) 16|1 744   l) 16|3 360   m) 17|3 451

8
Nenne drei Zahlen, die du einsetzen kannst.
a) 2|(40 + □)   b) 5|(35 − □)
c) 6|(□ + 24)   d) 4|(44 + □)
e) 10|(100 − □)   f) 20|(180 − □)
g) 15|(225 + □)   h) 25|(□ + 175)

9
Zerlege geschickt in mehrere Summanden.
a) Ist 457 590 durch 15 teilbar?
b) Teilt 12 die Zahl 9 648 144?
c) Ist 8 ein Teiler von 6 416 872?
d) Teilt 9 die Zahl 7 209 171?
e) Ist 26 039 117 durch 13 teilbar?

10
a) Bernd behauptet:

1440 ist nicht durch 12 teilbar, denn weder 1400 noch 40 ist durch 12 teilbar.

Prüfe diese Aussage.
b) Ist 4 000 + 80 durch 12 teilbar?
c) Ist 5 000 + 10 durch 15 teilbar?
d) Ist 3 400 + 20 durch 18 teilbar?

11
a) Gib die kleinste Zahl an, die man zu 1 705 addieren muss, um eine durch 17 teilbare Summe zu erhalten.
b) Welches ist die kleinste Zahl, die man von 1 705 subtrahieren muss, um eine durch 17 teilbare Differenz zu erhalten?

12
Auf einem Sportplatz ist eine Runde 400 m lang. Bei welcher Laufstrecke fallen Start und Ziel zusammen?
a) 1 000 m   b) 3 000 m
c) 5 000 m   d) 10 000 m

13
Ein Verein mit 35 Mitgliedern mietet für 1470 € einen Reisebus. Vor Beginn der Fahrt sagen 5 Mitglieder ab. Wie hoch ist der Fahrpreis pro Person vorher und nachher? Rechne im Kopf.

14
Im Kindertheater kostet der Eintritt 8 €. An welchen Tagen stimmt der Kassenbestand nicht?

	Mo	Di	Mi	Do	Fr	Sa
€	896	860	760	984	972	912

15
An welchen Tagen lassen sich auf dem Bauernhof die Hühnereier ohne Rest auf 6er-Packungen verteilen?

Mo	Di	Mi	Do	Fr	Sa	So
1470	1 215	1 512	1 440	1 386	1 464	1 228

16
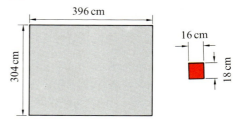

Herr Haug behauptet, er müsse Fliesen zerschneiden. Frau Haug widerspricht. Wer hat Recht? Begründe.

3 Endziffernregeln

1
Frau Stein hat Ziffernkarten in den Unterricht mitgebracht. Die Schülerinnen und Schüler sollen Zahlen legen, die durch 2, durch 4, durch 2, aber nicht durch 4, durch 5 teilbar sind. Gib selbst einige Beispiele an. Kannst du eine Regel erkennen?

Wir können große Zahlen auch als Summen von Vielfachen der Stufenzahlen angeben:
$$5\,648 = 5 \cdot 1\,000 + 6 \cdot 100 + 4 \cdot 10 + 8$$

10, 100, 1000 und alle Vielfachen sind durch 2 teilbar. Somit genügt es festzustellen, ob die letzte Ziffer, die Endziffer, durch 2 teilbar ist.
100, 1000 und alle Vielfachen sind durch 4 teilbar. Somit genügt es festzustellen, ob die Zahl aus den letzten beiden Ziffern durch 4 teilbar ist.
1 000 und alle Vielfachen sind durch 8 teilbar. Somit genügt es festzustellen, ob die Zahl aus den letzten drei Ziffern durch 8 teilbar ist.

> Eine Zahl ist nur dann
> durch 2 teilbar, wenn die **Endziffer** durch 2 teilbar ist.
> durch 4 teilbar, wenn die **zwei** letzten Ziffern eine durch 4 teilbare Zahl bilden.
> durch 8 teilbar, wenn die **drei** letzten Ziffern eine durch 8 teilbare Zahl bilden.

Beispiel
a) 5 17**6** ist durch 2 teilbar, da 6 durch 2 teilbar ist.
   5 1**76** ist durch 4 teilbar, da 76 durch 4 teilbar ist.
   5 **176** ist durch 8 teilbar, da 176 durch 8 teilbar ist.

Bemerkung: Eine Zahl, die durch 4 teilbar ist, ist stets auch durch 2 teilbar.

Alle Vielfachen von 10 haben die Endziffer 0,
alle Vielfachen von 5 haben die Endziffer 0 oder 5,
alle Vielfachen von 25 haben 00, 25, 50 oder 75 als letzte Ziffern.

> Eine Zahl ist nur dann
> durch 10 teilbar, wenn sie die Endziffer 0 hat.
> durch 5 teilbar, wenn sie die Endziffer 5 oder 0 hat.
> durch 25 teilbar, wenn sie 00, 25, 50 oder 75 als letzte Ziffern hat.

Beispiel
b) 475, 525 und 2 050 sind durch 25 teilbar. 615 und 3 585 sind nicht durch 25 teilbar.

Aufgaben

2
a) Welche der Zahlen sind durch 4 teilbar?
56 345 336 4 216 78 420
74 476 995 5 319 85 896
b) Welche der Zahlen sind durch 8 teilbar?
88 128 284 3 408 72 816
72 188 248 4 568 36 804

3
a) Welche der Zahlen sind durch 5 teilbar?
35 352 650 4 315 48 000
80 552 752 6 800 62 125
b) Welche der Zahlen sind durch 25 teilbar?
55 155 900 4 300 76 325
75 350 925 9 255 29 900

Endziffernregeln

teilbar durch	4	8	5	25
56				
92				
112				
140				
250				
280				
336				
450				
1000				
2500				

4
Prüfe, ob die Zahlen durch 2, 5 oder 25 teilbar sind.
a) 50   b) 55   c) 80   d) 95
e) 115   f) 130   g) 175   h) 180
i) 375   k) 550   l) 675   m) 850
n) 1 200 o) 1 755 p) 2 450 q) 3 775

5
Prüfe, ob die Zahlen durch 4 oder 8 teilbar sind.
a) 28   b) 32   c) 76   d) 78
e) 104   f) 136   g) 150   h) 196
i) 264   k) 356   l) 496   m) 514
n) 1 248 o) 1 332 p) 1 806 q) 2 416

6
Nenne
a) alle zwischen 36 und 92 liegenden durch 4 teilbaren Zahlen,
b) alle zwischen 100 und 200 liegenden durch 8 teilbaren Zahlen,
c) alle durch 25 teilbaren dreistelligen Zahlen, die kleiner als 400 sind.

7
Wie heißt die kleinste Zahl, die
a) durch 2, 4 und 5 teilbar ist,
b) durch 2, 8 und 10 teilbar ist,
c) durch 8, 5 und 25 teilbar ist,
d) durch 4, 10 und 25 teilbar ist?

8
Suche für folgende Zahlen die nächstgrößere und die nächstkleinere durch 5 (durch 8) teilbare Zahl.
a) 58, 66, 113, 476, 1 326
b) 23, 76, 208, 881, 3 567
c) 82, 97, 316, 786, 4 359
d) 71, 93, 512, 914, 5 678

9
Setze alle möglichen Ziffern ein, sodass die entstehenden Zahlen
a) durch 2: 52□, 79□, 51□4, 45□□
b) durch 4: 52□, 73□, 36□6, 24□□
c) durch 5: 52□, 71□, 82□0, 59□□
d) durch 25: 52□, 77□, 71□5, 31□□
teilbar sind.

10
Setze Ziffern ein, sodass die entstehenden Zahlen
a) durch 2, aber nicht durch 4 teilbar sind: 12□, 21□, 30□, 99□, 33□, 3□4, 3□6.
b) durch 5, aber nicht durch 25 teilbar sind: 12□, 45□, 70□, 26□, 27□, 6□, 32□5.

11

Bilde aus den Ziffern vierstellige Zahlen,
a) die durch 4, aber nicht durch 8
b) die durch 4, aber nicht durch 25
teilbar sind.

12
Zeige an Beispielen, dass eine Zahl,
a) die durch 2 und 5 teilbar ist, auch durch 10 teilbar ist,
b) die durch 4 und 10 teilbar ist, nicht immer auch durch 40 teilbar ist. Vergleiche.

13
Welche der Zahlen 4, 5 oder 8 ist für □ jeweils zu setzen? Ergänze die Tabelle im Heft.

	16	20	25	50	64
teilbar durch □	ja	ja	...	...	...
teilbar durch □	...	nein	...	...	ja
teilbar durch □	nein	ja	...	...	...

14
Wie viele kleine Würfel mit der Kantenlänge 4 cm kann man in einem 64 cm langen, 48 cm breiten und 20 cm hohen Karton unterbringen?

15
Ist die Jahreszahl durch 4 teilbar, so ist das Jahr ein Schaltjahr. (Ausnahmen sind Hunderterzahlen, die nicht durch 400 teilbar sind, also war 1900 kein Schaltjahr.)
a) Welches sind Schaltjahre?
1648, 1700, 1884, 1992, 2000, 2028
b) Karin wurde am 29. 2. 1984 geboren. Wie oft kann sie bis zum Jahr 2018 ihren Geburtstag am „richtigen" Tag feiern?

4 Quersummenregeln

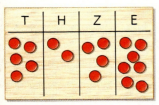
5247

1
Lege mit 18 Spielmarken auf dem Rechenbrett drei verschiedene Zahlen.
Prüfe, welche Zahlen durch 9 teilbar sind. Wiederhole die Aufgabe mit 12 Spielmarken.

2
Welchen Rest haben die Zahlen
10, 20, 30, 40, ...   100, 200, 300, 400, ...   1 000, 2 000, 3 000, 4 000, ...
bei der Division durch 9?

Wir überprüfen die Teilbarkeit durch 3 oder 9 an der Summendarstellung:

$$8\,646 = 8 \cdot 1\,000 + 6 \cdot 100 + 4 \cdot 10 + 6$$
$$= 8 \cdot 999 + 8 + 6 \cdot 99 + 6 + 4 \cdot 9 + 4 + 6$$
$$= 8 \cdot 999 + 6 \cdot 99 + 4 \cdot 9 + (8 + 6 + 4 + 6)$$

Die Zahlen 9, 99, 999, ... und ihre Vielfachen sind alle durch 3 und durch 9 teilbar. Wir brauchen also nur die Summe in der Klammer zu überprüfen.
Da $(8 + 6 + 4 + 6) = 24$ durch 3, aber nicht durch 9 teilbar ist, ist auch
  8 646   durch 3, aber nicht durch 9 teilbar.
$(8 + 6 + 4 + 6) = 24$ nennen wir die **Quersumme** der Zahl 8646.

> Eine Zahl ist nur dann
> durch 3 teilbar, wenn ihre Quersumme durch 3 teilbar ist,
> durch 9 teilbar, wenn ihre Quersumme durch 9 teilbar ist.

Beispiele
a) 828 ist durch 3 und durch 9 teilbar, da die Quersumme $8 + 2 + 8 = 18$ durch 3 und durch 9 teilbar ist.
b) 7257 ist durch 3, aber nicht durch 9 teilbar, da die Quersumme $7 + 2 + 5 + 7 = 21$ zwar ein Vielfaches von 3 ist, aber kein Vielfaches von 9.
c) 2615 ist weder durch 3 noch durch 9 teilbar, denn 2615 hat die Quersumme 14.

Bemerkung: Eine Zahl ist durch 6 teilbar, wenn sie durch 2 und durch 3 teilbar ist:
Die Zahl 654 hat die Endziffer 4 und die Quersumme $6 + 5 + 4 = 15$. Sie ist daher durch 2 und durch 3, also durch 6 teilbar.

Aufgaben

3
Bilde die Quersummen folgender Zahlen:
a) 322   b) 147   c) 742   d) 1017
e) 1 234   f) 9 877   g) 1 004   h) 40 237
i) 120 699   k) 6 000 008   l) 473 691

4
Untersuche auf Teilbarkeit durch 3:
a) 162   b) 213   c) 678   d) 921
e) 1 049   f) 3 942   g) 7 201   h) 4 297
i) 51 723   k) 82 464   l) 33 771   m) 48 831

5
Untersuche auf Teilbarkeit durch 9:
a) 181   b) 252   c) 423   d) 780
e) 8 640   f) 1 296   g) 5 861   h) 8 298
i) 99 999   k) 17 388   l) 47 653   m) 27 496

6
Welche Zahlen sind durch 3, welche zusätzlich durch 9 teilbar?
a) 5 769   b) 1 233   c) 7 563   d) 17 322
e) 75 954   f) 99 075   g) 290 542   h) 867 442

Quersummenregeln

teilbar durch	3	6	9	12	15
75					
96					
144					
180					
225					
243					
270					
324					
444					
555					

7
Welche Ziffern kann man für das Sternchen setzen, damit eine durch 3, aber nicht durch 9 teilbare Zahl entsteht?
a) *41 b) 3*8 c) 65* d) 4*0
e) 6*39 f) 720* g) 32*0 h) 444*
i) 318*2 k) 4992* l) 90*28 m) 1000*

8
Bestimme mit Hilfe der Quersumme die nächstkleinere durch 9 teilbare Zahl:
a) 568 b) 334 c) 328 d) 659
e) 2341 f) 4454 g) 5000 h) 3783
i) 3252 k) 6666 l) 8642 m) 9753

9
Welche der Zahlen sind durch 2 und durch 3 teilbar?
a) 54 b) 57 c) 78 d) 82
e) 126 f) 144 g) 186 h) 194
i) 264 k) 352 l) 498 m) 662

10
Welche der Zahlen sind durch 4 und durch 9 teilbar?
a) 36 b) 54 c) 64 d) 72
e) 144 f) 156 g) 180 h) 198

11
a) Gib die kleinste durch 9 teilbare Zahl an, die nur mit der Ziffer 8 geschrieben wird.
b) Gib die kleinste durch 9 teilbare Zahl an, die mit den Ziffern 8 und 5 geschrieben werden kann.

12
Wenn du auf einer Schreibmaschine nacheinander alle zehn Zifferntasten anschlägst, so erhältst du stets eine durch 9 teilbare Zahl. Die Reihenfolge spielt dabei keine Rolle. Kannst du das erklären?

4 3 6 5 8 0 1 7 9 2

13
In der Theaterkasse befinden sich am Abend 1820 €. „Da stimmt etwas nicht", behauptet der Kassierer. Weißt du warum?

14
a) Welches ist die kleinste vierstellige Zahl, die durch 3 teilbar ist?
b) Welches ist die kleinste vierstellige Zahl, die durch 9 teilbar ist?
c) Welches ist die kleinste vierstellige Zahl, die durch 6 teilbar ist?

15
a) Welche Zahl liegt zwischen 50 und 60 und ist durch 2 und 3 teilbar?
b) Welche Zahl liegt zwischen 99 und 111 und ist durch 3 und 4 teilbar?
c) Welche Zahl liegt zwischen 120 und 140 und ist durch 2, 3 und 9 teilbar?
d) Welche Zahl liegt zwischen 155 und 275 und ist durch 8 und 9 teilbar?

16
Setze | oder ∤ ein, ohne die Summen und Differenzen auszurechnen.
a) 3 □ (402 + 870) b) 9 □ (624 + 342)
c) 3 □ (5370 + 444) d) 9 □ (7749 + 1503)
e) 9 □ (702 − 388) f) 3 □ (882 − 241)
g) 3 □ (5471 − 3033) h) 9 □ (7008 − 2466)

17
Eine Zahl ist durch 6 teilbar, wenn sie durch 2 und 3 teilbar ist. Gib entsprechende Regeln für Teilbarkeit durch 12, 15, 18 an. Prüfe an Beispielen.

18
Welche der Zahlen 3, 6 und 15 ist für □ zu setzen? Ergänze die Tabelle.

	27	45	63	96	105
teilbar durch □	nein	...	...	...	...
teilbar durch □	ja	...	...	...	...
teilbar durch □	...	...	nein	...	ja

19
Hartmut kauft 2 Pakete Gelierzucker zu je 1,30 €, 2 Stücke Seife für je 90 Cent und 3 Päckchen Nudeln. Für die Nudeln weiß er den Preis nicht mehr. Als er auf dem Kassenzettel 9,00 € liest, sagt er zum Verkäufer: „Sie haben sich verrechnet".
Wie konnte er das feststellen?

5 Primzahlen

1
Warum verpackt die Firma Süß 29 Schokoladeneier nicht in eine rechteckige Packung? Warum sind 24, 27 oder 32 günstigere Anzahlen?

2
Zeichne in dein Heft alle Rechtecke, die aus 12 Kästchen bestehen. Wie viele erhältst du? Wie viele erhältst du, wenn ein Rechteck aus 13 Kästchen bestehen soll?

Sucht man für verschiedene Zahlen alle möglichen Darstellungen als Produkt mit zwei Faktoren, so gibt es für manche Zahlen nur eine Darstellung: $7 = 1 \cdot 7$, $19 = 1 \cdot 19$, $37 = 1 \cdot 37$, $53 = 1 \cdot 53, \ldots$

> Eine Zahl, die genau zwei verschiedene Teiler hat, nennt man eine **Primzahl**.
> Sie ist nur durch 1 und sich selbst teilbar.

Bemerkung: Die Zahl 1 ist demnach keine Primzahl.

Beispiele

a) Die ersten Primzahlen sind 2, 3, 5, 7, 11, 13, 17, 19, 23, ...

b) Um zu prüfen, ob eine Zahl, z. B. 97, eine Primzahl ist, untersuchen wir die Teiler dieser Zahl:
2 ist kein Teiler von 97, also können auch 4, 6, 8, ... keine Teiler von 97 sein,
3 ist kein Teiler von 97, also können auch 6, 9, 12, ... keine Teiler von 97 sein,
5 ist kein Teiler von 97, also können auch 10, 15, 20, ... keine Teiler von 97 sein,
7 ist kein Teiler von 97, also können auch 14, 21, 28, ... keine Teiler von 97 sein.
Die Division durch 11 brauchen wir nicht mehr zu versuchen, denn $11 \cdot 11 > 97$, somit müsste der Quotient kleiner als 11 sein. Die Zahlen 2, 3, 4, ..., 9, 10 sind aber als Teiler schon ausgeschlossen. Aus demselben Grund brauchen wir auch weitere Zahlen nicht mehr als Teiler zu untersuchen. 97 ist also eine Primzahl.

Aufgaben

3
Welche der Zahlen sind Primzahlen?
a) 11, 21, 31, 41
b) 13, 23, 33, 43
c) 17, 27, 37, 47
d) 19, 29, 39, 49

4
Schreibe alle Primzahlen auf, die zwischen folgenden Zahlen liegen.
a) 30 und 40
b) 40 und 50
c) 50 und 70
d) 70 und 100

5
Schreibe die Tabelle ins Heft und fülle sie aus. Woran erkennst du die Primzahlen?

Zahl	29	33	42	45	46	47
Anzahl der Teiler						

6
Bestimme die Teiler der folgenden Zahlen. Kreise diejenigen Teiler ein, die Primzahlen sind.
a) 24
b) 30
c) 125
d) 121
e) 128
f) 170
g) 175
h) 190

7
Zeige mit Hilfe der Teilbarkeitsregeln, dass die Zahlen
a) 102, 123, 177, 189
b) 205, 249, 267, 291
keine Primzahlen sind.

8
Bestimme
a) die kleinste dreistellige Primzahl.
b) die größte zweistellige Primzahl.

Primzahlen

Eratosthenes von Kyrene lebte vermutlich von 276–194 v. Chr. Er studierte in Athen und wurde später Leiter der berühmten Bibliothek in Alexandria (Ägypten). Er hat dieses Verfahren erfunden, mit dem sehr schnell Primzahlen „ausgesiebt" werden können.

9
Sieb des Eratosthenes
Schreibe alle Zahlen von 1 bis 100 auf.
a) Streiche die 1, sie ist keine Primzahl.
b) Umrahme die 2 und streiche alle Vielfachen von 2; sie fallen durch das Sieb.
c) Umrahme die 3 und streiche alle Vielfachen von 3; sie fallen auch durch das Sieb.
d) Verfahre ebenso mit 5 und 7.
Jetzt sind alle nicht gestrichenen Zahlen Primzahlen.

Setze das Sieb in deinem Heft fort und schreibe alle Primzahlen von 1 bis 100 auf.

10
Der indische Mathematikstudent S. P. Sundaram erdachte ein neues Sieb für Primzahlen.
Für jede Zahl, die in diesem Sieb **nicht** vorkommt, gilt: Ihr Doppeltes vergrößert um 1 ist eine Primzahl:
$1 \cdot 2 + 1 = 3, \quad 5 \cdot 2 + 1 = 11, \quad 20 \cdot 2 + 1 = 41$
Bestimme nach diesem Verfahren 10 weitere Primzahlen.

4	7	10	13	16	...
7	12	17	22	27	...
10	17	24	31	38	...
13	22	31	40	49	...
16	27	38	49	60	...
...	...	...	...	...

11
Zwei aufeinander folgende Primzahlen, deren Differenz 2 beträgt, nennt man Primzahlzwillinge. Beispiel: 5 und 7.
Suche die Primzahlzwillinge bis 100. Es sind acht solcher Paare.

12
a) Nenne eine gerade Primzahl.
b) Zwischen welchen zwei Primzahlen steht keine andere Zahl?
c) Nenne vier durch 6 teilbare Zahlen, die zwei Primzahlen als Nachbarn haben.
d) Nenne je zwei Primzahlen mit den Differenzen 4, 6, 8 und 10.
e) Nenne eine zweistellige Primzahl, deren Quersumme eine Primzahl ist.

Interessantes zu Primzahlen
Die größte derzeit (1992) bekannte Primzahl ist $2^{756839} - 1$. Sie hat im Zehnersystem 227 832 Ziffern. Schriebe man diese auf Kästchenpapier (1 Ziffer pro Kästchen), wäre die Zahl 1 138 m lang.
Die Mathematiker interessieren sich für Zahlen, die eine um 1 verminderte Zweierpotenz sind.
Nicht alle diese Zahlen sind Primzahlen, z. B. hat $2^{137} - 1$ die beiden Faktoren:
1. Faktor: 32 032 215 596 496 435 569
2. Faktor: 5 439 042 183 600 204 290 159.
Um diese Zerlegung zu finden, musste ein Computer viele Stunden lang rechnen.

Eine schon sehr große Primzahl ist
$2^{127} - 1 =$
170 141 183 460 469 231 731 687 303 715 884 105 727.

Beim Verschlüsseln von Nachrichten braucht man Zahlen, die aus zwei sehr großen Primzahlen zusammengesetzt sind. Wie das geht, ist sehr schwer zu erklären. Sicher kannst du aber die folgende Geheimschrift verstehen.
Setze für die 26 Buchstaben des Alphabets die Zahlen 1 bis 26
A B C D E F G H I ...
1 2 3 4 5 6 7 8 9 ...
Nimm zwei Schlüsselzahlen, z. B. 19 und 5.
Nun wird z. B. F = 6 so verschlüsselt:
$6 \cdot 19 + 5 = 119 \qquad 119 : 26 = 4 \text{ Rest } 15$
Für 6 wird 15 gesetzt, für F also O.

Verschlüssle so das Alphabet.

	verschlüsseln		
A	$1 \cdot 19 + 5 = 24$	$24 : 26 = 0$ Rest 24	X
B	$2 \cdot 19 + 5 = 43$	$43 : 26 = 1$ Rest 17	Q
C	$3 \cdot 19 + 5 = 62$	$62 : 26 = 2$ Rest 10	J
D	$4 \cdot 19 + 5 = 81$	$81 : 26 = 3$ Rest 3	C
E	$5 \cdot 19 + 5 = 100$	$100 : 26 = 3$ Rest 22	V
F	$6 \cdot 19 + 5 = 119$	$119 : 26 = 4$ Rest 15	O
	...		
	entschlüsseln		

Kannst du die Botschaft entschlüsseln?

UIVOOVK ZTI NKB NR
CIVT NAI TR OIVTQXC

6 Primfaktorzerlegung

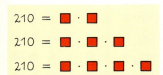

1
Zerlege die Zahl 210 auf alle möglichen Arten in ein Produkt mit zwei, drei oder mit vier Faktoren. Die Faktoren sollen größer als 1 sein.
Wie viele Möglichkeiten gibt es jeweils?
Gibt es eine Möglichkeit mit 5 Faktoren?

Zahlen, die keine Primzahl sind, lassen sich in ein Produkt zerlegen, dessen Faktoren nicht 1 und nicht die Zahl selbst sind. Sind dabei die Faktoren keine Primzahlen, so lassen sich diese Faktoren weiter zerlegen:

$$30 = 2 \cdot 15 \qquad 30 = 3 \cdot 10 \qquad 30 = 5 \cdot 6$$
$$ = 2 \cdot 3 \cdot 5 \qquad = 3 \cdot 2 \cdot 5 \qquad = 5 \cdot 2 \cdot 3$$

Am Ende sind alle Faktoren Primzahlen. Eine solche Darstellung nennt man **Primfaktorzerlegung**.

> Jede natürliche Zahl außer 0 und 1 ist entweder eine **Primzahl** oder eine **zerlegbare Zahl**.
> Für jede zerlegbare Zahl gibt es nur eine einzige Primfaktorzerlegung.

Beispiele
a) $48 = 2 \cdot 24$ \qquad b) $260 = 2 \cdot 130$ \qquad c) $1\,575 = 3 \cdot 525$
$ = 2 \cdot 2 \cdot 12 \qquad = 2 \cdot 2 \cdot 65 \qquad = 3 \cdot 3 \cdot 175$
$ = 2 \cdot 2 \cdot 2 \cdot 6 \qquad = 2 \cdot 2 \cdot 5 \cdot 13 \qquad = 3 \cdot 3 \cdot 5 \cdot 35$
$ = 2 \cdot 2 \cdot 2 \cdot 2 \cdot 3 \qquad   \qquad = 3 \cdot 3 \cdot 5 \cdot 5 \cdot 7$

Bemerkung: Wir können gleiche Faktoren in der **Potenzschreibweise** zusammenfassen.
$48 = 2^4 \cdot 3 \qquad 260 = 2^2 \cdot 5 \cdot 13 \qquad 1\,575 = 3^2 \cdot 5^2 \cdot 7$

Die Zahl 1 001 hat die Primfaktorzerlegung $1\,001 = 7 \cdot 11 \cdot 13$. Aus ihr können wir alle Teiler von 1 001 ablesen: 1, 7, 11, 13, $7 \cdot 11 = 77$, $7 \cdot 13 = 91$, $11 \cdot 13 = 143$, 1 001.

Aufgaben

2
Bestimme die Primfaktorzerlegung. Teile zuerst so oft wie möglich durch 2.
a) 80 b) 136 c) 176 d) 208
e) 192 f) 224 g) 320 h) 352

3
Teile zuerst so oft wie möglich durch 3.
a) 63 b) 117 c) 135 d) 189
e) 513 f) 405 g) 567 h) 729

4
Teile so oft wie möglich nacheinander durch 2, 3, 5 und 7.
a) 42 b) 105 c) 315 d) 420
e) 252 f) 441 g) 400 h) 504
i) 1 575 k) 1 800 l) 1 960 m) 6 300

5
Bestimme die Primfaktorzerlegung und gib sie in der Potenzschreibweise an.
a) 72 b) 100 c) 120 d) 225
e) 392 f) 441 g) 648 h) 900
i) 1 080 k) 1 764 l) 2 160 m) 8 575

6
Bestimme die Primfaktorzerlegung.
a) 304 b) 435 c) 603 d) 888
e) 1 116 f) 1 230 g) 1 988 h) 3 204

7
Bestimme die Primfaktorzerlegung. Teile dabei auch durch 11, 13, 17 und 19.
a) 143 b) 221 c) 247 d) 361
e) 323 f) 2 057 g) 2 873 h) 4 199

8
Zeige durch Zerlegen, dass die folgenden Produkte gleich sind.
a) 4·39, 26·6   b) 8·59, 4·116
c) 18·17, 2·153   d) 33·15, 11·45
e) 28·45, 35·36   f) 36·32, 64·18

9
Gib die Primfaktorzerlegung der Zahlen 10, 100, 1 000 und 10 000 an. Welche Regel kannst du erkennen?
Wie lautet die Primfaktorzerlegung für die Zahl 1 000 000 000?

10
Bestimme alle Zahlen von 1 bis 350, deren Primfaktorzerlegung
a) nur aus Zweien   b) nur aus Dreien
c) nur aus Fünfen   d) nur aus Sieben
besteht.

11
Wie heißen alle Zahlen zwischen 1 und 100, deren Primfaktorzerlegung nur aus
a) Zweien und Dreien
b) Dreien und Fünfen   besteht?

12
Wie heißen alle Zahlen zwischen 1 und 75, deren Primfaktorzerlegung
a) nur drei   b) nur vier
Primfaktoren enthält?

13
Mit Hilfe der Primfaktorzerlegung können wir uns für verschiedene Zahlen Erkennungskarten herstellen. Die Anzahl der Löcher gibt an, wie oft ein Primfaktor in der Zahl enthalten ist.
Beispiel: $12\,936 = 2^3 \cdot 3 \cdot 7^2 \cdot 11$
a) Von welchen Zahlen stammen die Erkennungskarten?

b) Zeichne für die Zahlen 3 080, 7 920, 24 200 und 97 020 selbst solche Karten.

14
a) Mit welcher Zahl muss man das Produkt 2·2·3·7 multiplizieren, um das Produkt 2·2·2·3·3·7 zu erhalten?
b) Mit welcher Zahl muss man das Produkt 3·3·5·11 multiplizieren, um das Produkt 3·3·5·5·7·11·17 zu erhalten?

15
Mit welchem Faktor muss die linke Zahl multipliziert werden, um die rechte zu erhalten?
a) $3 \cdot 5 \cdot 7$ $3^3 \cdot 5 \cdot 7$
b) $2^4 \cdot 3^2 \cdot 5$ $2^6 \cdot 3^3 \cdot 5^2$
c) $2^2 \cdot 3 \cdot 5^3$ $2^5 \cdot 3^2 \cdot 5^4$
d) $3^2 \cdot 5$ $2^2 \cdot 3^3 \cdot 5 \cdot 7 \cdot 11$

16
Entscheide, ohne zu rechnen.
a) Ist 2·3·5 ein Teiler von 2·2·3·5?
b) Ist 5·7·11 ein Teiler von 3·7·7·11?
c) Ist 3·5·11 ein Teiler von 2·3·5·7·11?

17
Die Zahl 30 030 hat die Primfaktorzerlegung 2·3·5·7·11·13. Bestimme mit Hilfe der Primfaktorzerlegung die Ergebnisse der Divisionsaufgaben.
a) 30 030 : 11   b) 30 030 : 13
c) 30 030 : 35   d) 30 030 : 77
e) 30 030 : 130   f) 30 030 : 1001

18
Bestimme die Primfaktorzerlegung der folgenden Zahl. Gib ohne zu rechnen an, wie oft die in Klammern stehenden Zahlen in der ersten Zahl enthalten sind.
a) 840 (35, 105, 42, 28)
b) 3 150 (18, 35, 45, 525)
c) 4 453 (13, 49, 343, 91)

19
Zeige an Beispielen mit Hilfe der Primfaktordarstellung:
a) Eine Zahl, die durch 3 und 7 teilbar ist, muss auch durch 3·7 teilbar sein.
b) Eine Zahl, die durch 6 und 35 teilbar ist, muss auch durch 6·35 teilbar sein.
c) Eine Zahl, die durch 6 und 9 teilbar ist, muss nicht durch 6·9 teilbar sein.

7 Größter gemeinsamer Teiler

1
In einem Büro mussten im Jahr 2000 häufig Briefsendungen je nach Art und Größe mit 2,40 € oder mit 3,20 € frankiert werden. Es wurde ein Vorrat an gleichen Briefmarken angelegt, mit denen beide Sendungen frankiert werden konnten. Welche Briefmarken kamen infrage? Welche Briefmarke war besonders günstig?

Wir betrachten die Teiler der beiden Zahlen 12 und 18:

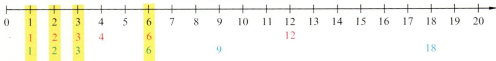

Die Zahlen 1, 2, 3 und 6 sind die **gemeinsamen Teiler** von 12 und 18.
Die Zahl 15 hat die Teiler 1, 3, 5 und 15, die Zahl 28 hat die Teiler 1, 2, 4, 7, 14 und 28.
Nur die Zahl 1 ist ein gemeinsamer Teiler von 15 und 28.

> Den **größten gemeinsamen Teiler** von zwei Zahlen nennt man kurz **ggT**.
> Haben zwei Zahlen nur den gemeinsamen Teiler 1, so nennt man sie **teilerfremd**.

Beispiele
a) Der ggT von 12 und 18 ist 6.   Der ggT von 6, 15 und 18 ist 3.
b) T_{48} = {1, 2, 3, 4, 6, 8, 12, 16, 24, 48} und T_{60} = {1, 2, 3, 4, 5, 6, 10, 12, 15, 20, 30, 60}.

Die gemeinsamen Teiler von 48 und 60 sind 1, 2, 3, 4, 6 und 12, der ggT ist 12.
c) 24 ist ein Teiler von 120, daher ist der ggT von 24 und 120 die Zahl 24.

Beachte: Bei größeren Zahlen hilft oft die Primfaktorzerlegung:

$48 = 2 \cdot 2 \cdot 2 \cdot 2 \cdot 3$ $1\,980 = 2 \cdot 2 \cdot 3 \cdot 3 \cdot 5 \cdot 11$
$60 = 2 \cdot 2 \cdot3 \cdot 5$ $4\,158 = 2 \cdot 3 \cdot 3 \cdot 3 \cdot 7 \cdot 11$
ggT: $2 \cdot 2 \cdot 3 = 12$ ggT: $2 \cdot 3 \cdot 3 \cdot 11 = 198$

Der größte gemeinsame Teiler zweier Zahlen ist das Produkt der Primzahlen, die in beiden Zahlen enthalten sind. Treten sie unterschiedlich häufig auf, so entscheidet die niedrigere Anzahl, wie oft die einzelne Primzahl als Faktor zu nehmen ist.

Aufgaben

2
Bestimme alle gemeinsamen Teiler von
a) 6 und 9   b) 6 und 12
c) 8 und 12   d) 9 und 21
e) 6 und 15   f) 8 und 18
g) 15 und 18   h) 15 und 24.

3
Bestimme im Kopf den ggT von
a) 15 und 35   b) 12 und 28
c) 18 und 36   d) 36 und 42
e) 24 und 32   f) 27 und 45
g) 21 und 35   h) 35 und 65.

4
Welche Zahlenpaare sind teilerfremd?
a) 15 und 25   b) 15 und 27
c) 10 und 27   d) 12 und 27
e) 24 und 35   f) 18 und 45
g) 21 und 45   h) 17 und 51.

5
Nenne jeweils drei passende Zahlen.
a) Der ggT von 12 und □ ist 4.
b) Der ggT von 15 und □ ist 3.
c) Der ggT von 28 und □ ist 7.
d) Der ggT von 84 und □ ist 14.

Größter gemeinsamer Teiler

6
Warum gibt es für □ keine passende Zahl?
a) Der ggT von 18 und □ ist 5.
b) Der ggT von □ und 51 ist 7.
c) Der ggT von 111 und □ ist 11.

7
Bestimme mit Hilfe der Primfaktorzerlegung den ggT von
a) 175 und 280   b) 168 und 252
c) 144 und 216   d) 130 und 208
e) 81 und 243   f) 106 und 240
g) 132 und 308   h) 98 und 126.

8
Bestimme den ggT von
a) 252 und 288   b) 336 und 384
c) 702 und 780   d) 285 und 442
e) 625 und 875   f) 864 und 1 728
g) 1 260 und 2 352 h) 3 960 und 7 260.

9
Mit Hilfe der Lochkarten lässt sich der ggT zweier Zahlen leicht ermitteln: Lege die beiden Karten übereinander. Die Löcher, die in beiden Karten gemeinsam vorhanden sind, bestimmen die Primfaktoren des ggT.
a) Zeichne und bestimme anhand der Karten den ggT.

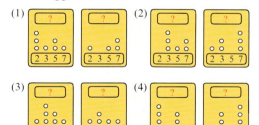

b) Zeichne die Karten für die Zahlen 84 und 315, 120 und 252, 490 und 1 050 und bestimme den ggT.

10
Berechne im Kopf den ggT von
a) 6, 9 und 21   b) 8, 12 und 44
c) 10, 25 und 85   d) 12, 18 und 66
e) 8, 32 und 48   f) 9, 27 und 45
g) 5, 18 und 27   h) 9, 14 und 28.

11
Auch den ggT von drei Zahlen kann man mit Hilfe der Primfaktorzerlegung bestimmen.
Beispiel:
$$168 = 2 \cdot 2 \cdot 2 \cdot 3 \cdot 7$$
$$252 = 2 \cdot 2 \cdot 3 \cdot 3 \cdot 7$$
$$420 = 2 \cdot 2 \cdot 3 \cdot 5 \cdot 7$$
$$\text{ggT: } 2 \cdot 2 \cdot 3 \cdot 7 = 84$$

a) 22, 55, 121   b) 33, 39, 51
c) 54, 90, 144   d) 66, 110, 165
e) 41, 43, 47   f) 5, 24, 48
g) 45, 90, 180   h) 34, 85, 119
i) 312, 486, 624   k) 216, 508, 648
l) 315, 441, 567   m) 1 680, 2 160, 3 600

12
Nenne jeweils drei mögliche Zahlenpaare für □ und △.
a) Der ggT von □ und △ ist 4.
b) Der ggT von □ und △ ist 5.
c) Der ggT von □ und △ ist 12.
d) Der ggT von □ und △ ist 21.
e) Der ggT von □ und △ ist 27.

13
Von drei Zahlen □, △ und ○ ist bekannt:
Der ggT von □ und △ ist 2,
der ggT von △ und ○ ist 6 und
der ggT von □ und ○ ist 10.
Nenne drei Möglichkeiten, um welche Zahlen es sich handeln könnte.

14

Auf den Ziffernkärtchen stehen Primfaktoren. Bilde aus den Faktoren zwei Zahlen,
a) deren ggT 30 ist.
b) deren ggT 105 ist.
c) die teilerfremd sind.
d) die teilerfremd sind und deren Differenz möglichst klein ist.

15
a) Was ist der ggT zweier Primzahlen?
b) Wie lautet der ggT einer Primzahl und einer beliebigen anderen Zahl?

Größter gemeinsamer Teiler

16
In einer Bäckerei sollen quadratische Stücke Streuselkuchen geschnitten werden. Das Kuchenblech ist 144 cm lang und 120 cm breit.
a) Welche Möglichkeiten gibt es?
b) Welche sind sinnvoll?
c) Beantworte die Fragen a) und b) für ein 108 cm breites und 126 cm langes Blech.

17
Frau Müller baut drei Bücherregale auf, die 75 cm, 105 cm und 135 cm hoch werden sollen. Die Zwischenbretter werden in Lochleisten mit einem Lochabstand von 1 cm eingehängt.
Herr Müller hat sich in den Kopf gesetzt, dass die Zwischenbretter in allen drei Regalen denselben Abstand haben müssen.
Ist das überhaupt möglich?

18
In einem Neubau ist jedes Stockwerk 2,55 m hoch, das Erdgeschoss 2,89 m. Es sollen überall Treppen mit gleich hohen Stufen in ganzen Zentimetern eingebaut werden.
a) Wie hoch wird eine Stufe?
b) Wie viele Stufen werden es im Erdgeschoss, wie viele in einem Stockwerk?

19
Aus einem 1,56 m langen, 1,08 m breiten und 0,48 m dicken Schaumstoffquader werden möglichst große Würfel gleicher Größe geschnitten.
Ihre Kantenlänge lässt sich in ganzen Zentimetern ausdrücken.
a) Berechne die Kantenlänge.
b) Wie viele Würfel erhält man?

20
Für den Schullandheimaufenthalt der Klassen 6a und 6b der Goethe-Realschule spendet die Firma Huber GmbH 450 €. Das Geld soll entsprechend den Schülerzahlen auf die beiden Klassen verteilt werden. Die 6a hat 28, die 6b hat 35 Schülerinnen und Schüler. Wie viel Euro bekommt jede Klasse?

Euklidischer Algorithmus

Euklid war einer der bedeutendsten Mathematiker der Antike. Er wurde etwa 360 v. Chr. in Griechenland geboren. Seine Jugendzeit verbrachte er in Athen. Später ging er nach Alexandria in Ägypten. Diese Stadt war damals das Zentrum der Wissenschaft, dort wurde eines der ersten staatlichen Forschungsinstitute, vergleichbar mit unseren heutigen Universitäten, eingerichtet. Euklid wurde etwa 70 Jahre alt. Er hat sich hauptsächlich mit der Geometrie beschäftigt.
Das folgende Verfahren zur Bestimmung des ggT wurde nach ihm benannt.

Gesucht ist der ggT von 98 und 77:

$98 - 77 = 21$
$77 - 21 = 56$
$56 - 21 = 35$

Man bildet jeweils die Differenz der beiden gelb unterlegten Zahlen, so lange, bis die Differenz null ergibt. Der ggT ist 7.

$35 - 21 = 14$
$21 - 14 = 7$
$14 - 7 = 7$
$7 - 7 = 0$

Bestimme mit diesem Verfahren den ggT der Zahlen
a) 56 und 40   b) 60 und 24   c) 144 und 48
d) 250 und 75 e) 15 und 11   f) 51 und 39
g) 96 und 64   h) 77 und 49   i) 169 und 144
k) 147 und 49 l) 261 und 207 m) 209 und 187.

Schneller geht es, wenn du dividierst, statt wiederholt dieselbe Zahl zu subtrahieren.

$98 : 77 = 1 \text{ R } 21$
$77 : 21 = 3 \text{ R } 14$
$21 : 14 = 1 \text{ R } 7$
$14 : 7 = 2 \text{ R } 0$

Bestimme mit diesem Verfahren den ggT der Zahlen
a) 704 und 650   b) 143 und 91   c) 319 und 203
d) 451 und 287   e) 583 und 371   f) 247 und 209
g) 407 und 259   h) 649 und 413   i) 473 und 301
k) 817 und 731   l) 4896 und 3744 m) 8343 und 2664.

Bemerkung: Das Wort Algorithmus wurde von dem Namen des Mathematikers Al Chwarismi (etwa 780–850 n. Chr.) abgeleitet und bedeutet hier Rechenvorschrift.

8 Kleinstes gemeinsames Vielfaches

1
Silke und Petra schwimmen mehrmals die 25-m-Bahn. Sie starten gleichzeitig. Silke braucht für eine Bahn 32 Sekunden, Petra 36 Sekunden. Nach welcher Zeit schlagen die Mädchen zum ersten Mal gemeinsam am Beckenrand an? Wie viele Bahnen ist jede dann geschwommen?

2
Am 1. Januar verlassen drei Schiffe gemeinsam den Hafen. Das erste kehrt alle drei Wochen, das zweite alle vier und das dritte alle fünf Wochen zurück. Nach wie vielen Wochen treffen sich alle im Hafen wieder?

Wir betrachten die Vielfachen der beiden Zahlen 6 und 8:

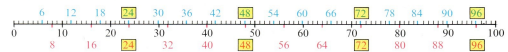

Die Zahlen 24, 48, 72, ... sind die **gemeinsamen Vielfachen** von 6 und 8.

> Unter den gemeinsamen Vielfachen von zwei Zahlen gibt es stets ein kleinstes. Man nennt es das **kleinste gemeinsame Vielfache**, kurz **kgV**.

Beispiele

a) Bei kleinen Zahlen kann man das kgV meist im Kopf bestimmen: Um das kgV von 12 und 15 zu finden, zählen wir die Vielfachen von 15 so lange auf, bis wir erstmals ein Vielfaches von 12 erhalten: 15, 30, 45, 60, ... Das kgV von 12 und 15 ist 60.

b) 36 ist ein Teiler von 72, daher ist das kgV von 36 und 72 die Zahl 72.

c) Sind zwei Zahlen teilerfremd, so ist das kgV das Produkt dieser Zahlen.
$V_4 = \{4, 8, 12, 16, 20, 24, 28, ...\}$ und $V_7 = \{7, 14, 21, 28, ...\}$. Das kgV von 4 und 7 ist 28.

Beachte: Bei großen Zahlen kann das kgV mit der Primfaktorzerlegung bestimmt werden:

$120 = 2 \cdot 2 \cdot 2 \cdot 3 \cdot 5$ $\quad\quad\quad\quad 110 = 2 \cdot 5 \cdot 11$
$144 = 2 \cdot 2 \cdot 2 \cdot 2 \cdot 3 \cdot 3$ $\quad\quad\quad 273 = 3 \cdot 7 \cdot 13$
kgV: $2 \cdot 2 \cdot 2 \cdot 2 \cdot 3 \cdot 3 \cdot 5 = 720$ $\quad\quad$ kgV: $2 \cdot 3 \cdot 5 \cdot 7 \cdot 11 \cdot 13 = 30\,030$

Das kgV zweier Zahlen ist das Produkt der Primzahlen, die in einer der Zahlen oder in beiden enthalten sind. Treten sie unterschiedlich häufig auf, entscheidet die höhere Anzahl, wie oft die einzelne Primzahl als Faktor zu nehmen ist.

Aufgaben

3
Bestimme die ersten vier gemeinsamen Vielfachen von
a) 4 und 3 b) 2 und 7 c) 6 und 8.

4
Bestimme im Kopf das kgV von
a) 12 und 16 b) 15 und 21
c) 18 und 72 d) 12 und 34.

Kleinstes gemeinsames Vielfaches

5
Bestimme aus den Zerlegungen das kgV und die Ausgangszahlen.
a) 2·2·3·7, 2·3·11
b) 5·7, 2·5·13
c) 3·3·11, 2·3·7
d) 3·5, 7·17
e) 2·2·5, 2·2·5·7
f) 5·7, 2·5·7·13
g) 5·7·11, 2·7·11
h) 2·3·19, 5·23

6
Bestimme das kgV mit Hilfe der Primfaktorzerlegung von
a) 36 und 90
b) 18 und 24
c) 42 und 105
d) 51 und 68
e) 70 und 105
f) 96 und 168
g) 120 und 144
h) 105 und 135.

7
Nenne jeweils drei passende Zahlen.
a) Das kgV von 9 und □ ist 45.
b) Das kgV von 21 und □ ist 42.
c) Das kgV von □ und 12 ist 60.
d) Das kgV von 35 und □ ist 105.

8
Bestimme im Kopf das kgV von
a) 2, 3 und 5
b) 2, 3 und 7
c) 3, 4 und 5
d) 4, 8 und 12
e) 4, 16 und 20
f) 5, 7 und 21
g) 7, 11 und 13
h) 10, 15 und 27.

9
Mit Hilfe der Lochkarten lässt sich auch das kgV bestimmen: Die Karte des kgV enthält alle Löcher, die in mindestens einer der beiden Karten vorhanden sind.
a) Zeichne und bestimme anhand der Karten die Zahlen und das kgV.

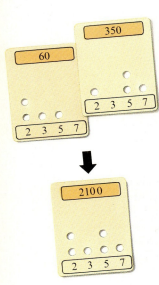

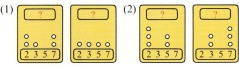

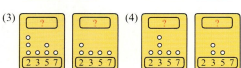

b) Zeichne selbst die Lochkarten für die Zahlen: 60 und 84, 35 und 77, 51 und 85.

10
Zerlege in Primfaktoren und bestimme das kleinste gemeinsame Vielfache.
Beispiel: 168 = 2·2·2·3· 7
252 = 2·2· 3·3· 7
420 = 2·2· 3· 5·7
kgV: 2·2·2·3·3·5·7 = 2520
a) 36, 48, 60
b) 24, 48, 72
c) 36, 54, 90
d) 30, 45, 75
e) 16, 20, 28
f) 105, 110, 125
g) 625, 675, 725
h) 32, 27, 35
i) 510, 600, 930
k) 540, 600, 956
l) 224, 336, 420
m) 180, 324, 432

11
Bestimme das kleinste gemeinsame Vielfache und den größten gemeinsamen Teiler der Zahlen
a) 4 und 15
b) 16 und 9
c) 15 und 14
d) 7 und 13
e) 12 und 25
f) 21 und 16.

12
Übertrage die Tabelle in dein Heft und fülle sie aus.

1. Zahl	30	40	20	36	30	60	54
2. Zahl	18	10	12	27	25	16	45
Produkt							
ggT							
kgV							
ggT·kgV							

Was fällt dir auf?

13
Nenne jeweils drei mögliche Zahlenpaare für □ und △.
a) Das kgV von □ und △ ist 42.
b) Das kgV von □ und △ ist 60.
c) Das kgV von □ und △ ist 225.
d) Das kgV von □ und △ ist 1764.

14
a) In welchen Fällen ist das kleinste gemeinsame Vielfache zweier Zahlen gleich dem Produkt dieser beiden Zahlen?
b) In welchen Fällen ist das kgV zweier Zahlen eine der beiden Zahlen selbst?

Kleinstes gemeinsames Vielfaches

15
Auf einer Steinplatte in einer Pyramide ist die Zahl 2 520 eingehauen. Das Besondere dieser Zahl ist, dass sie das kgV der Zahlen 1, 2, 3, 4, 5, ..., 10 ist.
Bestimme
a) das kgV der Zahlen 1, 2, 3, ... 8
b) das kgV der Zahlen 1, 2, 3, 4, ... 12
c) das kgV der Zahlen 1, 2, 3, 4, 5, ... 18.

16
a) Wie viele Karten muss ein Kartenspiel haben, damit es an 2, 3, 4, 6 und 8 Personen ohne Rest verteilt werden kann?
b) Wie viele Karten muss es für 2, 3, 4, 5 und 6 Personen haben?

17
In manchen Hochhäusern gibt es Schnellaufzüge, die nur in bestimmten Stockwerken halten: A 2 hält in jedem zweiten, A 3 in jedem dritten und A 5 in jedem fünften Stockwerk.
In welchem Stockwerk halten
a) A 2 und A 3   b) A 2 und A 5
c) A 3 und A 5   d) A 2, A 3 und A 5
gemeinsam?

18
Ute, Jochen und Peter spielen mit der Modellrennbahn. Sie starten gemeinsam. Utes Auto braucht 14 Sekunden für eine Runde, Jochens 12 und Peters 15.
Nach welcher Zeit fahren die Autos wieder gemeinsam über die Ziellinie?

19

Wartungsintervalle
Ölwechsel alle 7 500 km; Luftfilter alle 15 000 km; Zündkerzen alle 25 000 km; Bremsflüssigkeit alle 30 000 km.

Wann fallen welche Wartungen zusammen? Erstelle einen Service-Plan bis 100 000 km.

20
Wie oft muss sich das kleine, wie oft das große Zahnrad drehen, damit die rot markierten Zähne wieder genauso stehen wie in der Abbildung?

21
a) Der Betrieb auf einer Buslinie beginnt morgens um 6.00 Uhr. Wann fährt ein Bus wieder zu einer vollen Stunde ab, wenn die Fahrzeuge
(1) im 9-Minuten-Abstand
(2) im 7-Minuten-Abstand
aufeinander folgen?
b) Warum sind solche Zeitabstände ungünstig? Welche wären besser geeignet?

22
Von 9.00 Uhr an fährt alle 12 Minuten vom Bismarckplatz ein Bus ab, alle 20 Minuten eine Straßenbahn und alle 45 Minuten eine S-Bahn.
a) Zu welchen Zeiten bis 20.00 Uhr fahren alle drei Verkehrsmittel wieder gleichzeitig ab?
b) Durch welche möglichst kleinen Fahrplanänderungen ließe sich erreichen, dass mit jeder S-Bahn zugleich eine Straßenbahn und mit jeder Straßenbahn zugleich ein Bus abfährt?

23

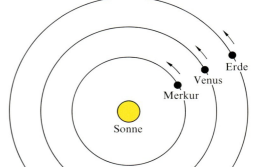

Die drei Planeten Merkur, Venus und Erde bewegen sich auf nahezu kreisförmigen Bahnen um die Sonne. Die Erde braucht für einen Umlauf 365 Tage, der Merkur 88 Tage, die Venus 250 Tage. Nach wie vielen Jahren und Tagen wiederholt sich die abgebildete Stellung?

9 Vermischte Aufgaben

1
Bestimme die Teilermenge der Zahl.
a) 10 b) 14 c) 18 d) 24
e) 25 f) 40 g) 81 h) 144
i) 175 k) 215 l) 216 m) 217

2
Setze das Zeichen | oder ∤ ein.
a) 7 ☐ 23 b) 31 ☐ 37 c) 12 ☐ 144
d) 54 ☐ 54 e) 8 ☐ 128 f) 16 ☐ 4
g) 25 ☐ 625 h) 9 ☐ 243 i) 13 ☐ 243

3
Welche der folgenden Zahlen sind durch 2, 4 oder 8 teilbar?
a) 210 b) 316 c) 508
d) 1 318 e) 2 744 f) 4 762
g) 5 944 h) 9 372 i) 15 970

4
Suche die Zahlen, die durch 3, aber nicht durch 9 teilbar sind.
a) 414 b) 2 703 c) 9 711
d) 92 748 e) 83 654 f) 76 503
g) 56 016 h) 41 914 i) 27 324

5
Durch welche der Zahlen 2, 4, 5, 25, 3, 9 sind die Zahlen teilbar?
a) 4 832 b) 64 075 c) 6 050 d) 8 765
e) 52 710 f) 777 777 g) 4 500 h) 7 450
i) 9 356 k) 3 999 l) 6 798 m) 2 981
n) 7 822 o) 43 543 p) 5 000 q) 9 630
r) 2 250 s) 3 636 t) 75 555 u) 25 439
Benutze die Teilbarkeitsregeln!

6
Begründe mit Hilfe der Endziffernregeln, dass jede durch 2 und durch 5 teilbare Zahl auch durch 10 teilbar ist.

7
Gib eine Endziffernregel für die Teilbarkeit durch 20 an.

8
Welche Paare von Endziffern können diejenigen Zahlen haben, die durch 5, aber nicht durch 4 teilbar sind?

Aus dem indischen Rechenbuch Mahauiracarya (um 850 n. Chr.): „Aus Früchten werden 63 gleich große Haufen gelegt, 7 Stück bleiben übrig. Es kommen 23 Reisende, unter denen alle Früchte gleichmäßig verteilt werden. Keine bleibt übrig. Wie viele Früchte waren es?"

9
Addiere zu den folgenden Zahlen möglichst kleine Zahlen, sodass durch 9 teilbare Zahlen entstehen:
a) 52 b) 75 c) 142 d) 273
e) 542 f) 951 g) 1 158 h) 4 523
i) 5 213 k) 6 758 l) 7 102 m) 8 998

10
Subtrahiere von den folgenden Zahlen ihre Quersummen:
34   76   87   94
175 198 326 798
Durch welche Zahl sind alle Differenzen teilbar?

11
Nenne den größten gemeinsamen Teiler.
a) 14, 21 b) 10, 12 c) 10, 15
d) 8, 26 e) 22, 55 f) 26, 39
g) 12, 32 h) 76, 77 i) 54, 72

12
Nenne das kleinste gemeinsame Vielfache.
a) 3, 5 b) 5, 7 c) 5, 8
d) 12, 15 e) 12, 14 f) 15, 25
g) 20, 30 h) 30, 45 i) 44, 132

13
Bestimme den ggT und das kgV.
a) 2, 3, 5 b) 2, 3, 4
c) 6, 8, 10 d) 10, 15, 90
e) 38, 19, 76 f) 11, 22, 44

14
Bestimme den ggT und das kgV.
a) 4, 8, 12, 36 b) 3, 9, 15, 90
c) 10, 2, 5, 15 d) 8, 6, 16, 48
e) 2, 14, 7, 28 f) 36, 6, 12, 2

15
Übertrage die Tabelle ins Heft und ergänze.

1. Zahl	4	8	4	4	2	15	12
2. Zahl	6	6	9	16	14	25	20
ggT	2						
kgV	12						
ggT · kgV	24						
1. Zahl · 2. Zahl	24						

Vermischte Aufgaben

16
a) Durch welche Zahlen sind 39, 65 und 78 teilbar?
b) Berechne $39 + 65 + 78$, $39 + 65 - 78$, $65 + 78 - 39$ und $39 + 78 - 65$.
Wie groß ist der größte gemeinsame Teiler der vier berechneten Zahlen?

17
Überprüfe an folgenden Zahlenpaaren die Behauptung: „Die gemeinsamen Teiler zweier Zahlen teilen auch die Summe und die Differenz der beiden Zahlen".
a) 134, 160   b) 105, 80   c) 130, 153
d) 164, 165   e) 473, 88   f) 1 155, 4 444

18
Der Eintritt in den Zoo kostet für Kinder 6 € und für Erwachsene 9 €. Die Tageseinnahme beträgt 72 802 €. Die Kassiererin stellt gleich fest, dass hier etwas nicht stimmt. Wie hat sie das so schnell gemerkt?

19
Torsten hat für die Klassenfahrt 211 € eingesammelt; alle Schüler sollten denselben Euro-Betrag bezahlen. Haben das alle getan?

20
An einer Straßenbahnhaltestelle fahren drei Linien ab. Die Linie A fährt alle 10 Minuten, die Linie B alle 6 Minuten und die Linie C alle 8 Minuten. Um 12.00 Uhr fahren alle drei Linien gleichzeitig von der Haltestelle ab.
a) Zu welcher Uhrzeit fahren wieder alle drei Linien gleichzeitig ab?
b) Zu welchen Uhrzeiten fahren jeweils zwei der drei Linien gleichzeitig ab?
Rechne in a) und b) bis 18 Uhr.

21
Ein Zimmer von 10,5 m Länge und 7,5 m Breite soll mit möglichst großen quadratischen Teppichfliesen ausgelegt werden. Ihre Kantenlängen lassen sich in ganzen Dezimetern angeben.
a) Welche Kantenlänge hat eine Teppichfliese?
b) Wie viele Fliesen sind nötig?

22
Drei Geschäftsreisende treffen sich in einem Intercityexpress auf der Fahrt nach Hamburg. Frau Berg benutzt den Zug alle 15 Tage, Herr Müller alle 18 Tage, Herr Martens alle 30 Tage.
Nach wie vielen Tagen treffen sich die drei Personen in demselben Zug wieder?

23

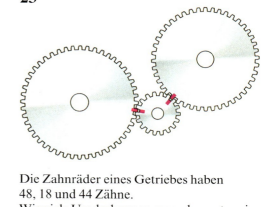

Die Zahnräder eines Getriebes haben 48, 18 und 44 Zähne.
Wie viele Umdrehungen muss das erste, wie viele das zweite und wie viele das dritte machen, bis die rot markierten Zähne wieder genauso stehen wie in der Abbildung?

24
Elke und Monika laufen im Training die ganze Strecke nebeneinander. Elke hat eine mittlere Schrittlänge von 80 cm, die etwas kleinere Monika nur 70 cm. Sie geraten deshalb sofort „aus dem Schritt".
Nach welcher Strecke sind sie wieder „im Schritt"?
Wie viele Schritte hat Elke, wie viele Schritte hat Monika bis dahin zurückgelegt?

25
Bei der Modelleisenbahn von Peter braucht eine Lokomotive auf der inneren Bahn 24 Sekunden für eine Runde, eine andere Lokomotive auf der äußeren Bahn 36 Sekunden für eine Runde.
Nach welcher Zeit kommen beide Lokomotiven wieder gleichzeitig durch den Bahnhof, wenn sie gemeinsam am Bahnhof starten?
Wie viele Runden fahren sie jeweils?

Vermischte Aufgaben

Zum Knobeln

26
Finde einen Weg vom Start zum Ziel, sodass das Produkt der dabei überquerten Zahlen 352 800 beträgt. Jede Zahl darf nur einmal überquert werden.

27
a) Bei Anjas Geburtstag waren 14 Kinder eingeladen. Zusammen mit Anja wollten sie ein Spiel mit 96 Karten spielen, bei dem nach Spielregeln die Karten ohne Rest verteilt werden müssen.
Wie viele Kinder konnten höchstens zusammen spielen?
b) Bei Silkes Geburtstag waren so viele Kinder eingeladen, dass sie ohne Silke das Spiel mit den 96 Karten spielen konnten. Als aber Silke noch mitspielen wollte, blieben sechs Karten übrig, nachdem so viele wie möglich gleichmäßig ausgeteilt waren.
Wie viele Kinder waren eingeladen?

28

Für die Nummerierung der Seiten eines Lexikons (beginnend mit 1) brauchte der Setzer 2 905 Ziffern. Wie viele Seiten hat das Buch?

29

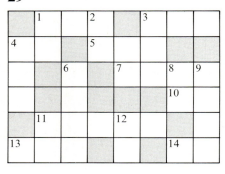

Waagerecht:
1.) Vielfaches von 33
3.) kleinste dreistellige Primzahl
4.) teilbar durch 11
5.) kgV von 7 und 23
7.) Vielfaches von 103 mit Anfangsziffer 1
10.) teilbar durch 9
11.) kgV von 101 und 131
13.) teilbar durch 9
14.) teilbar durch 11

Senkrecht:
1.) Teiler von 51
2.) Teiler von 204
3.) teilbar durch 37
4.) Vielfaches von 101
6.) kgV von 17 und 61
8.) ggT von 70 und 385
9.) Vielfaches von 313
11.) Zahl mit 5 Teilern
12.) teilbar durch 9

30
Von Christian Goldbach (1690–1764) stammt die Vermutung: „Jede gerade Zahl, größer als 2, kann als Summe zweier Primzahlen geschrieben werden."
Beispiel: 32 = 19 + 13
a) Prüfe selbst: 24, 28, 34, 38, 42, 46, 52.
b) Schreibe die Zahl 100 auf möglichst viele verschiedene Arten als Summe von zwei Primzahlen.

Teilbarkeit durch 7
Verfahren für sechsstellige Zahlen:
751 695   751
           − 695
           ─────
            56
7 teilt 56, also teilt 7 auch 751 695.

Prüfe mit diesem Verfahren die Zahlen:
a) 717 346   b) 864 192   c) 949 340
d) 994 084   e) 622 475   f) 714 686
Auch 346 717 kannst du mit diesem Verfahren prüfen. Dazu berechnest du 717 − 346.

Verfahren für beliebige Zahlen:
Addiere zu der Zahl aus den letzten beiden Ziffern das Doppelte des vorderen Teils:
6958 → 2·69 + 58 = 196
 196 → 2· 1 + 96 = 98
7 teilt 98, also teilt 7 auch 196 und 6 958.

Prüfe mit diesem Verfahren die Zahlen:
a) 5978   b) 6041   c) 5125
d) 4396   e) 5838   f) 6511.

Teilbarkeit durch 11

Überprüfe mit diesem Verfahren:
a) 648 582   b) 292 479   c) 402 391
d) 428 494   e) 259 578   f) 929 698.

STICKMUSTER

Karolin hat im Textilunterricht sticken gelernt. Zusammen mit ihren Klassenkameraden Ina, Pit und Marco möchte sie Platzdeckchen als Geschenke besticken. Von ihrer Mutter bekommt sie ein Stück Stoff, das 45 cm breit und 160 cm lang ist. Damit Teller und Besteck auf die Platzdeckchen passen, müssen sie 40 bis 45 cm lang und 28 bis 35 cm breit sein. Für den Rand braucht man $2\frac{1}{2}$ cm.

▼ 1
Überlege dir, wie man den Stoff in vier gleiche Stücke einteilen kann, sodass kein Rest bleibt und Teller und Besteck Platz finden.

▼ 2
Der Stoff ist so gewoben, dass man pro Zentimeter fünf Kreuze sticken kann. Wie viele Stiche kann man der Breite und der Länge nach auf dem Deckchen machen?

▼ 3
Die Kinder suchen sich aus Stickheften Muster aus. Ina ist ganz unglücklich. Sie möchte das Auto sticken. „Das letzte passt nicht drauf." Pit weiß Rat. „Wenn du den Mustersatz schmaler machst, passen 10, wenn du ihn verbreiterst, passen 8 Autos der Breite nach hin." Wie groß werden die einzelnen Mustersätze, wenn Ina den Rat von Pit befolgt?

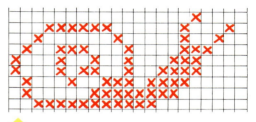

▼ 4
Können die Kinder die Platzdeckchen auch mit dem großen, dem kleinen Elefanten oder dem Baum besticken?

▼ 5
Marco möchte die Elefanten abwechseln. In der Ecke sollen die großen Elefanten stehen. Er grübelt ganz schön lange.

▼ 6
Pit möchte immer drei Muster abwechseln. Kannst du ihm dabei helfen?

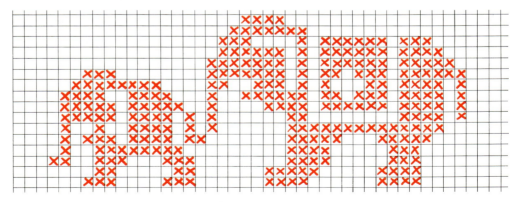

Rückspiegel

1
Bestimme alle Teiler.
a) 12 b) 16 c) 18
d) 28 e) 36 f) 48
g) 58 h) 64 i) 72

2
Bestimme die ersten fünf Vielfachen.
a) 7 b) 9 c) 13
d) 15 e) 17 f) 19
g) 23 h) 27 i) 31

3
Zerlege zuerst geschickt in eine Summe.
a) Ist 9 ein Teiler von 1 845?
b) Teilt 12 die Zahl 9 648?
c) Ist 6 150 teilbar durch 15?
d) Ist 21 ein Teiler von 4 410?

4
Zerlege zuerst geschickt in eine Differenz.
a) Ist 12 ein Teiler von 588?
b) Teilt 15 die Zahl 735?
c) Ist 1 782 teilbar durch 18?
d) Ist 2 277 teilbar durch 23?

5
a) Welche Zahlen sind durch 5 teilbar?
15, 75, 552, 656, 755, 775
b) Welche Zahlen sind durch 25 teilbar?
65, 75, 125, 185, 225, 775, 1 025

6
a) Welche Zahlen sind durch 4 teilbar?
24, 34, 44, 72, 104, 106, 882
b) Welche Zahlen sind durch 8 teilbar?
96, 112, 284, 368, 482, 648, 1008

7
a) Welche Zahlen sind durch 3 teilbar?
13, 18, 51, 64, 123, 234, 2 121
b) Welche Zahlen sind durch 9 teilbar?
108, 235, 459, 630, 711, 2 304

8
a) Welche Zahlen sind durch 6 teilbar?
78, 82, 114, 264, 454, 636, 3 210
b) Welche Zahlen sind durch 12 teilbar?
180, 333, 372, 540, 722, 1 188

9
Bestimme die fehlende Ziffer so, dass eine durch 3 und durch 4 teilbare Zahl entsteht.
a) 12☐4 b) 1☐68 c) 174☐
d) ☐664 e) 304☐ f) 4☐44
g) 4☐48 h) 666☐ i) ☐468

10
Welche Zahlen sind Primzahlen?
a) 41 b) 51 c) 61
d) 53 e) 63 f) 73
g) 77 h) 87 i) 97

11
Zerlege in Primfaktoren.
a) 60 b) 126 c) 252
d) 336 e) 432 f) 594
g) 2 310 h) 5 148 i) 6 732

12
Bestimme den größten gemeinsamen Teiler der Zahlen.
a) 18 und 24 b) 14 und 35 c) 27 und 45
d) 17 und 51 e) 13 und 65 f) 11 und 143
g) 13 und 53 h) 17 und 69 i) 27 und 32.

13
Bestimme das kleinste gemeinsame Vielfache der Zahlen.
a) 5 und 15 b) 6 und 15 c) 12 und 15
d) 4 und 7 e) 5 und 13 f) 15 und 18
g) 24 und 36 h) 15 und 25 i) 28 und 63.

14
Der Garten von Familie Beckmann liegt an einem Hang. Er besteht aus vier Terrassen, die durch Treppen verbunden werden sollen. Alle Stufen sollen gleich hoch werden. Wie hoch kann eine Stufe höchstens werden?

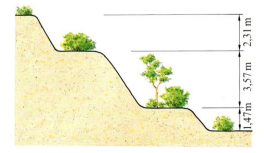

II Kreis und Winkel

In der Technik weist der Kreis auf eine Drehung hin. In der Natur entstehen Kreise von selbst, wenn von einem Punkt aus das Wachstum in allen Richtungen gleich schnell voranschreitet. Das Nördlinger Ries entstand vor 15 Millionen Jahren durch den Einschlag eines Meteors. Sein Rand ist ein annähernd kreisförmiger steinerner Wall.

Das alte Längenmaß „Rute" wurde früher bei der Feldmessung mit einem Zirkel abgegriffen.

Arme und Beine des Menschen bewegen sich in den Gelenken auf Kreisbögen. Ihr Bewegungsausschlag ist auf bestimmte Winkel beschränkt.

Euklid (etwa 360–290 v. Chr.) hat seinen Lesern den Kreis mathematisch genau erklärt:

Ein Kreis ist eine ebene, von einer einzigen Linie umfasste Figur mit der Eigenschaft, dass alle von einem innerhalb der Figur gelegenen Punkt bis zur Linie laufenden Strecken einander gleich sind.

Stonehenge
(3. bis 2. Jahrtausend) ist die größte Megalith*-ansammlung Großbritanniens. Die Anlage besteht aus Kreisen von Steinen, von denen der größte 32 m Durchmesser hat. Die Steine dieses äußeren Kreises tragen auf ihren Oberseiten quer liegende Steine.
(* großer Stein)

1 Kreis

1
Welche Orte sind von Dortmund in Luftlinie weniger als 50 km entfernt?
Suche einen Ort, der möglichst genau 100 km von Dortmund entfernt ist.

2
Zum Zeichnen von Kreisen kann man sich mit vielen Geräten behelfen. Versuche es einmal selbst.

Kreise zeichnen wir mit dem Zirkel. Die Entfernung zwischen Spitze und Mine ist einstellbar. Beim vorsichtigen Drehen des Zirkels ändert sie sich nicht. Alle Punkte des Kreises haben vom Mittelpunkt dieselbe Entfernung.

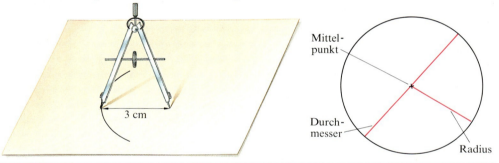

> Jede Strecke vom **Mittelpunkt** des Kreises zu einem Kreispunkt heißt **Radius**.
> Jede Strecke, die zwei Kreispunkte verbindet und durch den Mittelpunkt geht, heißt **Durchmesser**.

Bemerkung: Die Mehrzahl von „Radius" heißt „Radien". Statt „Länge des Radius" und „Länge des Durchmessers" sagen wir kurz „Radius" und „Durchmesser".

Beispiele
a) Um den Mittelpunkt M(6|9) ist ein Kreis mit dem Radius 2,5 cm gezeichnet.
Der Radius wird zwischen zwei Gitterpunkten oder auf dem Lineal mit dem Zirkel abgegriffen.

b) Um den Mittelpunkt M(14|4) ist ein Kreis gezeichnet, der durch den Punkt P(16|2) geht.
Auf diesem Kreis liegen außerdem die Gitterpunkte Q, R und S.

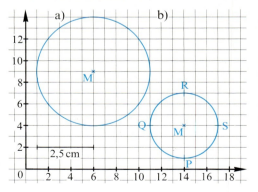

Altrömische Zirkel aus Bronze

Kreis

Aufgaben

3
Wo siehst du in deiner Umgebung, auf deinem Schulweg oder beim Sport Kreise?

4
Zeichne einen Kreis, indem du mit dem Stift einen runden Gegenstand umfährst. Schneide den Kreis aus. Kannst du Mittelpunkt, Radius und Durchmesser bestimmen?

5
Zeichne Kreise mit den Radien 2 cm, 3 cm, 4 cm, 5 cm und 6 cm um einen gemeinsamen Mittelpunkt.

6
Zeichne den Kreis um M mit dem Radius r:
a) M(10|12), r = 4 cm   b) M(9|10), r = 3 cm
c) M(4|8), r = 2 cm   d) M(8|8), r = 3,5 cm.

7
Zeichne den Kreis um M durch P:
a) M(8|10), P(15|10)   b) M(13|8), P(10|14)
c) M(12|11), P(7|6)   d) M(7|7), P(3|3).

8
Durch wie viele Gitterpunkte geht der Kreis mit dem Mittelpunkt M(8|10) und dem Radius   a) r = 3 cm   b) r = 2,5 cm?

9

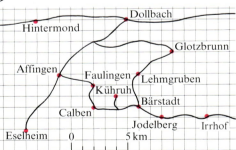

a) Zeichne die Karte ohne die Wege ab.
b) Welche Orte sind von Affingen und von Bärstadt höchstens 5 km entfernt?
c) Welche Orte sind von Affingen und von Bärstadt mehr als 5 km entfernt?

Mit Zirkel und Buntstift

Ei, Herz, Brezel und weitere Kreisfiguren. Zeichne doppelt so groß in dein Heft. Suche selbst weitere Figuren.

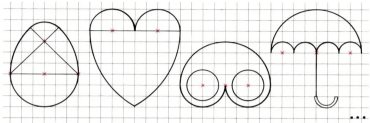

Kreismuster im 9-Punkte-Feld. Zeichne doppelt so groß.

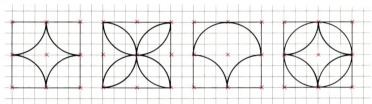

Bandornamente mit Kreisen. Zeichne die Figuren.

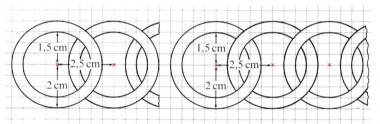

Zeichne die Kreismuster doppelt so groß in dein Heft und male sie aus. Die Teilfiguren sollen dir helfen, die ganze Figur zu verstehen.

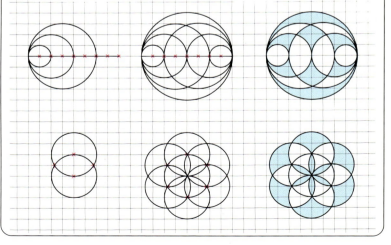

Kreis

10

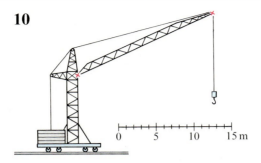

a) Welchen Radius hat der Schwenkkreis des Drehkrans, wenn der Ausleger nicht verstellt wird?
b) Welchen Radius hat der größtmögliche Schwenkkreis?

Kreise?

11

Einfamilienhaus zu verkaufen!
Näher als 12 km bei Astadt und weniger als 10 km von Bestadt entfernt!

Wo liegt das Haus? Übertrage in dein Heft und zeichne.

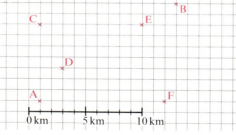

12

Vier Sender liegen im Koordinatensystem in den Punkten A(4|3), B(2|9), C(6|10) und D(10|6). Ihre Reichweiten entsprechen der Reihe nach 4 K (Kästchen), 3 K, 6 K und 5 K.
a) Zeichne die Sender mit ihren Empfangsgebieten.
b) Gibt es ein Gebiet, in dem alle 4 Sender zu empfangen sind?
c) Schraffiere mit Rot das Gebiet, in dem nur D zu empfangen ist,
mit Blau das Gebiet, in dem A und C, aber nicht B, zu empfangen sind,
mit Grün die Gebiete, in denen drei Sender zu empfangen sind.

13

Der linke Kreis hat den Mittelpunkt A und geht durch B, der rechte hat den Mittelpunkt B und geht durch A. Begründe, warum die drei Strecken $\overline{AB}$, $\overline{AC}$ und $\overline{BC}$, gleich lang sind. Messen gilt nicht!

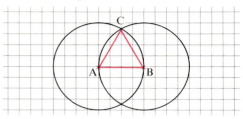

14

Was meinst du?
Gibt es große und kleine Eurostücke?

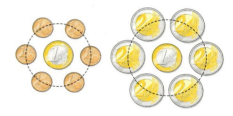

15

Wie man sich mit Kreisen täuschen kann!
Zeichne die Figuren nach.

a)    b)

16

Die 15 Zehner passen nicht in das Rechteck. Wie viele musst du wegnehmen, damit die übrigen hineinpassen? Probiere und zeichne. (Ab 2002 kannst du 5-Cent-Stücke verwenden.)

2 Kreissehne. Kreisbogen. Kreisausschnitt

1
Kannst du aus einem kreisförmigen Blatt Filterpapier mit einem einzigen geraden Schnitt ein Quadrat herausschneiden?

2
Kannst du ein kreisförmiges Blatt Filterpapier mit einem einzigen geraden Schnitt in vier Viertelkreise zerschneiden?

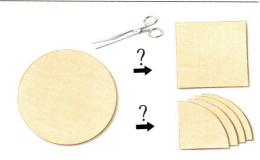

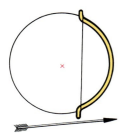

Eine Gerade kann einen Kreis in zwei Punkten schneiden. Die Strecke zwischen den Schnittpunkten heißt **Sehne**.

Zwei Radien zerlegen die Kreisfläche in zwei **Kreisausschnitte**.

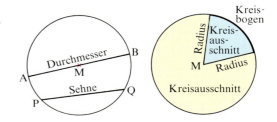

> Eine Verbindungsstrecke zweier Kreispunkte heißt **Sehne**. Ein von zwei Radien und einem **Kreisbogen** begrenztes Stück der Kreisfläche heißt **Kreisausschnitt**.

Bemerkung: Jeder Durchmesser ist eine Sehne durch den Kreismittelpunkt.

Beispiele
a) Auf dem Kreis ist der Punkt P markiert. Mit dem Zirkel ist von P aus eine Sehne mit der Länge 2 cm nach Q hin abgetragen. Auch die Sehne $\overline{PR}$ ist 2 cm lang.

b) Kreisausschnitte lassen sich durch Sehnen festlegen: Vom Kreispunkt P aus wird die Sehne mit dem Zirkel zum Punkt Q hin abgetragen. Die Radien $\overline{MP}$ und $\overline{MQ}$ zerlegen den Kreis in zwei Kreisausschnitte.

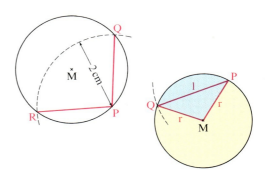

Aufgaben

3
Zwei Sehnen zerlegen den Kreis in drei oder in vier Teile.
In wie viele Teile zerlegen drei bzw. vier Sehnen einen Kreis? Zeichne.

4
a) Welche „Kreisausschnitte" kannst du essen?
b) Bei welcher Sportart werden kleine Kreisausschnitte auf dem Spielfeld abgestreut oder markiert?
c) Bei welchen Sportarten der Leichtathletik werden große Kreisausschnitte auf dem Rasen markiert?

Kreissehne. Kreisbogen. Kreisausschnitt

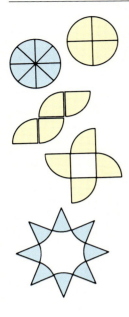

5
Welche Kreisteile sind Kreisausschnitte, welche nicht?

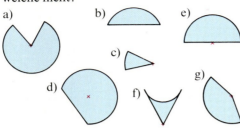

6
Zeichne in einen Kreis mit dem Radius 4 cm eine Sehne $\overline{PQ}$ mit der Länge 4 cm ein. Füge eine ebenso lange Sehne $\overline{QR}$ an, dann eine ebenso lange Sehne $\overline{RS}$ usw.
Wenn du genau zeichnest, muss dir etwas auffallen.

7
Zeichne wie abgebildet einen Kreis mit
a) 8   b) 9   c) 10
regelmäßig verteilten Punkten.
Verbinde die Punkte durch Sehnen, die immer zwei Punkte überspringen.

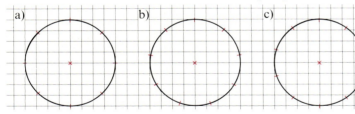

8
Auf das Kärtchen ist Garn aufgewickelt. Zwischen zwei Kerben liegt der Faden immer 15fach. Wie lang ist er insgesamt?

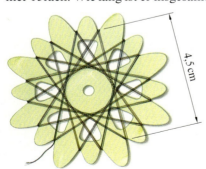

9
a) Schneide Kreise aus, falte Viertelkreise und Achtelkreise. Es gibt schöne Muster.
b) Etwas schwieriger ist es, Sechstelkreise zu falten. Du musst dazu erst einen Halbkreis dritteln. Wie erhältst du nun einen Drittelkreis?

10
Zeichne Kreisausschnitte mit einer Sehne der Länge l = 5 cm und dem Radius
a) r = 3 cm   b) r = 4 cm   c) r = 5 cm
d) r = 6 cm   e) r = 7 cm   f) r = 8 cm.

11
Zeichne die aus Viertelkreisen zusammengesetzte Spirale. Der innere Bogen hat den Mittelpunkt A, der anschließende den Mittelpunkt B. Der fünfte Bogen hat wieder den Mittelpunkt A.

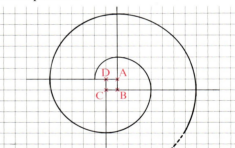

12
Zeichne das aus vier Kreisbögen zusammengesetzte Oval.
Hinweis: A, B, C, D sind Mittelpunkte von Kreisbögen. In den übrigen vier Punkten stoßen die Kreisbögen zusammen.

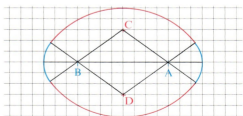

3 Winkel

1
Der gelbe Bereich im oberen Bild ist das Blickfeld des Lastwagenfahrers im Rückspiegel. Vor dem Rechtsabbiegen muss der Lastzug nach links ausholen.
Kann der Fahrer den von hinten auf dem Radweg herankommenden Radfahrer im Rückspiegel sehen?

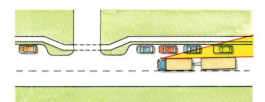

2
a) Wie bewegt sich der rote Zeiger am Kurzzeitwecker, wenn die Zeit verstreicht?
b) Erkläre die Funktionsweise der Parkuhr. Warum verwendet man Sichtfelder anstelle eines Zeigers?

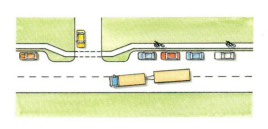

Wenn sich zwei Geraden schneiden, entstehen vier **Halbgeraden**. Diese zerlegen die Ebene in vier Gebiete.
Jedes dieser Gebiete ist ein **Winkel**.

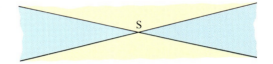

Ein **Winkel** wird von zwei Halbgeraden mit gemeinsamem Anfangspunkt S begrenzt. Der Punkt S heißt **Scheitel**, die Halbgeraden heißen **Schenkel** des Winkels.

Derjenige Schenkel, der bei einer Linksdrehung (gegen den Uhrzeigersinn) den Winkel überstreicht, heißt **erster Schenkel**. Der andere heißt **zweiter Schenkel**.

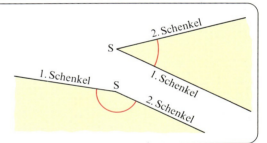

Beispiel
Bei dem in a) eingezeichneten Winkel liegt der Punkt B auf dem ersten und C auf dem zweiten Schenkel, A ist der Scheitel. Daher bezeichnen wir den Winkel mit ∢ BAC. Entsprechend bezeichnen wir den Winkel in b) mit ∢ CAB, hier liegt C auf dem ersten und B auf dem zweiten Schenkel.

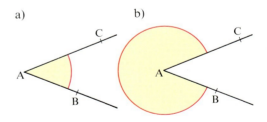

Bemerkung: Winkel werden kurz mit kleinen griechischen Buchstaben bezeichnet:

  α   β   γ   δ   ε   φ
alpha beta gamma delta epsilon phi

Beispiel
Für die Winkel im Viereck ABCD gilt:
α = ∢ BAD,   β = ∢ CBA
γ = ∢ DCB,   δ = ∢ ADC.

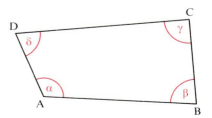

39

Winkel

Winkel, Winkel, Winkel, ...

Neigungswinkel

Böschungswinkel

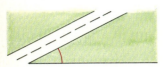
Steigungswinkel

Abwurfwinkel

Auftreffwinkel

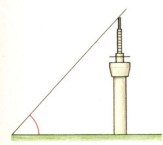
Erhebungswinkel

Aufgaben

3
Übertrage die Winkel nach Augenmaß ins Heft und zeichne den ersten Schenkel rot, den zweiten blau.

a) b)

c) d)

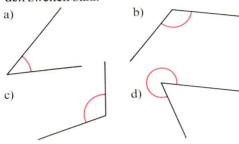

4
Schreibe alle Winkel in der Form wie $\alpha = \sphericalangle BAC$ auf.

a) b) c) d)

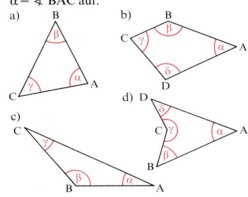

5
Zeichne die Figur ins Heft. Kennzeichne mit farbigen Kreisbögen die Winkel:

a) $\sphericalangle$ BAE
$\sphericalangle$ CBD
$\sphericalangle$ CED
$\sphericalangle$ DCE

b) $\sphericalangle$ QTS
$\sphericalangle$ RTQ
$\sphericalangle$ RTP
$\sphericalangle$ PTR.

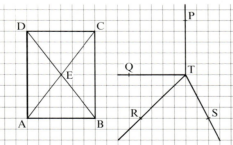

6
a) Zeichne das Rechteck in doppelter Größe ins Heft. Unterteile es so, dass die Winkel $\sphericalangle$ FBA, $\sphericalangle$ BFE und $\sphericalangle$ DEF entstehen.

b) Zeichne das Quadrat in doppelter Größe ins Heft. Unterteile es so, dass die Winkel $\sphericalangle$ AYC, $\sphericalangle$ ZBX, $\sphericalangle$ DSF und $\sphericalangle$ RET entstehen.

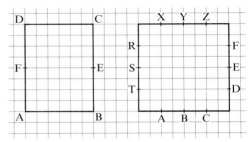

7
Die Winkel α und β bilden ein Dreieck. Zeichne das Dreieck ab. Spielregel: Du darfst nur einen Bleistift und ein gefaltetes Blatt als Hilfsmittel benutzen.

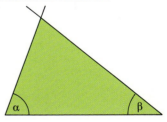

8
Die Winkelweite (Winkelgröße) kannst du mit Transparentpapier vergleichen. Ordne die Winkel der Größe nach.

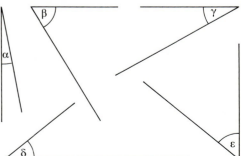

4 Winkelmessung

1
Wer reißt sein Maul weiter auf, das Flusspferd oder das Krokodil?

2
Stelle dir eine Winkelscheibe her. Dazu benötigst du zwei gleich große Kreise aus Karton, die du jeweils vom Rand zum Mittelpunkt einmal einschneidest. Danach steckst du die beiden Scheiben ineinander. Du kannst nun verschieden große Winkel einstellen.

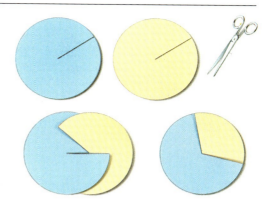

Genau wie zum Messen von Strecken Einheiten (z. B. cm) benutzt werden, verwendet man auch zum **Messen von Winkeln** eine Einheit. Schon vor 2500 Jahren teilten babylonische Mathematiker den Kreis in 360 Teile. Diese Zahl passte gut in ihr Sechzigersystem. Wir nennen diese Einheit **1°**, gelesen 1 **Grad**. Die Hälfte dieser Einteilung zeigt dein Geodreieck.

Mit Hilfe des Geodreiecks können wir nun einen gegebenen Winkel messen oder einen Winkel mit einer vorgegebenen Größe, z. B. 60°, zeichnen.

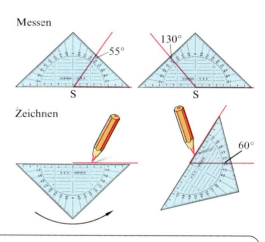

> Die Maßeinheit für die Größe eines Winkels heißt 1 **Grad** (kurz: 1°); sie entsteht durch Teilung eines Kreises in 360 gleiche Teile.

Beispiel
Wir messen Winkel im Dreieck. Du musst dabei Acht geben, dass du die Winkel auf der richtigen Skala des Geodreiecks abliest. In manchen Fällen musst du die Dreiecksseiten verlängern, um den Winkel ablesen zu können.

Historische Winkelmessgeräte

α = 54°   β = 33°   γ = 93°

Bemerkung: Für sehr kleine Winkel benutzt man die Maße 1′ (1 Winkelminute) und 1″ (1 Winkelsekunde). Die Umrechnung ist: $1° = 60′$ und $1′ = 60″$.

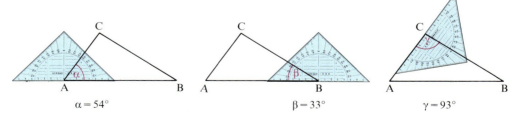

10 m   α = 10′

41

Winkelmessung

Aufgaben

3
Nenne nach Augenmaß den größten und den kleinsten Winkel.

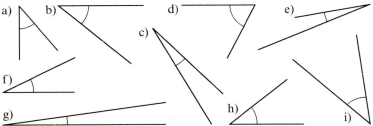

4
Stelle auf der Winkelscheibe zunächst nach Augenmaß die Winkel ein. Prüfe danach mit dem Geodreieck.

a) 60°	b) 30°	c) 45°	d) 70°
10°	80°	20°	50°
110°	135°	150°	120°

5
Schätze die Größe der Winkel, übertrage sie in dein Heft und miss sie.

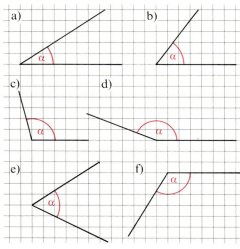

6
Zeichne einen Winkel von
a) 30° b) 60° c) 45° d) 90°
e) 15° f) 150° g) 63° h) 117°
i) 75° k) 125° l) 163° m) 147°.
Zeichne dabei den ersten Schenkel nicht immer waagerecht.

7
Übertrage die Figur in doppelter Größe ins Heft.
Schätze zunächst und miss die Winkel. Manche Seiten musst du verlängern.

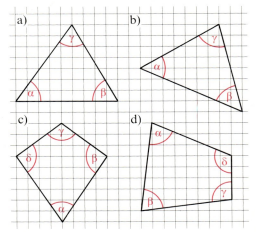

8
Zeichne die Brücke ab und miss die Winkel $\alpha, \beta, \gamma, \delta, \varepsilon$.

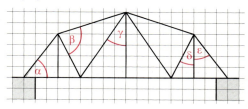

9
Die Figur zeigt, wie du ein Dreieck mit der Seite c und den Winkeln $\alpha = 50°$, $\beta = 30°$ zeichnest.

Zeichne ebenso Dreiecke mit c = 8 cm und den Winkeln

	a)	b)	c)	d)	e)	f)	g)
α	40°	70°	25°	67°	90°	120°	20°
β	30°	70°	65°	15°	45°	25°	111°

Winkelmessung

210°

10
Wie lange braucht der Minutenzeiger, um folgende Winkel zu überstreichen?
a) 180°; 90°; 30°; 60°; 12°
b) 270°; 210°; 240°; 300°; 360°

11
Welchen Winkel überstreicht der Minutenzeiger in
a) 20 min; 15 min; 6 min; 5 min
b) 25 min; 45 min; 55 min; 60 min
c) 1 min; 15 s; 45 s; 10 s?

12
Zeichne ab. Gib die Größe der Winkel an.

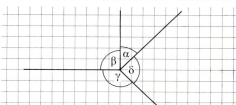

13
a) Zeichne im Quadratgitter allein mit dem Lineal Winkel von
45°, 90°, 135° und 315°.
b) Welche Winkel kannst du noch im Quadratgitter zeichnen, ohne ihre Größe auf der Skala des Geodreiecks abzulesen?

14
Den Radius eines beliebigen Kreises kannst du genau sechsmal auf dem Kreis abtragen.
a) Wie groß ist α?
b) Zeichne allein mit Zirkel und Lineal Winkel von 60°, 240°, 120° und 300°.

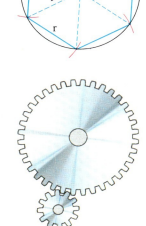

15
Wie groß ist der Winkel an der Spitze eines Tortenstücks, wenn du die Torte in
a) 8   b) 10   c) 12   d) 15   e) 18
gleiche Stücke zerlegst?

16
Um wie viel Grad dreht sich das andere Rad?
a) Das große Rad dreht sich um 90° (120°),
b) das kleine Rad um 180° (360°).

17
Ein Weg mit Treppe soll durch eine gleichmäßig ansteigende Rampe ersetzt werden. In welchem Winkel steigt die Rampe?

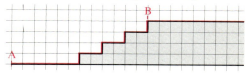

18
Aus einem dünnen Karton kannst du ein Messgerät für Steigungswinkel herstellen. Im Mittelpunkt des Halbkreises ist ein Faden mit Gewicht befestigt.

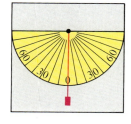 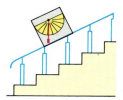

19
12 Kurvengleise der Modellbahn geben einen vollen Kreis.
Um welchen Winkel unterscheiden sich die Richtungen der Gleise in den zwei Bahnhöfen? Du brauchst nicht zu messen.

20
Bei einer Vermessung werden von Mittelheim aus fünf Orte angepeilt.
Wie groß sind die Winkel?
Wie kannst du die Ergebnisse prüfen?
Zeichne im Heft.

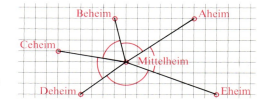

5 Einteilung der Winkel

1
Falte ein Quadrat mit 20 cm Seitenlänge zweimal. Schneide es längs der eingezeichneten Linie auf.
Wie groß sind die Winkel der Figuren, die nach dem Auffalten entstehen? Wenn du gut überlegst, brauchst du nur einen einzigen Winkel wirklich zu messen.
Bei welchen Winkeln ist das Geodreieck zum Messen nicht gut geeignet?

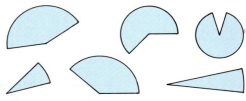

2
Welche Kreisausschnitte sind kleiner als ein Viertelkreis?
Welche sind größer als ein Viertelkreis, aber kleiner als ein Halbkreis?
Welche sind größer als ein Halbkreis?

Die Winkelmaße reichen von 0° bis 360°. Wir teilen die Winkel nach ihrem Maß ein und geben ihnen Namen.

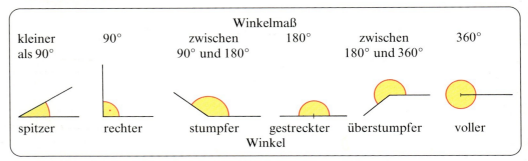

kleiner als 90°	90°	zwischen 90° und 180°	180°	zwischen 180° und 360°	360°
spitzer	rechter	stumpfer	gestreckter	überstumpfer	voller

Winkelmaß — Winkel

Beispiel
Am Schenkel g wird ein überstumpfer Winkel von 210° angetragen. Dazu denkst du dir den gestreckten Winkel und fügst an dessen zweiten Schenkel einen Winkel von 210° − 180°, also von 30°, an.
Entsprechend werden überstumpfe Winkel gezeichnet und gemessen.

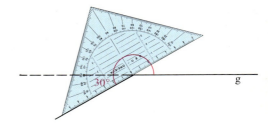

Aufgaben

3
Von welcher Art sind die Winkel? Zeichne.
a) 70°   b) 150°   c) 179°   d) 1°
200°   100°   330°   270°
99°   123°   295°   359°
110°   190°   95°   175°

4
Benenne die Winkel, ohne sie zu messen.

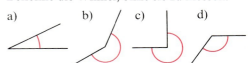

Einteilung der Winkel

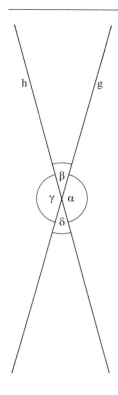

170°

250°

340°

5
Von welcher Art sind die Winkel in den Dreiecken?
Was fällt dir auf? Welche Winkel kommen nicht vor?

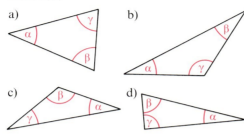

6
Zeichne zwei Geraden, die sich im Winkel von α = 150° schneiden. Wie groß sind die Winkel β, γ, δ? Welche Zusammenhänge kannst du feststellen?

7
Berechne den Winkel α mit Hilfe des gestreckten Winkels.
Beispiel:

α = 180° − 50°
α = 130°

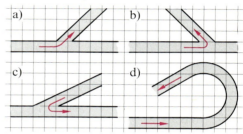

8
Berechne den Winkel α mit Hilfe der Winkeldifferenz.
Beispiel:

α = 30° − 10°
α = 20°

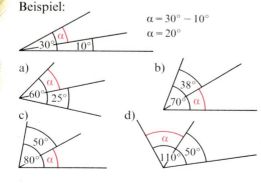

9
Zeichne ein Dreieck
a) mit einem rechten Winkel
b) mit einem stumpfen Winkel
c) mit drei spitzen Winkeln.

10
Zeichne ein Viereck
a) mit vier rechten Winkeln
b) mit zwei rechten, einem spitzen und einem stumpfen Winkel
c) mit zwei spitzen und zwei stumpfen Winkeln.

11
Um wie viel Grad ändert der Radfahrer seine Richtung?

12
Zeichne die Gesichtsfelder der Tiere:
Eidechse 280° Scholle 360°
Krokodil 295° Turmfalke 300°
Schleiereule 160° (siehe Rand).

13
Auf dem Kompass misst man die Winkel im Uhrzeigersinn. Die Richtung Nord hat den Winkel 0° oder 360°.

Welche Winkel gehören zu den Richtungen Nordost, Südost, Südwest, Nordwest? Welche dieser Winkel sind spitz, stumpf, überstumpf?

6 Vermischte Aufgaben

1
Zeichne die Bandmuster mit Kreisen in dein Heft. Entwirf selbst solche Muster.

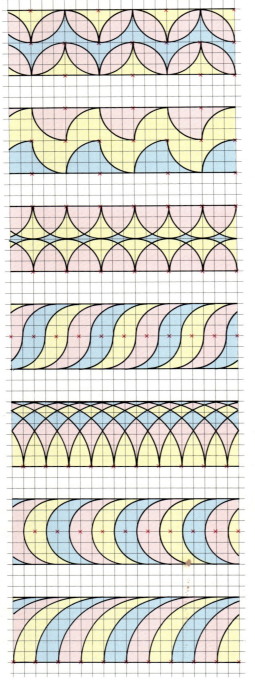

2
Zeichne das Kreismuster in dein Heft.

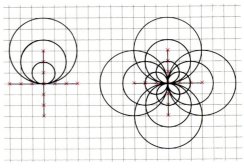

3
Zeichne einen Kreis mit dem Radius 4 cm. Trage einen Punkt P auf dem Kreis ein. Zeichne viele Kreise, deren Mittelpunkte auf dem ersten Kreis liegen und die durch den Punkt P gehen.

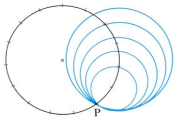

4
Zeichne einen Sportplatz im Maßstab 1 : 1000.
(10 m entsprechen also 1 cm.)

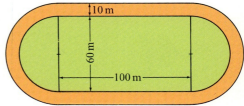

5
Ein Spiel für zwei:
Das Spielfeld ist ein Kreis mit 10 cm Radius. Nun zeichnet ihr abwechselnd Kreise mit 2 cm Radius in das Feld. Kein Kreis darf einen anderen treffen.
Wer als Erster keinen solchen Kreis mehr zeichnen kann, hat leider verloren.

Vermischte Aufgaben

6
Wer schätzt besser?
Zeichnet zu zweit je einen Winkel; jeder schätzt die Größe des Winkels, den der andere gezeichnet hat. Wer besser geschätzt hat, bekommt einen Punkt.

7
Zeichne Winkel von
a) 55°   b) 27°   c) 123°   d) 190°
   240°   325°   5°   199°
   333°   175°   185°   360°

8
Zeichne die Figuren ins Heft. Schätze die Größen ihrer Winkel und miss sie nach.

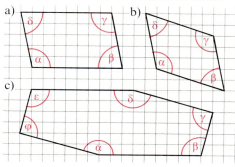

9
Zeichne den Sportplatz mit den Lichtkegeln der Scheinwerfer in doppelter Größe ins Heft. Schreibe in jeden Teil des Platzes hinein, von wie vielen Scheinwerfern er beleuchtet wird.

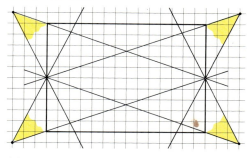

10
Wie nennt man den Bereich, in dem sich ein überholendes Auto befindet, wenn es für den Fahrer des vorausfahrenden Autos im Rückspiegel nicht zu sehen ist?

11

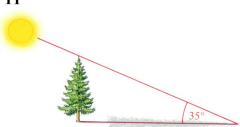

Der Baum wirft einen 60 m langen Schatten, wenn die Sonne 35° hoch steht.
a) Zeichne im Maßstab 1:1000 und lies die Höhe des Baumes ab.
b) Wie lang ist der Schatten, wenn die Sonne 60° hoch steht? (Zeichne zuerst den Winkel, dann eine geeignete Parallele zum horizontalen Schenkel.)

12
Zeichne Streckenzüge aus 10 Strecken. Die erste Strecke ist 10 cm lang und jede weitere um $\frac{1}{2}$ cm kürzer. Die Winkel zwischen aneinander stoßenden Strecken sollen
a) 90°   b) 120°   c) 100°
betragen.
Es entsteht der Anfang einer Spirale, wie du sie abgebildet siehst.

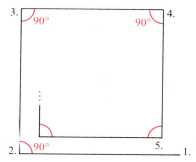

13
Zeichne einen Streckenzug nach folgender Vorschrift:
Die erste Strecke soll 8 cm lang sein. Jede weitere Strecke soll $\frac{1}{2}$ cm kürzer sein als die vorige. Die Winkel zwischen zwei aneinander stoßenden Strecken sollen der Reihe nach 150°, 140°, 130° . . . . jeweils gegen den Uhrzeigersinn betragen.
Die Zeichnung ist fertig, sobald eine Strecke eine andere überkreuzt.

Vermischte Aufgaben

14
Ein Segelschiff fährt 600 m weit mit Kurs 90°, dann 450 m mit Kurs 45°, dann 900 m mit Kurs 315°. Mit welchem Kurs kommt es geradlinig zum Ausgangspunkt zurück? Zeichne. Nimm 1 cm für 100 m.

15
Wenn ein Segelboot gegen den Wind ankommen will, muss es kreuzen. Zeichne den Anfang des Kreuzkurses ins Heft. Ergänze ihn zu einem aus acht gleich langen Strecken mit Winkeln von 30° zusammengesetzten Kurs.
Miss im Heft aus, wie weit das Schiff sich am Ende des Kurses vom Ausgangspunkt entfernt hat.
Wie weit ist es dabei insgesamt gesegelt?
(1 cm in der Zeichnung entspricht 100 m in Wirklichkeit.)

16
Sir Francis Drake, der Pirat der Königin, hat Hurrikan-Harry einen Zettel hinterlassen, auf dem der Weg vom Hafen Esperanza durch die gefährlichen Riffe zur Schatzinsel aufgeschrieben ist. Bei einer Schlägerei in der Mango-Bar hat Neidhammel-Nick den Zettel zerrissen.
Wie muss die Reihenfolge der Kursangaben gewesen sein?
(Erklärung für Landratten:
„sm" ist die Abkürzung für „Seemeile". Mit „45°" ist die Kompassrichtung 45° gemeint.)
Nimm in der Zeichnung 1 cm für 2 sm.

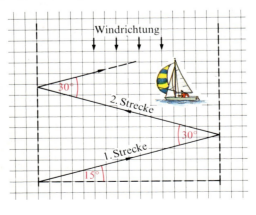

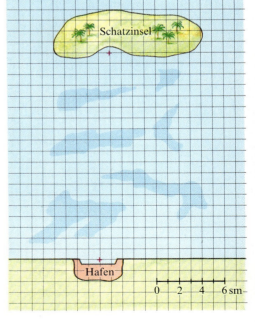

KIRCHENFENSTER

Geometrie und Architektur
Die Fenster an alten Kirchen und anderen Bauten waren nicht einfache Rechtecke, wie wir es heute kennen, sondern vielfach komplizierte Muster aus Kreisen und Kreisbögen.
Versuche, diese Bögen selbst zu zeichnen.

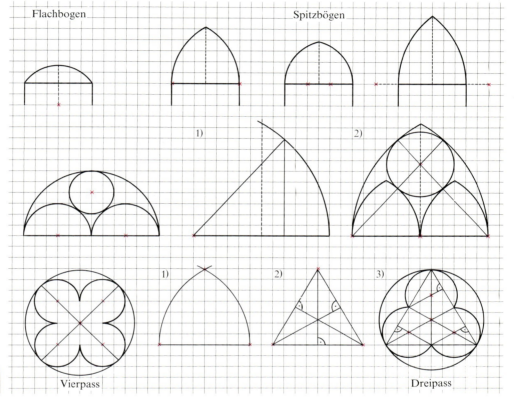

Kathedrale von Reims

Heilig Kreuz Kirche in München; Klosterkirche in Alpirsbach

Rückspiegel

1
a) Zeichne je einen Kreis mit dem Radius
2 cm   4 cm   6 cm.
b) Zeichne je einen Kreis mit dem Durchmesser
6 cm   8 cm   10 cm.

2
a) Zeichne einen Kreis um M(12|10) mit dem Radius r = 4 cm.
b) Zeichne einen Kreis um M(10|10), der durch den Punkt P(8|4) geht.

3
Zeichne das Kreismuster in dein Heft.

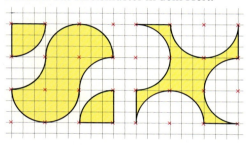

4
Zwei Radiosender RS 1 und RS 2 haben eine Reichweite von 100 km bzw. 150 km. Übertrage die Zeichnung in dein Heft.

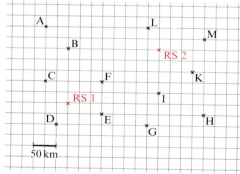

a) In welchen Orten kann man nur RS 1 hören?
b) In welchen Orten kann man nur RS 2 hören?
c) In welchen Orten kann man beide Sender hören?
d) In welchen Orten kann man keinen der beiden Sender hören?

5
Zeichne die Figur ins Heft. Kennzeichne mit farbigen Bögen die Winkel
∢ DSA   ∢ ASC   ∢ CSD   ∢ DSB.

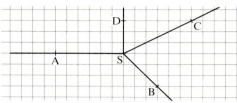

6
Schreibe die Winkel auf.
Beispiel: α = ∢ BAS.

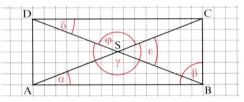

7
Zeichne je einen Winkel mit 35°, 105°, 210° und 310°.

8
In dem Vieleck sind die markierten Winkel jeweils gleich groß.
Wie groß ist α?

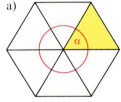

9
Zeichne in dein Heft und miss die Winkel. Von welcher Art sind die Winkel?

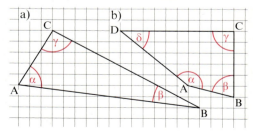

III Bruchzahlen

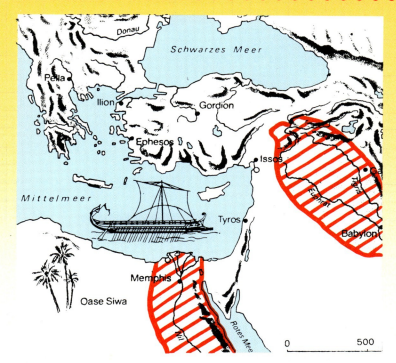

Zur Geschichte

Die ältesten mathematischen Brüche findet man in ägyptischen Texten, die bis auf die Zeit um 2000 v. Chr. zurückgehen. Unsere Kenntnis geht wesentlich auf den Papyrus Rhind zurück, den der ägyptische Schreiber Ahmes zwischen 1800 und 1600 v. Chr. von einem etwa 100 Jahre älteren Handbuch abschrieb.

Bruchzahlen entstehen, wenn ein Ganzes in gleiche Teile zerbrochen wird. Alte Zahlzeichen verraten diesen ursprünglichen Gedanken noch: Das 3000 Jahre alte babylonische Keilschriftzeichen für $\frac{1}{2}$ ist ein halb gefülltes Gefäß. Im altägyptischen Zeichen für $\frac{1}{2}$ können wir einen halben Brotfladen erkennen. Das Zeichen für $\frac{1}{4}$ verstehen wir als zwei sich kreuzende Schnitte.

Bruchstriche wurden schon vor fast 2500 Jahren von indischen Mathematikern geschrieben. In Europa wurde der Bruchstrich erst um 1500 üblich. In einem Rechenbuch aus dieser Zeit findet sich eine umständliche Schreibanweisung.

Merkwürdig sehen Brüche in römischen Zahlzeichen aus; sie stammen hier aus einem Rechenbuch von 1514. Die Zeichen II^c und IIII^c stehen für 200 und 400.

Zur gleichen Zeit schrieben Kaufleute noch für $\frac{1}{2}$ das halbierte römische Zeichen für 1. Der Halbierungsstrich wurde auch verwendet, um die letzte Einheit von 5 oder 10 Einheiten zu halbieren.

$\frac{1}{2}$ $\frac{1}{4}$
babylonisch

$\frac{1}{2}$ $\frac{1}{4}$
ägyptisch

$2\frac{1}{2}$ $12\frac{1}{2}$ $4\frac{1}{2}$ $9\frac{1}{2}$

1 Brüche

1
Beschreibe, was du siehst.

  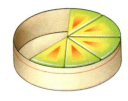

2
Ein Blatt Papier wird zweimal gefaltet.
In wie viele Teile wird das Blatt geteilt? Wie viele davon sind dunkler?
Falte das zusammengelegte Blatt ein weiteres Mal. Welche Unterteilung erkennst du nun?

Wird ein Ganzes in 2, 3, 4, 5, ... gleich große Teile geteilt, so erhalten wir Halbe, Drittel, Viertel, Fünftel, ... Ein Viertel, drei Viertel, fünf Achtel, ... sind Bezeichnungen für Bruchteile eines Ganzen. Man nennt sie **Brüche**.

> Zwei Fünftel: $\dfrac{2 \leftarrow \text{Zähler}}{5 \leftarrow \text{Nenner}} \leftarrow \text{Bruchstrich}$ } Bruch
>
> Der **Nenner** gibt an, in wie viele gleich große Teile geteilt wird.
> Der **Zähler** gibt an, wie viele dieser Teile jeweils genommen werden.

Beispiele

a)   b)   c)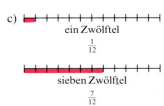

ein Sechstel   fünf Sechstel   ein Achtel   drei Achtel
$\frac{1}{6}$ $\frac{5}{6}$ $\frac{1}{8}$ $\frac{3}{8}$

Bemerkung: Der Bruch $\frac{5}{6}$ kann durch Bruchteile unterschiedlich dargestellt werden.

 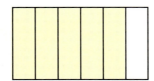 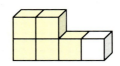 

Aufgaben

3
a) Schreibe als Bruch: ein Halbes, ein Drittel, zwei Drittel, drei Achtel, sieben Zehntel.
b) Schreibe mehrere Brüche auf, die den Nenner 7 haben.
c) Schreibe mehrere Brüche mit dem Zähler 3 auf.

4
In wie viele Teile ist das Quadrat jeweils zerlegt? Wie heißt ein solcher Teil?

Brüche

5
Was bedeuten die folgenden Aussagen?
a) Im Mittelalter verlangten die Fürsten von den Bauern den Zehnten als Abgabe.
b) Wir machen halbe – halbe.
c) Jeder vierte Erdbewohner ist ein Chinese.
d) Kleinhausen ist ein Stadtviertel von Hohenburg.
e) Die Eishockeyteams kommen zum zweiten Drittel auf das Eis.

6
In wie viele gleich große Teile ist das Ganze zerlegt?
Wie heißt ein solcher Bruchteil?

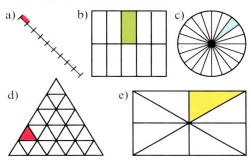

7
Welcher Bruchteil der Stange ist abgebrochen?

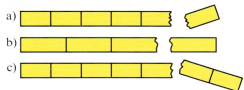

8
In wie viele Teile ist unterteilt worden? Welcher Bruchteil ist gefärbt?

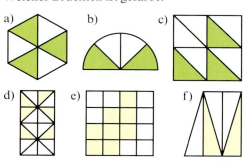

9
Welcher Bruch wird durch die gefärbte Fläche dargestellt? Wie groß ist der Rest?

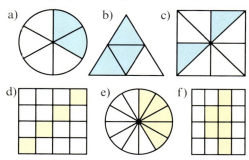

10
Drücke die Teilfiguren A, B, C, D als Bruchteile des ganzen Rechtecks aus. Welchen Teil ergeben die farbigen Flächen zusammen?

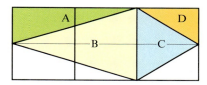

11
Drücke die Teilfiguren als Bruchteile des ganzen Quadrates aus. Finde weitere Bruchteile durch Kombinieren der Einzelteile.

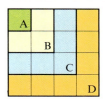

12
In jeder Figur ist ein Teilkörper hervorgehoben. Welcher Bruchteil des Körpers ist dies? Wie groß ist der Rest?

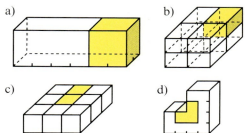

Brüche

13 Wo haben sich Fehler eingeschlichen?

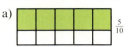 a) $\frac{5}{10}$ b) $\frac{1}{8}$

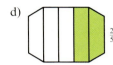
c) $\frac{1}{3}$ d) $\frac{2}{5}$

 e) $\frac{3}{5}$ 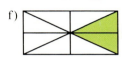 f) $\frac{1}{4}$

14 Übertrage ins Heft und färbe jeweils den angegebenen Bruchteil der Fläche blau.

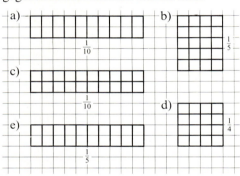

15 Wie viele Halbe, Fünftel, Zehntel oder Zwanzigstel ergeben jeweils ein Ganzes?

16 Welchen Bruchteil der großen Säule auf dem Rand stellen die beiden kleineren Säulen jeweils dar?

17 Zeichne ein Rechteck, das 12 Kästchen lang und 6 Kästchen breit ist, und stelle die Brüche $\frac{1}{2}$, $\frac{1}{3}$ und $\frac{1}{9}$ nebeneinander farbig dar. Wie viele Kästchen bleiben frei?

18 Trage in deinem Heft auf einer Strecke von 9 Kästchen Länge zweimal den Bruch $\frac{1}{3}$ mit verschiedenen Farben ab. Welcher Bruchteil bleibt übrig?

19 Zeichne jeweils ein geeignetes Rechteck und färbe
a) $\frac{1}{3}$ b) $\frac{1}{5}$ c) $\frac{1}{12}$ der Fläche.

20
a) Stelle die Bruchteile jeweils in einem Rechteck dar. Wähle hierzu eine geeignete Rechteckslänge.
$\frac{2}{5}$, $\frac{3}{7}$, $\frac{4}{9}$, $\frac{5}{10}$
b) Veranschauliche mit Hilfe von Strecken mit geeigneter Länge:
$\frac{2}{3}$, $\frac{5}{6}$, $\frac{6}{11}$, $\frac{9}{12}$
c) Färbe jeweils in einem Kreis:
$\frac{1}{4}$, $\frac{2}{4}$, $\frac{1}{8}$, $\frac{4}{8}$

21 Zeichne die Figur in dein Heft und ergänze sie zu einem Ganzen.

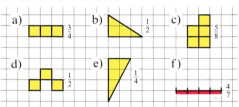

22 Von verschiedenen Rechtecken oder Quadraten siehst du Bruchteile. Zeichne jeweils ein Ganzes in dein Heft.

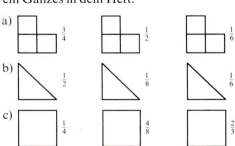

23 Wie heißt der zugehörige Bruch? Schätze!

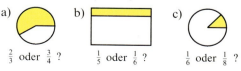

a) $\frac{2}{3}$ oder $\frac{3}{4}$?   b) $\frac{1}{5}$ oder $\frac{1}{6}$?   c) $\frac{1}{6}$ oder $\frac{1}{8}$?

Brüche

24
Du kannst nach der nebenstehenden Abbildung aus 9 Nägeln und einer Holztafel ein Nagelbrett herstellen.
Welcher Bruchteil des Bretts ist jeweils mit einem Gummiring umspannt?

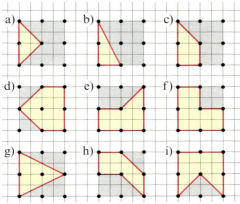

Umspanne selbst Flächen und gib den jeweiligen Bruchteil der Gesamtfläche an.

25
Bei Julias Geburtstag gibt es Kuchen vom Blech.

a) Gib ein Stück als Bruchteil des ganzen Kuchens an.
b) Welcher Bruchteil des Kuchens ist schon gegessen?
c) Wie viel ist noch übrig?

26
Beschreibe die unterschiedliche Größe des Mondes. Welche Mondphasen kannst du mit Brüchen in Verbindung bringen?

27
Du siehst Ausschnitte aus verschiedenen Stoffmustern.
Gib die Bruchteile der verschiedenfarbigen Flächen an.

Zeichne selbst ein Muster und gib die Bruchteile der verschiedenen Flächen an.

28
Hat Theo schon mehr als die Hälfte seines Schulwegs zurückgelegt?
Schätze zuerst und prüfe dann mit Hilfe des Quadratgitters nach.

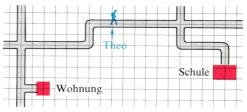

29
Der Teppich wird im Zimmer von der Markierung A bis C ausgelegt.
a) Welcher Teil des Teppichs ist schon ausgerollt?

b) An welcher Stelle wären $\frac{3}{4}$ des Teppichs ausgerollt?

2 Brüche als Maßzahlen von Größen

1
Der junge Elefant wiegt etwa drei viertel Tonnen. Die 21 Schülerinnen und Schüler der Klasse 5 c der Geschwister-Scholl-Realschule wiegen zusammen 874 kg.
Ist der Elefant schwerer als die Schülerinnen und Schüler zusammen?

2
Anna geht auf den Wochenmarkt. Auf ihrem Einkaufszettel steht $1\frac{3}{4}$ kg Tomaten. Der Händler wiegt ihr 1 700 g ab. Ist das mehr oder weniger?

Im Alltag spricht man häufig von $\frac{1}{4}$ Stunde, $\frac{1}{2}$ kg, $\frac{3}{4}$ m, ... Dabei werden Brüche als **Maßzahlen** verwendet. Das Ganze ist dabei eine Stunde, ein Kilogramm, ein Meter, ...

$\frac{3}{4}$ kg ist der **Bruchteil** von 1 kg, den man erhält, wenn 1 kg in 4 gleiche Teile geteilt wird und danach 3 Teile zusammengenommen werden.

Beispiele
In vielen Fällen können wir in eine andere Maßeinheit umwandeln.

a) $1\ cm^2 = 100\ mm^2$
$\frac{1}{4}\ cm^2 = 25\ mm^2$

b) $1\ dm = 10\ cm$
$\frac{1}{5}\ dm = 2\ cm$
$\frac{2}{5}\ dm = 4\ cm$

c) $1\ kg = 1\ 000\ g$
$\frac{1}{8}\ kg = 125\ g$
$\frac{3}{8}\ kg = 375\ g$

Bemerkung: Bei manchen Maßzahlen treten natürliche Zahlen und Brüche auf:
$1\frac{1}{2}$ l, $2\frac{1}{2}$ h, $1\frac{1}{4}$ kg. Wir nennen dies die **gemischte Schreibweise**; dabei bedeutet $1\frac{1}{4}$ kg:
$1\frac{1}{4}$ kg $= 1$ kg $+ \frac{1}{4}$ kg
$= 1\ 000$ g $+ 250$ g $= 1\ 250$ g

Aufgaben

3
a) Gib in Minuten an.
$\frac{1}{4}$ h, $\frac{1}{2}$ h, $\frac{3}{4}$ h, $1\frac{1}{2}$ h, $2\frac{3}{4}$ h, $5\frac{1}{4}$ h
b) Gib in Zentimeter an.
$\frac{1}{2}$ m, $\frac{1}{4}$ m, $\frac{3}{4}$ m, $1\frac{1}{2}$ m, $4\frac{1}{4}$ m, $7\frac{1}{2}$ m

4
a) Gib in Gramm an.
$\frac{1}{4}$ kg, $\frac{1}{2}$ kg, $\frac{1}{8}$ kg, $\frac{5}{8}$ kg, $\frac{7}{8}$ kg, $3\frac{1}{2}$ kg
b) Gib in Kilogramm an.
$\frac{1}{2}$ t, $\frac{1}{10}$ t, $\frac{4}{5}$ t, $\frac{7}{5}$ t, $\frac{5}{8}$ t, $3\frac{3}{4}$ t, $7\frac{1}{2}$ t

Brüche als Maßzahlen von Größen

5
a) Gib in dm² an: $\frac{1}{4}$ m², $\frac{1}{5}$ m², $\frac{1}{20}$ m², $\frac{1}{25}$ m².
b) Gib in ml an: $\frac{1}{4}$ l, $\frac{1}{2}$ l, $\frac{1}{8}$ l, $1\frac{1}{2}$ l.
c) Gib in l an: $\frac{1}{2}$ m³, $\frac{1}{10}$ m³, $\frac{1}{100}$ m³, $\frac{1}{20}$ m³.
d) Gib in cm³ an: $\frac{1}{2}$ dm³, $\frac{1}{4}$ dm³, $\frac{1}{5}$ dm³.

6
Gib in einer anderen Maßeinheit an:
a) eine zehntel Tonne
b) drei viertel Meter
c) ein achtel Liter
d) drei viertel Hektar
e) ein halbes Pfund.

7
Bis zu welchem Messstrich wird der Messbecher jeweils gefüllt?
a) 250 g   b) 500 g   c) 1 000 g
d) 750 g   e) 125 g   f) 375 g

8
Wie viele Gefäße können mit einem Liter Flüssigkeit jeweils gefüllt werden?
a) Weinglas: $\frac{1}{4}$ l
b) Bierkrug: $\frac{1}{2}$ l
c) Likörglas: $\frac{1}{50}$ l
d) Saftglas: $\frac{1}{5}$ l
e) Probierglas: $\frac{1}{10}$ l
f) Tasse: $\frac{1}{8}$ l

9
Bestimme im Kopf den Bruchteil.
a) 1 Stunde: 45 min, 20 min, 6 min
b) 1 Tag: 6 h, 3 h, 8 h, 18 h, 1 h
c) 1 Jahr: 4 Mon., 3 Mon., 1 Mon.
d) 1 t: 125 kg, 200 kg, 100 kg, 50 kg
e) 1 m²: 20 dm², 5 dm², 4 dm², 2 dm²

10
Gib die gekennzeichneten Streckenlängen in einer kleineren Einheit an.

11
Wie groß ist das Quadrat? Wie groß ist die gefärbte Fläche? Drücke das Ergebnis in zwei verschiedenen Einheiten aus.

a) 1 m
b) 1 dm
c) 1 cm
d) 10 m
e) 100 m
f) 1 dm

12
a) Zeichne jeweils ein Quadrat mit 10 cm Seitenlänge und färbe die Fläche:
$\frac{1}{10}$ dm², $\frac{2}{5}$ dm², $\frac{13}{20}$ dm².
b) Zeichne jeweils einen 1 cm breiten Streifen und veranschauliche:
$4\frac{1}{4}$ cm², $2\frac{3}{4}$ cm², $6\frac{1}{5}$ cm².

13
Wandle in eine kleinere Maßeinheit um.
Beispiel: $\frac{3}{4}$ a = $\frac{3}{4}$ von 100 m² = 75 m².
a) $\frac{1}{5}$ kg   b) $\frac{3}{10}$ km   c) $\frac{2}{3}$ h   d) $\frac{2}{3}$ Jahr
$\frac{1}{8}$ t $\frac{2}{5}$ m $1\frac{1}{4}$ Tag $1\frac{3}{4}$ Jahr
e) $\frac{3}{10}$ cm² f) $\frac{3}{5}$ m²   g) $\frac{3}{4}$ min h) $\frac{3}{20}$ l
$\frac{3}{100}$ cm² $\frac{2}{25}$ ha $5\frac{1}{2}$ min $2\frac{1}{4}$ l

14
Zeichne die Skalen ins Heft und setze die Beschriftung fort.

a)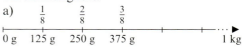
b)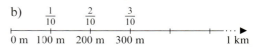
c)

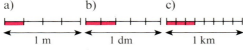
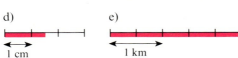

15
Schreibe als Bruchteile in der nächstgrößeren Einheit.

a) 1 cm, 5 cm
b) 200 m, 700 m
c) 750 kg, 50 kg
d) 5 m², 40 m²
e) 125 cm³, 250 cm³
f) 20 s, 5 min
g) 8 h, 18 h
h) 8 Mon., 15 Mon.

16
Wandle um.

a) $2\frac{3}{4}$ kg = □ g
b) $1\frac{3}{10}$ km = □ m
c) $3\frac{1}{5}$ t = □ kg
d) $\frac{3}{2}$ l = □ ml
e) $\frac{8}{5}$ m = □ dm
f) $\frac{9}{4}$ m² = □ dm²

17
Gib in einer anderen Maßeinheit an.

a) $1\frac{1}{2}$ Ar
b) $2\frac{1}{2}$ Pfund
c) 16 Mon.
d) $2\frac{1}{2}$ Tage
e) 36 Stunden
f) $2\frac{3}{4}$ Jahre

18
Wende die gemischte Schreibweise an und gib dann in der nächstkleineren Einheit an.

a) 5 min + $\frac{3}{4}$ min
b) 2 km + $\frac{2}{8}$ km
c) 6 kg + $\frac{2}{5}$ kg
d) 26 m + $\frac{9}{10}$ m
e) 4 l + $\frac{1}{8}$ l
f) 3 ha + $\frac{1}{20}$ ha

19
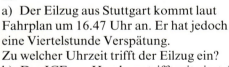

a) Der Eilzug aus Stuttgart kommt laut Fahrplan um 16.47 Uhr an. Er hat jedoch eine Viertelstunde Verspätung. Zu welcher Uhrzeit trifft der Eilzug ein?

b) Der ICE aus Hamburg trifft mit viertelstündiger Verspätung erst um 13.09 Uhr ein. Errechne die fahrplanmäßige Ankunftszeit.

20
Angaben über Vitamine, Nährstoffe und Chemikalien findet man oft in Bruchteilen von Gramm. Gib in mg an (1 g = 1 000 mg).

a) $\frac{1}{10}$ g, $\frac{1}{5}$ g, $\frac{1}{8}$ g, $\frac{3}{4}$ g, $\frac{3}{5}$ g

b) $\frac{1}{20}$ g, $\frac{7}{100}$ g, $\frac{3}{50}$ g, $\frac{2}{25}$ g

c) $\frac{15}{100}$ g, $\frac{9}{1000}$ g, $\frac{11}{250}$ g, $\frac{35}{200}$ g.

21
a) Zutaten für einen Gewürzkuchen:

$\frac{1}{10}$ kg Butter, $\frac{1}{20}$ kg Kakao, $\frac{1}{4}$ kg Zucker, 1 Tasse Milch, 2–3 Eier, Gewürze, $\frac{2}{5}$ kg Mehl

Die Küchenwaage zeigt nur Gramm an.

b) Rechne ebenso die Zutaten für einen Kirschkuchen um:

$\frac{1}{4}$ kg Mehl $\qquad$ $\frac{3}{4}$ kg Kirschen
$\frac{3}{40}$ kg Zucker $\qquad$ $\frac{1}{20}$ kg Fett
2 Eier $\qquad$ Zitronenschale

Brüche im Mittelalter

Das „Zerbrechen" von Zahlen in Brüche führte man zuerst bei den Maßen durch. So halbierte man einen Laib Brot, ein Stück Land, einen Scheffel Weizen oder viertelte sie gar. Mit diesen Maßbrüchen gelang dann einfaches Rechnen: Bruchteile eines Maßes wurden in Ganze eines Untermaßes verwandelt. So wurde das alte Getreidemaß „Malter" mehrmals in Viertel aufgeteilt. 1 Malter zu 4 Simmer, 1 Simmer zu 4 Kumpf, 1 Kumpf zu 4 Gscheid. Ein Malter umfasste je nach Region 190 l bis 670 l.

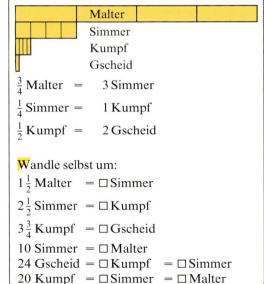

$\frac{3}{4}$ Malter = 3 Simmer
$\frac{1}{4}$ Simmer = 1 Kumpf
$\frac{1}{2}$ Kumpf = 2 Gscheid

Wandle selbst um:

$1\frac{1}{2}$ Malter = □ Simmer
$2\frac{1}{2}$ Simmer = □ Kumpf
$3\frac{3}{4}$ Kumpf = □ Gscheid
10 Simmer = □ Malter
24 Gscheid = □ Kumpf = □ Simmer
20 Kumpf = □ Simmer = □ Malter

3 Bruchteile von beliebigen Größen

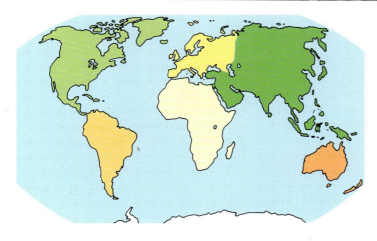

1
Die gesamte Landoberfläche der Erde von 150 Mio. km² lässt sich in 7 Erdteile aufteilen:
Afrika $\frac{1}{5}$ Europa $\frac{1}{15}$
Antarktis $\frac{1}{10}$ Nordamerika $\frac{4}{25}$
Asien $\frac{3}{10}$ Südamerika $\frac{3}{25}$
Australien $\frac{4}{75}$
Wie groß sind die Erdteile in km²?

2
Anke darf mit auf die Jugendfreizeit. Mit ihren Eltern bespricht sie, von den 540 € Gesamtkosten $\frac{2}{3}$ selbst beizusteuern. Wie viel Euro hebt Anke von ihrem Sparkonto ab?

Bisher haben wir hauptsächlich Bruchteile von geometrischen Figuren oder von Maßeinheiten betrachtet.
Oftmals kommen jedoch auch Bruchteile beliebiger Größen wie z. B. $\frac{3}{4}$ von 48 € vor.

  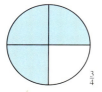 

Mit einem Bruch kann ein **Anteil** an einer beliebigen Größe angegeben werden.
Um z.B. $\frac{2}{3}$ von einer Größe zu bestimmen, teilt man die Größe durch den Nenner 3 und multipliziert das Ergebnis mit dem Zähler 2.

Beispiele
a) $\frac{2}{3}$ von 24 ha:

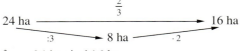

$\frac{2}{3}$ von 24 ha sind 16 ha.

b) 5 m² von 12 m²:

5 m² von 12 m² sind $\frac{5}{12}$.

Bemerkung: Für Hundertstelbrüche kann man auch die Prozentschreibweise benutzen.
$\frac{3}{100}$ = 3 % (lies: drei Prozent).
So sind 6 % von 200 € = $\frac{6}{100}$ von 200 € = 12 €.

Aufgaben

3
Berechne im Kopf.
a) $\frac{1}{4}$ von: 12 m, 600 g, 72 ha, 96 h
b) $\frac{1}{3}$ von: 12 m, 600 g, 72 ha, 96 h
c) $\frac{3}{4}$ von: 8 l, 36 kg, 44 m², 56 m
d) $\frac{1}{5}$ von: 50 ct, 10 €, 15 €, 60 €

4
Berechne.
a) $\frac{1}{10}$ von 70 cm, 400 m, 250 €, 90 kg
b) $\frac{1}{100}$ von 300 €, 2 300 kg, 17 400 m
c) $\frac{7}{100}$ von 500 cm, 200 dm, 1 300 €
d) 5 % von 7 000 m, 800 €, 3 400 g

Bruchteile von beliebigen Größen

...von	24 m	72 g	144 cm
$\frac{1}{3}$			
$\frac{2}{3}$			
$\frac{1}{4}$			
$\frac{3}{4}$			
$\frac{1}{6}$			
$\frac{5}{6}$			
$\frac{1}{12}$			
$\frac{5}{12}$			
$\frac{7}{12}$			

5 Welcher Bruchteil der Fläche ist gefärbt? Wie groß ist der Bruchteil?

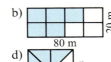

6 Berechne die Bruchteile.
a) $\frac{2}{5}$ von 30 s b) $\frac{3}{4}$ von 24 kg
c) $\frac{1}{9}$ von 81 € d) $\frac{5}{6}$ von 66 g
e) $\frac{3}{7}$ von 42 € f) $\frac{3}{8}$ von 120 €

7 Übertrage und fülle aus.

a) $\frac{3}{4}$ von

60 min	□
240 g	□
160 cm	□

b) $\frac{2}{3}$ von

180 cm²	□
270 m³	□
480 €	□

c) $\frac{5}{9}$ von

54 s	□
18 ha	□
117 m	□

d) $\frac{2}{13}$ von

65 ha	□
91 km	□
143 l	□

8 Wandle vorher wie im Beispiel um:
$\frac{5}{8}$ von 4 cm = $\frac{5}{8}$ von 40 mm = 25 mm.
a) $\frac{3}{8}$ von 4 kg b) $\frac{7}{8}$ von 12 t
c) $\frac{4}{5}$ von 3 kg d) $\frac{5}{6}$ von 3 m²
e) $\frac{1}{100}$ von 12 cm² f) 12 % von 5 dm²

9
a) $\frac{2}{3}$ von 2 h b) $\frac{5}{12}$ von 2 h
c) $\frac{3}{16}$ von 4 h d) $\frac{28}{100}$ von 10 l
e) $\frac{7}{30}$ von 9 l f) 4 % von 8 l

10
a) $\frac{3}{4}$ von 8,40 € b) $\frac{2}{7}$ von 2,10 €
c) $\frac{2}{17}$ von 1,70 € d) $\frac{6}{11}$ von 3,30 €

11 Berechne im Kopf das Ganze.
a) $\frac{1}{4}$ einer Tafel Schokolade wiegt 25 g.
b) $\frac{1}{5}$ eines Betrags sind 0,80 €.
c) $\frac{1}{8}$ einer Strecke beträgt 35 m.

12 Bestimme das Ganze.
a) $\frac{3}{4}$ sind 75 m b) $\frac{2}{3}$ sind 90 cm
c) $\frac{2}{5}$ sind 10 kg d) 30 % sind 60 m²

13 Berechne den Anteil.
a) 5 € von 35 € b) 7 € von 28 €
b) 9 € von 54 € d) 12 € von 60 €

14 Rechne wie im Beispiel.

80 m $\xrightarrow{\square}$ 32 m   32 m = $\frac{2}{5}$ von 80 m
  $:5 \searrow$ 16 m $\nearrow ·2$

a) 16 l von 24 l b) 18 l von 24 l
c) 20 l von 24 l d) 150 g von 200 g
e) 375 g von 500 g f) 900 g von 1 200 g

15
a) 30 s $\xrightarrow{\square}$ 25 s b) 72 s $\xrightarrow{\square}$ 60 s
c) 90 s $\xrightarrow{\square}$ 27 s d) 54 ha $\xrightarrow{\square}$ 36 ha
e) 30 ha $\xrightarrow{\square}$ 18 ha f) 117 ha $\xrightarrow{\square}$ 65 ha

16 Übertrage ins Heft und berechne.

Ganzes in kg	Anteil	Bruchteil in kg
a) 155	$\frac{4}{5}$	□
b) □	$\frac{7}{8}$	112
c) □	$\frac{2}{11}$	88
d) 50	□	35

17 $\overline{AL}$ ist in 10 gleiche Teile unterteilt:

A B C D E F G H I K L

Beispiel: $\frac{1}{2}$ von $\overline{AE}$ ist $\overline{AC}$ oder $\overline{CE}$

a) $\frac{2}{3}$ von $\overline{AD}$ = □ b) $\frac{3}{5}$ von $\overline{DI}$ = □
c) $\overline{AG}$ = $\frac{6}{10}$ von □ d) $\overline{BD}$ = $\frac{1}{4}$ von □
e) $\overline{EG}$ = □ von $\overline{EL}$ f) $\overline{BE}$ = □ von $\overline{BG}$

Bruchteile von beliebigen Größen

18
Auf einem Grundstück stehen 96 Obstbäume.
a) Ein Drittel davon ist von Schädlingen befallen. Wie viele Bäume sind dies?
b) Außerdem hat ein Viertel Frostschäden. Wie viele Bäume sind noch gesund?

19
Familie Jungmann stehen monatlich 3 600 € zur Verfügung. $\frac{1}{3}$ gibt sie für Wohnen, $\frac{3}{10}$ für Ernährung und $\frac{2}{15}$ für Kleidung aus. Bleiben noch 700 € für anderen Bedarf und einen Sparvertrag übrig?

20
Petra hat von ihrem Opa 60 € zu Weihnachten erhalten. Davon spart sie $\frac{4}{5}$ für Skiferien. Wie viel Euro sind das?

21
Vier Personen teilen einen Lotteriegewinn von 4 800 € nach ihren Einsätzen unter sich auf. Die erste erhält zwei Drittel, die zweite ein Zwölftel und die dritte ein Sechstel des Gewinns.
Wie viel Euro bekommt die vierte Person?

22
Beim Backen verliert ein Teig etwa 20 % seines Gewichtes. Wie viel Gewicht geht beim Backen von 800 g Teig verloren?

23
Die gesamte Oberfläche der Erde beträgt 510 Mio. km². Meer und Land sind nicht gleichmäßig verteilt. Nur 29 % der Erdoberfläche sind Land, 71 % dagegen Meer. Berechne die Flächen in km².

24
In der Technik wird noch die Längeneinheit Zoll benutzt. Ein Zoll beträgt etwa 24 mm. Rechne in mm um:
a) Gewindedurchmesser: $\frac{1}{4}$ Zoll
b) Durchmesser eines Wasserrohrs: $\frac{3}{4}$ Zoll
c) Durchmesser eines Gartenschlauchanschlusses: $1\frac{1}{2}$ Zoll
d) Schraubenlänge: $2\frac{2}{3}$ Zoll
e) Reifengröße eines Fahrrades: $26 \times 1\frac{1}{4}$ Zoll

25
Die Körpertemperatur eines Igels beträgt 35 °C. Während des Winterschlafs sinkt sie im Oktober auf $\frac{3}{5}$ und im Januar auf $\frac{1}{7}$ des ursprünglichen Werts. Berechne die zwei Temperaturen.

26
Landwirt Pflüger besitzt 18 ha Wald. Das sind $\frac{2}{5}$ seiner gesamten Nutzfläche. Über wie viel ha Ackerland verfügt er?
Auf $\frac{7}{9}$ seiner Ackerfläche pflanzt Herr Pflüger Rüben an. Wie viel ha sind dies?

27
Von der Umgehungsstraße um Eburg sind $\frac{5}{6}$ fertig gestellt. Das sind 2 400 m. Wie viel km beträgt die gesamte Neubaustrecke?

Die römischen Brüche
Der Umgang mit Brüchen entwickelte sich bei den Römern aus ihren Gewichts- und Geldeinheiten.
Ein wichtiges Zahlungsmittel war die Münze 1 **As**. Den zwölften Teil eines As nannten die Römer **Unze**, die es als Münze allerdings nicht gab.

$\frac{1}{4}$ As

1 As = 12 Unzen
1 Unze = $\frac{1}{12}$ As

Brüche	$\frac{1}{12}$	$\frac{2}{12}$	$\frac{3}{12}$	$\frac{4}{12}$
röm. Brüche	Unze	$\frac{1}{6}$ As	$\frac{1}{4}$ As	$\frac{1}{3}$ As

Bis 1971 bestand die Zwölferordnung in der englischen Währung (1 Schilling = 12 Pence), aber auch in unserer Dutzendrechnung (1 Dutzend = 12 Stück, 12 Dutzend = 1 Gros) taucht diese Einteilung noch auf.

4 Brüche am Zahlenstrahl

1
Auf der Skala einer Tankuhr kann Markus die Tankfüllung ablesen. Wie viel Liter sind noch im Tank, wenn dieser 40 Liter fasst?
Übertrage diese Skala auf eine 8 cm lange Strecke in dein Heft. Schreibe an alle Teilstriche die entsprechenden Brüche und die dazugehörigen Mengen.

Wie jeder natürlichen Zahl 0, 1, 2, 3, ... können wir auch jedem Bruch, wie z. B. $\frac{1}{2}, \frac{1}{3}, \frac{1}{4}, \frac{2}{3}, \ldots$, genau einen Punkt auf dem Zahlenstrahl zuordnen.

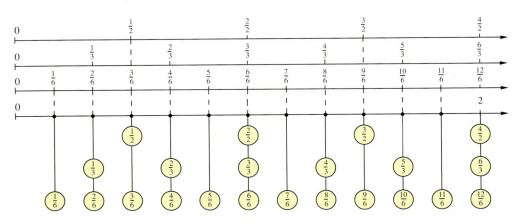

Am Zahlenstrahl sind die Brüche $\frac{1}{2}, \frac{2}{4}, \frac{4}{8}, \ldots$ demselben Punkt zugeordnet; das heißt, sie haben denselben Wert. Sie bezeichnen damit dieselbe **Bruchzahl**.

> Jede Bruchzahl kann durch beliebig viele gleichwertige Brüche angegeben werden.

Bemerkung: Brüche wie $\frac{3}{4}$, deren Zähler kleiner als der Nenner ist, liegen zwischen 0 und 1 und heißen **echte Brüche**.
Brüche wie $\frac{7}{3}$, deren Zähler größer als der Nenner ist, sind größer als 1 und heißen **unechte Brüche**.

Aufgaben

2
Welcher Zahlenstrahl zeigt die Markierungen für
a) $\frac{1}{4}, \frac{2}{4}, \frac{3}{4}, \ldots$ b) $\frac{1}{5}, \frac{2}{5}, \frac{3}{5}, \ldots$ c) $\frac{1}{7}, \frac{2}{7}, \frac{3}{7}, \ldots$?

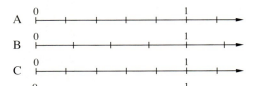

3
Bezeichne in deinem Heft die Markierungen auf dem Zahlenstrahl.

Brüche am Zahlenstrahl

4
Wie heißen die Brüche, die durch die Großbuchstaben markiert sind?

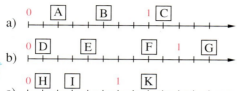

5
Zeichne einen Zahlenstrahl mit einer 10 cm langen Einheitsstrecke.

Trage folgende Brüche ein:
$\frac{2}{10}, \frac{3}{10}, \frac{4}{10}, \frac{6}{10}, \frac{8}{10}, \frac{1}{5}, \frac{2}{5}, \frac{3}{5}, \frac{4}{5}$.
Welche gehören zur selben Bruchzahl?

6
Zeichne drei Zahlenstrahlen mit je einer 12 cm langen Einheitsstrecke untereinander.
Markiere auf
dem ersten die Brüche $\frac{2}{12}, \frac{3}{12}, \frac{4}{12}, \frac{6}{12}, \frac{8}{12}, \frac{9}{12}$,
dem zweiten die Brüche $\frac{1}{6}, \frac{2}{6}, \frac{3}{6}, \frac{4}{6}, \frac{6}{6}$,
dem dritten die Brüche $\frac{1}{4}, \frac{2}{4}, \frac{3}{4}, \frac{1}{3}, \frac{2}{3}, \frac{3}{3}$.
Vergleiche!

7
Übertrage den Zahlenstrahl ins Heft und ergänze.

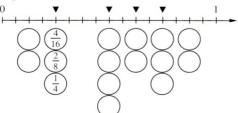

8
Zeichne einen Zahlenstrahl mit einer 6 cm langen Einheitsstrecke und verlängere ihn bis zur Zahl 2. Trage die Brüche ein.

a) $\frac{8}{6}$ b) $\frac{7}{12}$ c) $\frac{16}{12}$

$\frac{5}{6}$ $\frac{7}{6}$ $\frac{8}{6}$

$\frac{4}{3}$ $\frac{14}{12}$ $\frac{20}{12}$

Welche Brüche haben denselben Wert?

9
Zeichne einen Zahlenstrahl mit einer 8 cm langen Einheitsstrecke. Unterteile ihn zwischen den Punkten 1 und 2 in vier gleiche Teile.
a) Wie heißen die Bruchzahlen?
b) Finde gleichwertige Brüche durch eine feinere Unterteilung des Zahlenstrahls.

10
Zu welchen Brüchen gehört jeweils derselbe Punkt am Zahlenstrahl?

a) $\frac{3}{12}, \frac{8}{12}, \frac{9}{12}, \frac{1}{4}, \frac{2}{3}, \frac{4}{6}, \frac{2}{8}, \frac{6}{8}$

b) $\frac{2}{10}, \frac{5}{10}, \frac{1}{5}, \frac{2}{5}, \frac{4}{8}, \frac{6}{8}, \frac{2}{4}, \frac{3}{4}, \frac{1}{2}$

11
Nenne jeweils drei gleichwertige Brüche, die dieselbe Bruchzahl bezeichnen wie

a) $\frac{1}{2}$ b) $\frac{2}{3}$ c) $\frac{3}{4}$ d) $\frac{4}{5}$.

12
Gib eine Bruchzahl an, die auf dem Zahlenstrahl genau in der Mitte liegt zwischen

a) 2 und 3   b) $\frac{1}{4}$ und $\frac{3}{4}$ c) $\frac{2}{7}$ und $\frac{6}{7}$

d) $\frac{1}{11}$ und $\frac{9}{11}$ e) $\frac{4}{9}$ und $\frac{16}{9}$ f) $\frac{3}{4}$ und $1\frac{3}{4}$.

13
Woran erkennst du am Zähler und Nenner eines Bruches, dass er
a) eine natürliche Zahl bezeichnet?
b) eine Zahl größer als 1 bezeichnet?
c) eine Zahl kleiner als 1 bezeichnet?
d) eine Zahl kleiner als $\frac{1}{2}$ bezeichnet?
e) eine Zahl kleiner als $\frac{1}{3}$ bezeichnet?
f) eine Zahl größer als $\frac{1}{4}$ bezeichnet?
g) eine Zahl größer als $\frac{1}{5}$ bezeichnet?

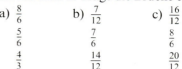

Die Buchstaben markieren Brüche zwischen 0 und 2. Suche zu den Brüchen die richtigen Buchstaben.
$\frac{1}{6}, \frac{5}{3}, \frac{7}{6}, \frac{2}{4}, \frac{8}{6}, \frac{4}{3}$
$\frac{5}{4}, \frac{3}{4}, \frac{1}{3}, \frac{10}{6}, \frac{5}{6}, \frac{16}{12}$

5 Brüche als Quotienten

1
Die Klasse 6b hat Wandertag. Auf dem Heimweg wird noch einmal eine Rast eingelegt. Angelika, Sabrina, Timo und Fabian teilen ihren restlichen Proviant unter sich auf: eine Tafel Schokolade, drei Äpfel und sechs Mandarinen.
Wie würdest du die Schokolade, die Äpfel und die Mandarinen gleichmäßig unter den vier Kindern aufteilen?

Unter 4 Personen lassen sich 3 Riegel gleichmäßig aufteilen, wenn jeder Riegel in 4 gleiche Stücke geteilt wird. Jede Person erhält $\frac{3}{4}$ von einem Riegel. 3 Ganze dividiert durch 4 ergibt $\frac{3}{4}$.

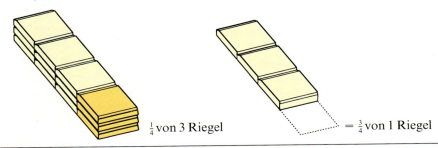

$\frac{1}{4}$ von 3 Riegel $= \frac{3}{4}$ von 1 Riegel

> Ein Bruch kann als **Quotient von zwei natürlichen Zahlen** aufgefasst werden. Der Bruchstrich und das Divisionszeichen bedeuten dasselbe: $\frac{2}{3} = 2:3$.

Beispiele

$2\frac{1}{4}$

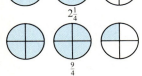

$\frac{9}{4}$

a) $\frac{1}{6} = 1:6$ b) $\frac{12}{4} = 12:4 = 3$ c) $\frac{4}{1} = 4:1 = 4$

d) $\frac{14}{3} = 14:3$ zerlegen
$= 12:3 + 2:3$ das Verteilungsgesetz anwenden
$= 4 + 2:3$
$= 4 + \frac{2}{3} = 4\frac{2}{3}$

e) $2\frac{1}{4} = 2 + \frac{1}{4}$
$= \frac{8}{4} + \frac{1}{4} =$
$= 8:4 + 1:4$
$= 9:4 = \frac{9}{4}$

Aufgaben

2
Welche Brüche sind gemeint?
a) 3:5   5:7   7:9   9:11   11:13
b) 1:17   1:103   11:501   37:1001

3
Gib in gemischter Schreibweise an.
a) 7:3   b) 13:4   c) 25:7   d) 50:11
   8:3   16:5   31:13   60:13
   10:3   19:6   37:19   70:17

4
Wie kann man 4 Tafeln Schokolade an 5 Kinder gerecht verteilen?

5
Zeichne Streifen mit der Breite eines Kästchens und veranschauliche die Bruchteile auf zwei verschiedene Arten.
Beispiel:

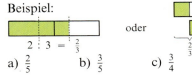

a) $\frac{2}{5}$ b) $\frac{3}{5}$ c) $\frac{3}{4}$ d) $\frac{2}{7}$

6
a) Welche Zahl ist mit dem Bruch $\frac{8}{1}$ gemeint? Schreibe auch als Divisionsaufgabe.
b) Schreibe die Zahlen 5, 50, 500 als Eintel.

Brüche als Quotienten

7
In den fünf Zahlenreihen sind natürliche Zahlen versteckt. Suche sie heraus und addiere sie. Zur Kontrolle: Die Summe der gesuchten Zahlen beträgt 50.

8
Rechne wie im Beispiel in die nächstkleinere Einheit um:
$\frac{4}{5}$ km = 4 km : 5 = 4 000 m : 5 = 800 m

a) $\frac{3}{10}$ t   b) $\frac{9}{10}$ dm²   c) $\frac{3}{5}$ hl   d) $\frac{3}{20}$ m³
    $\frac{8}{20}$ t $\frac{4}{25}$ dm² $\frac{7}{20}$ hl $\frac{17}{50}$ m³
    $\frac{5}{4}$ t $\frac{6}{5}$ dm² $\frac{5}{4}$ hl $\frac{8}{5}$ m³

9
Schreibe in einer kleineren Maßeinheit.

a) $3\frac{1}{2}$ m   b) $3\frac{1}{2}$ l   c) $2\frac{1}{3}$ h   d) $4\frac{1}{4}$ kg
e) $1\frac{3}{4}$ Jahr   f) $5\frac{1}{4}$ m²   g) $6\frac{2}{5}$ a   h) $7\frac{3}{4}$ ha
i) $2\frac{3}{4}$ cm²   k) $3\frac{3}{5}$ dm²   l) $8\frac{1}{4}$ dm³   m) $5\frac{3}{4}$ l

10
Verwandle wie im Beispiel:
$2\frac{1}{5} = 2 + \frac{1}{5} = 10 : 5 + 1 : 5 = (10 + 1) : 5 = \frac{11}{5}$

a) $3\frac{1}{3}$ b) $1\frac{1}{10}$ c) $4\frac{2}{11}$ d) $5\frac{4}{13}$
   $3\frac{1}{4}$ $3\frac{1}{10}$ $4\frac{2}{13}$ $6\frac{6}{15}$
   $3\frac{1}{5}$ $4\frac{1}{10}$ $4\frac{2}{15}$ $10\frac{7}{13}$
   $3\frac{1}{6}$ $5\frac{1}{10}$ $4\frac{2}{17}$ $11\frac{7}{11}$

Läufer beim New York Marathon

11
Ordne die Brüche der unteren Reihe so, dass zusammengehörende Paare übereinander stehen. Die Buchstaben ergeben ein fast kugelrundes Lösungswort.

$2\frac{3}{7}$	$1\frac{1}{7}$	$1\frac{1}{4}$	$4\frac{2}{5}$	$1\frac{6}{7}$	$2\frac{1}{4}$	$2\frac{2}{5}$	$3\frac{3}{4}$
$\frac{15}{4}$	$\frac{9}{4}$	$\frac{17}{7}$	$\frac{12}{5}$	$\frac{22}{5}$	$\frac{13}{7}$	$\frac{8}{7}$	$\frac{5}{4}$
L	A	F	L	S	B	U	S

12
Gib als Bruchteil der Einheit an und wandle in die nächstkleinere Einheit um.
a) Der zehnte Teil von 3 €.
b) Der 20. Teil von 6 €.
c) Das Doppelte des vierten Teils von 1 m.
d) Das Dreifache des 10. Teils von 1 €.
e) Das 6fache des 20. Teils von 1 €.
f) Das 8fache des 3. Teils von 1 h.

13
Schreibe die gemischten Zahlen als Bruch.

a) $1\frac{1}{2}$ b) $8\frac{3}{8}$ c) $15\frac{2}{3}$ d) $20\frac{7}{12}$
   $2\frac{1}{4}$ $10\frac{2}{5}$ $25\frac{6}{7}$ $32\frac{9}{20}$
   $3\frac{1}{3}$ $12\frac{4}{7}$ $42\frac{7}{9}$ $55\frac{17}{30}$

14
Acht Schatzgräber wollen 7 kg Silbermünzen gerecht unter sich aufteilen.
a) Wie viel Kilogramm bekommt jeder?
b) Wie viel Gramm sind das?

15
Der Gepard ist eines der schnellsten Tiere der Welt. Er erreicht kurzzeitig eine Geschwindigkeit von 120 km in der Stunde. Wie lange benötigt er für einen Kilometer? Gib das Ergebnis zuerst als Bruchteil einer Stunde und dann in Sekunden an.

16
Ein trainierter Langstreckenläufer legt in zwei Stunden etwa 24 km zurück. Wie lange benötigt er für einen Kilometer? Gib das Ergebnis in Stundenbruchteilen und in Minuten an.

6 Erweitern und Kürzen

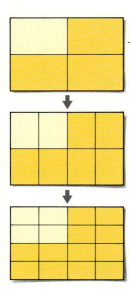

1
Ein DIN-A5-Blatt Papier wird zweimal gefaltet. Dreiviertel der Fläche werden ausgemalt. Wenn du weiterfaltest, erhältst du Teilflächen wie links abgebildet.
Benenne die gefärbte Fläche mit verschiedenen Brüchen.

2
Für eine Süßspeise werden 6 Becher Joghurt zu je $\frac{1}{8}$ l in die Rührschüssel geschüttet.
Wie hoch ist das Gefäß gefüllt?

Der Nenner 3 des Bruches $\frac{1}{3}$ unterteilt die Einheit in drei gleiche Teile. Wir können nun zu kleineren Unterteilungen übergehen: so wird aus $\frac{1}{3}$ nacheinander $\frac{2}{6}, \frac{3}{9}, \frac{4}{12}, \ldots$ Zähler und Nenner wachsen durch Vervielfachen mit derselben Zahl.
Diesen Vorgang nennen wir **Erweitern**.

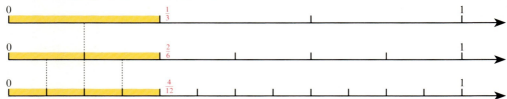

> Beim **Erweitern** eines Bruches werden Zähler und Nenner mit derselben Zahl multipliziert:
> $\frac{3}{5} = \frac{3 \cdot 4}{5 \cdot 4} = \frac{12}{20}$.
> Beide Brüche bezeichnen dieselbe Bruchzahl.

Beispiele

a) Wir erweitern mit der Zahl 5:
$\frac{3}{4} = \frac{3 \cdot 5}{4 \cdot 5} = \frac{15}{20}$

b) Wir erweitern auf einen vorgegebenen Nenner:
$\frac{3}{8} = \frac{\square}{40}$ $\quad$ $\frac{\square}{27} = \frac{8}{9}$ $\quad$ $\frac{7}{20} = \frac{\square}{100}$

$\frac{3 \cdot 5}{8 \cdot 5} = \frac{15}{40}$ $\quad$ $\frac{24}{27} = \frac{8 \cdot 3}{9 \cdot 3}$ $\quad$ $\frac{7 \cdot 5}{20 \cdot 5} = \frac{35}{100}$

Bemerkung: Brüche heißen **gleichnamig**, wenn sie denselben Nenner haben.

Zähler und Nenner des Bruches $\frac{8}{16}$ enthalten gemeinsame Teiler. Am Streifenmuster wird deutlich, dass der Bruch $\frac{8}{16}$ denselben Wert hat wie $\frac{4}{8}$ oder $\frac{1}{2}$. Wenn Zähler und Nenner durch dieselbe Zahl dividiert werden, nennen wir dies **Kürzen**.

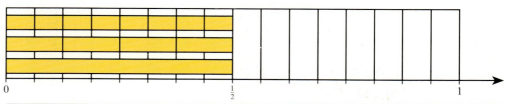

> Beim **Kürzen** eines Bruches werden Zähler und Nenner durch dieselbe Zahl dividiert:
> $\frac{15}{20} = \frac{15 : 5}{20 : 5} = \frac{3}{4}$.
> Beide Brüche bezeichnen dieselbe Bruchzahl.

Erweitern und Kürzen

Beispiele

c) $\frac{3}{12} = \frac{3:3}{12:3} = \frac{1}{4}$

d) $\frac{15}{21} = \frac{15:3}{21:3} = \frac{5}{7}$

e) $\frac{24}{64} = \frac{24:2}{64:2} = \frac{12:2}{32:2} = \frac{6:2}{16:2} = \frac{3}{8}$
 oder $\frac{24}{64} = \frac{24:8}{64:8} = \frac{3}{8}$

Bemerkung: Sind Zähler und Nenner eines Bruches teilerfremd, ist der Bruch **vollständig gekürzt**, z. B. $\frac{5}{9}$ oder $\frac{7}{11}$.

Aufgaben

3
Nenne verschiedene Brüche für denselben Bruchteil.

a) 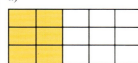   b)

c)

4
a) Wie viele Viertel, Sechstel, Achtel sind $\frac{1}{2}$?
b) Wie viele Sechstel, Neuntel sind $\frac{1}{3}$?
c) Wie viele Achtel, Sechzehntel sind $\frac{1}{4}$?
d) Wie viele Zehntel, Zwanzigstel sind $\frac{1}{5}$?
e) Wie viele Hundertstel, Tausendstel sind $\frac{1}{10}$?

5
Erweitere die Brüche im Kopf.
a) $\frac{1}{5}$ mit 3, 6, 9, 12, 13, 15
b) $\frac{1}{7}$ mit 2, 6, 7, 10, 12, 14
c) $\frac{1}{9}$ mit 4, 5, 6, 8, 11, 17
d) $\frac{1}{12}$ mit 5, 7, 10, 11, 13, 15
e) $\frac{1}{15}$ mit 4, 6, 8, 10, 11, 14
f) $\frac{1}{20}$ mit 3, 9, 12, 15, 17, 19
g) $\frac{3}{10}$ mit 6, 7, 9, 11, 13, 17
h) $\frac{4}{11}$ mit 5, 6, 8, 9, 14, 16

6
Mit welcher Zahl wurde erweitert?
Beispiel: $\frac{2}{5} = \frac{6}{15} = \frac{2\cdot 3}{5\cdot 3}$. Mit 3.

a) $\frac{2}{3} = \frac{6}{9}$ b) $\frac{2}{5} = \frac{8}{20}$ c) $\frac{4}{7} = \frac{16}{28}$
d) $\frac{5}{6} = \frac{15}{18}$ e) $\frac{3}{8} = \frac{18}{48}$ f) $\frac{7}{10} = \frac{35}{50}$
g) $\frac{8}{9} = \frac{56}{63}$ h) $\frac{5}{12} = \frac{40}{96}$ i) $\frac{6}{13} = \frac{42}{91}$

7
Erweitere und bestimme die fehlende Zahl.

a) $\frac{2}{3} = \frac{\square}{9}$ b) $\frac{3}{5} = \frac{\square}{20}$ c) $\frac{7}{9} = \frac{\square}{72}$
$\frac{3}{4} = \frac{\square}{16}$ $\frac{5}{7} = \frac{\square}{49}$ $\frac{9}{10} = \frac{\square}{90}$

d) $\frac{2}{5} = \frac{10}{\square}$ e) $\frac{4}{9} = \frac{24}{\square}$ f) $\frac{7}{12} = \frac{84}{\square}$
$\frac{3}{8} = \frac{24}{\square}$ $\frac{6}{11} = \frac{54}{\square}$ $\frac{8}{15} = \frac{96}{\square}$

8
Bestimme die fehlende Zahl. Die richtigen Zahlen bringen dich auf das Lösungswort.

a) $\frac{\square}{12} = \frac{1}{2}$ b) $\frac{\square}{42} = \frac{5}{6}$ c) $\frac{\square}{108} = \frac{5}{9}$
$\frac{\square}{40} = \frac{4}{5}$ $\frac{\square}{42} = \frac{3}{7}$ $\frac{\square}{121} = \frac{8}{11}$

d) $\frac{9}{\square} = \frac{1}{3}$ e) $\frac{45}{\square} = \frac{5}{8}$ f) $\frac{60}{\square} = \frac{5}{12}$
$\frac{16}{\square} = \frac{2}{7}$ $\frac{91}{\square} = \frac{7}{10}$ $\frac{99}{\square} = \frac{9}{13}$

27	144	32	60	143	18	6	130	72	88	56	35
T	U	C	I	H	L	S	H	C	T	S	H

9
Zeichne die „Bruchbuden" ins Heft und ergänze.

a)   b)

c)    d)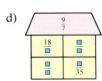

e) Zu welcher „Bruchbude" gehören die Brüche $\frac{15}{20}, \frac{15}{27}, \frac{45}{60}, \frac{45}{81}, \frac{45}{90}, \frac{27}{36}, \frac{63}{49}, \frac{10}{20}, \frac{99}{77}, \frac{57}{76}$?

erweitere mit

	2	5	7	12	15
$\frac{2}{7}$					
$\frac{3}{8}$					
$\frac{5}{9}$					
$\frac{4}{11}$					
$\frac{3}{20}$					
$\frac{7}{30}$					
$\frac{4}{25}$					

Erweitern und Kürzen

10
Erweitere auf die angegebenen Nenner.
a) 10: $\frac{1}{2}, \frac{1}{5}, \frac{3}{5}, \frac{5}{5}, \frac{6}{5}, \frac{11}{5}$
b) 20: $\frac{1}{2}, \frac{1}{4}, \frac{2}{5}, \frac{4}{10}, \frac{13}{10}, \frac{19}{10}$
c) 100: $\frac{1}{50}, \frac{3}{10}, \frac{7}{20}, \frac{9}{25}, \frac{4}{5}, \frac{3}{4}$
d) Gib alle Zahlen in Prozent an.

11
Ergänze die fehlenden Zähler und Nenner.
Beispiel: $\frac{3}{4} = \frac{\square}{12} = \frac{12}{\triangle}; \frac{3}{4} = \frac{9}{12}$ und $\frac{3}{4} = \frac{12}{16}$
a) $\frac{8}{12} = \frac{\square}{36} = \frac{48}{\triangle}$
b) $\frac{\triangle}{6} = \frac{15}{18} = \frac{60}{\square}$
c) $\frac{28}{\triangle} = \frac{\square}{81} = \frac{4}{9}$
d) $\frac{32}{48} = \frac{4}{\square} = \frac{\triangle}{12}$
e) $\frac{\square}{5} = \frac{21}{35} = \frac{63}{\triangle}$
f) $\frac{\square}{64} = \frac{\triangle}{16} = \frac{54}{96}$

12
Erweitere auf einen gemeinsamen Nenner.
Gib jeweils drei Lösungen an.
a) $\frac{1}{2}$ und $\frac{1}{4}$ b) $\frac{2}{3}$ und $\frac{2}{9}$ c) $\frac{3}{4}$ und $\frac{7}{12}$
$\frac{1}{4}$ und $\frac{1}{8}$ $\frac{2}{3}$ und $\frac{5}{12}$ $\frac{3}{5}$ und $\frac{9}{20}$
$\frac{1}{8}$ und $\frac{1}{16}$ $\frac{2}{3}$ und $\frac{7}{15}$ $\frac{5}{6}$ und $\frac{5}{36}$

13
Erweitere auf den kleinsten gemeinsamen Nenner.
a) $\frac{1}{2}$ und $\frac{1}{3}$ b) $\frac{1}{5}$ und $\frac{1}{6}$ c) $\frac{3}{4}$ und $\frac{4}{7}$
$\frac{1}{3}$ und $\frac{1}{4}$ $\frac{5}{6}$ und $\frac{1}{7}$ $\frac{5}{9}$ und $\frac{3}{10}$
$\frac{1}{4}$ und $\frac{1}{5}$ $\frac{3}{7}$ und $\frac{1}{8}$ $\frac{4}{9}$ und $\frac{6}{11}$

14
Erweitere wie in Aufgabe 13.
a) $\frac{3}{4}$ und $\frac{1}{6}$ b) $\frac{5}{6}$ und $\frac{1}{9}$ c) $\frac{1}{15}$ und $\frac{7}{10}$
$\frac{3}{4}$ und $\frac{3}{10}$ $\frac{1}{6}$ und $\frac{2}{15}$ $\frac{5}{12}$ und $\frac{7}{8}$
$\frac{3}{4}$ und $\frac{5}{18}$ $\frac{3}{8}$ und $\frac{7}{20}$ $\frac{2}{15}$ und $\frac{9}{20}$

15
Ein Würfelspiel zum Erweitern.
Die nacheinander gewürfelten Augenzahlen geben zuerst den Zähler und dann den Nenner an. Mit der Zahl des dritten Würfels soll der Bruch anschließend erweitert werden.

Beispiel: $\frac{2 \cdot 5}{3 \cdot 5} = \frac{10}{15}$

16
Kürze die Brüche
a) mit 2: $\frac{4}{10}, \frac{8}{10}, \frac{6}{14}, \frac{10}{16}, \frac{10}{18}$
b) mit 3: $\frac{3}{9}, \frac{6}{15}, \frac{9}{12}, \frac{3}{24}, \frac{15}{21}$
c) mit 5: $\frac{5}{15}, \frac{10}{15}, \frac{15}{25}, \frac{20}{35}, \frac{25}{45}$.

17
Kürze die Brüche
a) mit 4: $\frac{4}{12}, \frac{16}{20}, \frac{28}{40}, \frac{44}{60}, \frac{52}{76}$
b) mit 6: $\frac{12}{18}, \frac{12}{30}, \frac{18}{42}, \frac{24}{54}, \frac{36}{72}$
c) mit 7: $\frac{14}{49}, \frac{28}{35}, \frac{21}{56}, \frac{49}{77}, \frac{63}{91}$
d) mit 13: $\frac{26}{39}, \frac{52}{91}, \frac{65}{104}, \frac{13}{117}, \frac{78}{130}$.

18
Ergänze die fehlenden Zähler.
a) $\frac{21}{27} = \frac{\square}{9}$ b) $\frac{15}{25} = \frac{\square}{5}$ c) $\frac{16}{64} = \frac{\square}{16}$
$\frac{24}{36} = \frac{\square}{9}$ $\frac{36}{60} = \frac{\square}{5}$ $\frac{24}{72} = \frac{\square}{24}$
$\frac{48}{54} = \frac{\square}{9}$ $\frac{57}{95} = \frac{\square}{5}$ $\frac{49}{126} = \frac{\square}{18}$

19
Bestimme das Lösungswort.
a) $\frac{18}{20} = \frac{9}{\square}$ b) $\frac{18}{24} = \frac{3}{\square}$ c) $\frac{48}{90} = \frac{8}{\square}$
$\frac{15}{18} = \frac{5}{\square}$ $\frac{25}{45} = \frac{5}{\square}$ $\frac{42}{91} = \frac{6}{\square}$
$\frac{16}{24} = \frac{2}{\square}$ $\frac{36}{60} = \frac{3}{\square}$ $\frac{63}{39} = \frac{21}{\square}$

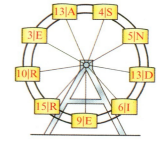

20
Mit welcher Zahl wurde gekürzt?
Beispiel: $\frac{9}{12} = \frac{9:3}{12:3} = \frac{3}{4}$. Mit 3.
a) $\frac{10}{22} = \frac{5}{11}$ b) $\frac{18}{20} = \frac{9}{10}$ c) $\frac{16}{28} = \frac{4}{7}$
$\frac{9}{12} = \frac{3}{4}$ $\frac{15}{33} = \frac{5}{11}$ $\frac{18}{42} = \frac{3}{7}$
$\frac{10}{25} = \frac{2}{5}$ $\frac{30}{55} = \frac{6}{11}$ $\frac{30}{45} = \frac{2}{3}$

Erweitern und Kürzen

kürze wenn möglich mit

	2	3	4	5	6
$\frac{24}{48}$					
$\frac{30}{90}$					
$\frac{60}{72}$					
$\frac{90}{120}$					
$\frac{84}{144}$					
$\frac{100}{150}$					
$\frac{240}{360}$					

21
Zeige, dass die Brüche jeweils gleich sind.
a) $\frac{10}{15}$ und $\frac{14}{21}$ b) $\frac{9}{12}$ und $\frac{15}{20}$ c) $\frac{16}{20}$ und $\frac{28}{35}$
d) $\frac{10}{16}$ und $\frac{25}{40}$ e) $\frac{12}{28}$ und $\frac{18}{42}$ f) $\frac{3}{4}$ und $\frac{75}{100}$

22
Wo kannst du ein Gleichheitszeichen setzen?
a) $\frac{4}{12} \Box \frac{8}{24}$ b) $\frac{4}{5} \Box \frac{24}{30}$ c) $\frac{3}{8} \Box \frac{6}{24}$
d) $\frac{3}{4} \Box \frac{12}{18}$ e) $\frac{1}{3} \Box \frac{6}{24}$ f) $\frac{4}{7} \Box \frac{12}{28}$
g) $\frac{3}{5} \Box \frac{9}{15}$ h) $\frac{3}{2} \Box \frac{9}{4}$ i) $\frac{6}{13} \Box \frac{36}{78}$

23
Gib als Bruchteil der nächstgrößeren Einheit an und kürze dann.
Beispiel: 4 cm = $\frac{4}{10}$ dm = $\frac{2}{5}$ dm.

a) 20 m b) 5 kg c) 18 s
   80 m   25 kg   42 s
   260 m   50 kg   56 s
d) 10 m² e) 75 dm³ f) 8 g
   12 m²   125 dm³   150 g
   80 m²   625 dm³   825 g

24
Kürze zuerst und bringe dann die Paare auf einen gemeinsamen Nenner.
a) $\frac{10}{12}$ und $\frac{14}{10}$ b) $\frac{16}{24}$ und $\frac{34}{66}$
c) $\frac{12}{15}$ und $\frac{30}{40}$ d) $\frac{33}{77}$ und $\frac{48}{64}$
e) $\frac{18}{24}$ und $\frac{20}{96}$ f) $\frac{36}{54}$ und $\frac{100}{125}$

25
Gib fünf verschiedene Brüche mit dem Nenner 30 an, die sich
a) nicht mehr kürzen lassen,
b) nur mit 2 kürzen lassen,
c) nur mit 3 oder 5 kürzen lassen,
d) nur mit 3 und 5 kürzen lassen.

26
Die Tabelle zeigt, wie die Kinder der Klassen 6 a und 6 b zur Schule kommen.
Berechne die Anteile und gib sie in vollständig gekürzten Brüchen an.
Beispiel: 10 von 32 Schülerinnen und Schülern der 6 a fahren mit dem Rad: $\frac{10}{32} = \frac{5}{16}$.

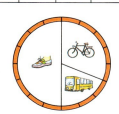

	👟	🚲	🚌
6a	16	10	6
6b	2	14	12

27
Die Klasse 6 c wählt ihre Klassensprecher. Jedes der 24 Kinder hat zwei Stimmen zu vergeben. Das Ergebnis der Wahl steht an der Tafel. Berechne den Stimmenanteil von Karin, Bernd, Ralf und Stefanie an der Gesamtstimmenzahl. Gib die Ergebnisse als gekürzte Brüche an.

28
Die Erdbevölkerung betrug 1990 etwa 5 Mrd. (5 000 Mio.) Menschen. Die bevölkerungsreichsten Staaten waren:
China   1 100 Mio.   Indien   800 Mio.
Sowjetunion   275 Mio.   USA   250 Mio.
Berechne den Anteil dieser Staaten an der Weltbevölkerung und gib die Ergebnisse in gekürzten Brüchen an.

29
Die Schülervertretung der Gauß-Realschule befragt die Klassen zum Thema „Gesundes Pausenbrot". Für die Einführung von Vollwertkost sprechen sich in der Unter- und Mittelstufe 117 von 195 befragten Schülerinnen und Schülern aus, in der Oberstufe 51 von 85. Die Auswertung durch den Vergleich der Brüche brachte ein überraschendes Ergebnis.

30
Wer hat Recht?
a) Heidi: „Wenn im Zähler und im Nenner eines Bruches gerade Zahlen stehen, dann kann man den Bruch auf jeden Fall kürzen."
b) Manuel: „Einen Bruch kann man nicht mehr kürzen, wenn der Zähler und der Nenner verschiedene Primzahlen sind."
c) Doris: „Man kann einen Bruch schon dann nicht mehr kürzen, wenn im Zähler und im Nenner verschiedene ungerade Zahlen stehen."

7 Ordnen von Brüchen

1
Trinkmilch setzt sich zu $\frac{870}{1000}$ aus Wasser, zu $\frac{40}{1000}$ aus Eiweiß, zu $\frac{50}{1000}$ aus Zucker, zu $\frac{30}{1000}$ aus Fett und zu $\frac{10}{1000}$ aus Mineralsalzen zusammen. Ordne die Anteile ihrer Größe nach. Überprüfe, indem du die Bruchteile von 1 kg Milch in Gramm umrechnest.

2
Bei einem Jugendfußballturnier geht es um die Ehrung des treffsichersten Elfmeterschützen. Kai erzielte bei 8 Versuchen 7 Tore. Daniel verwandelte dagegen 8 von 10 Strafstößen. Wer von beiden traf besser?

Haben Brüche denselben Nenner, können wir ihre Größe mit Hilfe der Zähler vergleichen. Brüche mit unterschiedlichen Nennern kürzen oder erweitern wir so, dass gleiche Nenner entstehen.

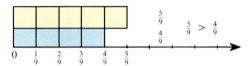 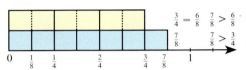

> Brüche kann man mit Hilfe ihrer Zähler der Größe nach vergleichen, wenn sie gleiche Nenner haben.
> Bei ungleichen Nennern müssen wir die Brüche zuerst gleichnamig machen.

Beispiele

a) Wir ordnen der Größe nach: $\frac{7}{11}, \frac{5}{11}$ und $\frac{9}{11}$. Da $5 < 7 < 9$, folgt $\frac{5}{11} < \frac{7}{11} < \frac{9}{11}$.

b) Um $\frac{5}{6}$ und $\frac{4}{9}$ vergleichen zu können, müssen wir die Nenner gleichnamig machen. Dazu erweitern wir die Brüche auf einen gemeinsamen Nenner, nämlich 18.
Wir erweitern: $\frac{5}{6} = \frac{5 \cdot 3}{6 \cdot 3} = \frac{15}{18}$; $\frac{4}{9} = \frac{4 \cdot 2}{9 \cdot 2} = \frac{8}{18}$. Da $\frac{8}{18} < \frac{15}{18}$, folgt $\frac{4}{9} < \frac{5}{6}$.

c) In der Prozentschreibweise kann man besonders gut vergleichen:
$\frac{2}{5} = \frac{40}{100} = 40\%$; $\frac{11}{25} = \frac{44}{100} = 44\%$. Da $40\% < 44\%$, folgt $\frac{2}{5} < \frac{11}{25}$.

Bemerkung: Vergleicht man Brüche mit denselben Zählern wie z. B. $\frac{3}{8}$ und $\frac{3}{5}$, dann hat der Bruch mit dem kleineren Nenner den größeren Wert: $\frac{3}{5} > \frac{3}{8}$.

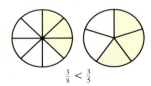

$\frac{3}{8} < \frac{3}{5}$

Aufgaben

3
Vergleiche die Brüche ihrer Größe nach.

a) $\frac{2}{4}$ und $\frac{3}{4}$ b) $\frac{4}{7}$ und $\frac{5}{7}$ c) $\frac{5}{3}$ und $\frac{8}{3}$

$\frac{3}{5}$ und $\frac{4}{5}$ $\frac{5}{9}$ und $\frac{4}{9}$ $\frac{5}{4}$ und $\frac{7}{4}$

4
Setze > oder < im Heft passend ein.

a) $\frac{2}{3}$ □ $\frac{5}{6}$ b) $\frac{5}{6}$ □ $\frac{13}{18}$ c) $\frac{4}{5}$ □ $\frac{17}{20}$

$\frac{3}{4}$ □ $\frac{5}{8}$ $\frac{11}{12}$ □ $\frac{2}{3}$ $\frac{11}{27}$ □ $\frac{5}{9}$

Ordnen von Brüchen

5
Setze > oder < im Heft passend ein.
a) $\frac{2}{3} \square \frac{3}{4}$ b) $\frac{3}{8} \square \frac{4}{9}$ c) $\frac{5}{9} \square \frac{11}{15}$
 $\frac{3}{5} \square \frac{4}{7}$ $\frac{6}{11} \square \frac{5}{9}$ $\frac{3}{10} \square \frac{7}{25}$
 $\frac{5}{6} \square \frac{6}{7}$ $\frac{9}{10} \square \frac{11}{12}$ $\frac{9}{16} \square \frac{15}{24}$

6
Suche jeweils drei passende Zahlen.
a) $\frac{\square}{4} > \frac{3}{4}$ b) $\frac{\square}{11} > \frac{4}{11}$ c) $\frac{7}{12} < \frac{\square}{12}$
d) $\frac{7}{8} > \frac{\square}{4}$ e) $\frac{3}{5} > \frac{\square}{15}$ f) $\frac{\square}{18} > \frac{5}{6}$
g) $40\% > \frac{\square}{12}$ h) $\frac{5}{8} < \frac{\square}{12}$ i) $\frac{\square}{15} > 6\%$

7
Gib den nächstkleineren und den nächstgrößeren Bruch mit dem gleichen Nenner an.
a) $\frac{2}{3}$ b) $\frac{3}{7}$ c) $\frac{5}{12}$ d) $\frac{7}{15}$ e) $\frac{11}{9}$

8
Bestimme die fehlende Zahl. Wo gibt es mehrere Möglichkeiten?
a) $\frac{5}{13} < \frac{\square}{13} < \frac{7}{13}$ b) $\frac{5}{9} < \frac{\square}{9} < \frac{8}{9}$
c) $\frac{5}{12} < \frac{\square}{12} < \frac{11}{12}$ d) $\frac{6}{11} < \frac{\square}{11} < \frac{9}{11}$
e) $\frac{11}{15} < \frac{\square}{15} < \frac{15}{15}$ f) $\frac{13}{10} < \frac{\square}{10} < \frac{17}{10}$

9

Brüche als Maßzahlen von Größen kannst du ordnen, indem du sie in die nächstkleinere Maßeinheit umwandelst.
Beispiel: Wir vergleichen $\frac{7}{10}$ l und $\frac{5}{8}$ l.
$\frac{7}{10}$ l = 700 ml, $\frac{5}{8}$ l = 625 ml, also $\frac{7}{10}$ l > $\frac{5}{8}$ l.
a) $\frac{3}{8}$ t und $\frac{9}{20}$ t b) $\frac{4}{5}$ kg und $\frac{9}{10}$ kg
c) $\frac{7}{25}$ km und $\frac{6}{20}$ km d) $\frac{1}{2}$ km und $\frac{11}{25}$ km
e) $\frac{1}{3}$ h, $\frac{3}{10}$ h und $\frac{2}{5}$ h f) $\frac{1}{4}$ h, $\frac{7}{20}$ h und $\frac{4}{15}$ h

10
Ordne die Brüche nach der Größe.
a) $\frac{3}{17}, \frac{9}{17}, \frac{2}{17}, \frac{10}{17}$ b) $\frac{2}{3}, \frac{5}{9}, \frac{7}{18}, \frac{23}{36}$
c) $\frac{3}{4}, \frac{5}{8}, \frac{9}{16}, \frac{15}{32}$ d) $\frac{4}{5}, \frac{11}{15}, \frac{23}{30}, \frac{41}{60}$
e) $\frac{3}{4}, \frac{5}{8}, \frac{9}{12}, \frac{17}{24}$ f) $\frac{7}{12}, \frac{5}{9}, \frac{11}{18}, \frac{5}{6}$
g) $\frac{2}{3}, \frac{4}{9}, \frac{5}{12}, \frac{13}{24}$ h) $\frac{5}{8}, \frac{11}{12}, \frac{5}{6}, \frac{9}{16}$

11
Ordne die Brüche nach ihrer Größe, beginne mit dem kleinsten Bruch.
a) $\frac{7}{25}, \frac{21}{100}, \frac{13}{20}, \frac{9}{10}$ b) $\frac{4}{21}, \frac{28}{63}, \frac{1}{3}, \frac{4}{7}$
c) $\frac{1}{2}, \frac{2}{3}, \frac{4}{5}, \frac{7}{10}$ d) $\frac{3}{4}, \frac{5}{6}, \frac{5}{8}, \frac{7}{12}$
e) $\frac{2}{3}, \frac{1}{6}, \frac{2}{9}, \frac{3}{10}$ f) $\frac{4}{5}, \frac{5}{7}, \frac{11}{14}, \frac{3}{4}$

12
Ordne die zählergleichen Brüche.
a) $\frac{1}{9}, \frac{1}{4}, \frac{1}{3}, \frac{1}{2}, \frac{1}{7}, \frac{1}{10}$ b) $\frac{1}{3}, \frac{1}{11}, \frac{1}{7}, \frac{1}{8}, \frac{1}{5}, \frac{1}{6}$
c) $\frac{2}{3}, \frac{2}{7}, \frac{2}{13}, \frac{2}{5}, \frac{2}{9}, \frac{2}{11}$ d) $\frac{9}{4}, \frac{9}{5}, \frac{9}{2}, \frac{9}{11}, \frac{9}{7}, \frac{9}{13}$

13
Ordne nach der Größe.
a) $\frac{1}{2}$, 2%, $\frac{1}{4}$, 30%, $\frac{2}{5}$
b) $\frac{2}{3}$, 66%, $\frac{3}{4}$, 72%, $\frac{8}{10}$
c) 110%, $\frac{5}{4}$, $\frac{4}{8}$, 140%, $\frac{12}{10}$

14
Kürze die Brüche vollständig und vergleiche.
a) $\frac{4}{8}, \frac{9}{27}$ b) $\frac{10}{40}, \frac{20}{50}$ c) $\frac{6}{8}, \frac{30}{48}$
d) $\frac{15}{30}, \frac{63}{108}$ e) $\frac{12}{18}, \frac{9}{135}$ f) $\frac{16}{40}, \frac{75}{105}$
g) $\frac{60}{100}, \frac{21}{30}, \frac{14}{20}$ h) $\frac{85}{102}, \frac{117}{195}, \frac{70}{100}$

15
Füge wie im Beispiel ein: $\frac{1}{7}, \frac{2}{7}, \frac{3}{7}, \boxed{\frac{1}{2}}, \frac{4}{7}, \ldots$
a) $\frac{1}{2}$ in die Reihe der Drittelbrüche.
b) $\frac{1}{3}$ und $\frac{2}{3}$ in die Reihe der Fünftelbrüche.
c) $\frac{1}{5}$ und $\frac{3}{5}$ in die Reihe der Sechstelbrüche.

16
Zwischen zwei Brüchen lässt sich durch Erweitern immer ein weiterer Bruch finden.

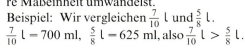

Nenne einen Bruch zwischen
a) $\frac{1}{2}$ und $\frac{1}{3}$ b) $\frac{2}{3}$ und $\frac{3}{4}$ c) $\frac{5}{6}$ und $\frac{4}{5}$
d) $\frac{3}{4}$ und $\frac{5}{7}$ e) $\frac{3}{8}$ und $\frac{4}{9}$ f) 70% und 71%.

Ordnen von Brüchen

17
a) Bestimme zu $\frac{3}{8}$ vier größere Brüche, indem du nur den Zähler veränderst.
b) Findest du vier kleinere Brüche, indem du den Zähler beibehältst?

18
Gib zwei Brüche an, die zwischen
a) $\frac{7}{9}$ und 1
b) $\frac{1}{3}$ und $\frac{2}{3}$
c) $\frac{2}{3}$ und $\frac{5}{8}$
d) $\frac{4}{5}$ und $\frac{5}{6}$
e) $\frac{3}{4}$ und $\frac{5}{8}$
f) $\frac{1}{6}$ und $\frac{1}{7}$ liegen.

19
a) Welche der Zahlen liegen zwischen $\frac{2}{3}$ und $\frac{7}{10}$?
$\frac{3}{5}, \frac{5}{8}, \frac{5}{7}, \frac{19}{30}, \frac{69}{100}$
b) Welche Zahlen liegen zwischen $\frac{2}{3}$ und 2?
$\frac{4}{3}, \frac{7}{4}, \frac{10}{6}, \frac{18}{8}, \frac{19}{10}$

20
Welcher Bruch liegt am nächsten bei $\frac{2}{3}$?
a) $\frac{3}{5}, \frac{5}{6}, \frac{7}{10}$
b) $\frac{5}{6}, \frac{5}{7}, \frac{9}{14}$
c) $\frac{3}{4}, \frac{5}{8}, \frac{10}{12}$
d) $\frac{7}{9}, \frac{10}{12}, \frac{11}{18}$

21
Hier haben sich Fehler eingeschlichen!
a) $\frac{8}{11} < \frac{9}{11}$
b) $\frac{11}{8} < \frac{11}{9}$
c) $\frac{4}{11} < \frac{5}{11}$
d) $\frac{8}{12} < \frac{4}{8}$
e) $\frac{3}{5} < \frac{74}{125}$
f) $\frac{15}{18} > \frac{10}{12}$
g) $\frac{60}{125} > \frac{24}{50}$
h) $\frac{12}{18} = \frac{60}{72}$
i) $\frac{75}{140} = \frac{15}{28}$

22
Suche den Weg durch das Labyrinth, indem du der Größe der Brüche folgst. Beginne mit dem kleinsten Bruch.
Auf deinem Weg kommst du an sechs Buchstaben vorbei, die, in richtiger Reihenfolge, einen Ort angeben, an dem du viel Freude hast.

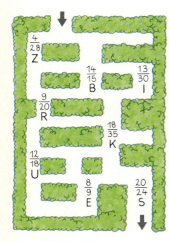

23
Mit einem 12-teiligen und einem 16-teiligen Tortenteiler wird die Größe der Stücke für eine Torte und einen Obstkuchen festgelegt. Von beiden Sorten bleibt je ein Stück übrig. Welches ist größer? Begründe.

24
Wo ist der Anteil größer?
a) In der Klasse 6a haben 5 von 26 Schülerinnen und Schülern ein Mountainbike, in Klasse 6b sind es 5 von 25.
b) In Klasse 6a ist Tina mit 20 von 25 Stimmen zur Klassensprecherin gewählt worden. In Klasse 6b schaffte es Rainer mit 17 von 20 Stimmen.
c) In Tinas Schule sind von 486 Schülerinnen und Schülern 180 auswärts, in der Nachbarschule 152 von 432.

25
Bärbel beklagt sich über die verregneten Sommerferien. „In vier Wochen hat es an 15 Tagen geregnet!" Rolf sagt daraufhin: „Bei uns war es noch schlimmer, in 21 Tagen hatten wir nur 10 Tage ohne Regen."
Überprüfe, ob Rolfs Sommerferien wirklich verregneter waren als Bärbels.

26
Auf einem Jahrmarkt werben drei Losbuden um Käuferinnen und Käufer. Bei welcher Bude sind die Gewinnchancen am größten, bei welcher am geringsten?

Lose von Familie Glück:
*Jedes **dritte** Los gewinnt!*

Sensation, Sensation:
*auf **50** Lose **17** Gewinne !!*

Hier hat jeder eine Chance:
***3** Gewinne bei **10** Losen!*

27
Welche Rübensorte hat den größten Zuckergehalt? Vergleiche die Zuckeranteile.

	Sorte 1	Sorte 2	Sorte 3
Rübengewicht	1 200 kg	1 500 kg	2 100 kg
Zuckergehalt	192 kg	225 kg	329 kg

28
Eine Maschine stellt Kunststoffgehäuse her. Bei einer Materialprüfung stellte man fest, dass die Maschine am 1. Tag 12 von 800, am 2. Tag 16 von 1 000 und am 3. Tag 10 von 500 Teilen fehlerhaft hergestellt hat.
Wann lag das beste Ergebnis vor?

8 Vermischte Aufgaben

1 Bezeichne den Bruchteil.

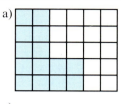
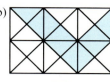
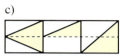
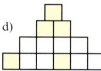

2 Stelle die Bruchteile in einem geeigneten Quadrat dar.

a) $\frac{2}{3}$ b) $\frac{5}{9}$ c) $\frac{5}{8}$ d) $\frac{7}{16}$

3 Gleiche Brüche mit unterschiedlicher Bedeutung! Wandle in die nächstkleinere Maßeinheit um.

a) $\frac{3}{4}$ kg b) $\frac{3}{4}$ dm² c) $\frac{3}{4}$ hl
d) $\frac{3}{4}$ h e) $\frac{3}{4}$ l f) $\frac{3}{4}$ Tag

4 Schreibe als Bruchteil der nächstgrößeren Maßeinheit.

a) 2 dm b) 6 min c) 3 Mon.
   45 cm   4 min   7 Mon.

5
a) Gib in l an:
$\frac{1}{25}$ m³, $\frac{1}{50}$ m³, $\frac{7}{50}$ m³, $\frac{1}{125}$ m³
b) Gib in ha an:
$\frac{3}{4}$ km², $\frac{3}{100}$ km², $\frac{4}{5}$ km², $\frac{18}{25}$ km²
c) Gib in mg an:
$\frac{1}{1000}$ g, $\frac{7}{500}$ g, $\frac{12}{250}$ g, $\frac{19}{50}$ g.

6 Wandle die Größe zuerst in eine kleinere Einheit um.

a) $\frac{3}{8}$ von 3 kg b) $\frac{8}{25}$ von 2 km
   $\frac{9}{10}$ von 4 kg $\frac{27}{50}$ von 4 km
   $\frac{1}{12}$ von 9 kg $\frac{31}{80}$ von 6 km

Wie lang ist der Pfahl?

7 Rechne die Größe in die nächstkleinere Einheit um.
Beispiel: $\frac{5}{8}$ kg = 5 kg : 8 = 5 000 g : 8 = 625 g

a) $\frac{7}{10}$ m² b) $\frac{3}{5}$ a c) $\frac{1}{5}$ € d) $\frac{1}{6}$ Jahr
$\frac{7}{20}$ m² $\frac{9}{10}$ a $\frac{13}{20}$ € $\frac{2}{3}$ Jahr
$\frac{11}{25}$ m² $\frac{81}{100}$ a $\frac{19}{25}$ € $\frac{5}{6}$ Jahr

8 Schreibe als Bruch.

a) $1\frac{1}{2}$ b) $2\frac{2}{3}$ c) $3\frac{1}{8}$ d) $8\frac{5}{8}$
$1\frac{1}{4}$ $2\frac{2}{5}$ $4\frac{2}{9}$ $9\frac{7}{10}$

9 Kürze vollständig. Wende die Teilbarkeitsregeln an.

a) $\frac{8}{16}$ b) $\frac{25}{75}$ c) $\frac{12}{18}$ d) $\frac{18}{72}$
$\frac{18}{36}$ $\frac{14}{42}$ $\frac{62}{93}$ $\frac{36}{96}$
e) $\frac{25}{120}$ f) $\frac{32}{168}$ g) $\frac{196}{448}$ h) $\frac{512}{360}$
$\frac{30}{155}$ $\frac{132}{200}$ $\frac{175}{520}$ $\frac{584}{484}$

10 Bestimme die fehlenden Zahlen.

a) $\frac{1}{3} = \frac{\square}{12} = \frac{6}{\square} = \frac{10}{30} = \frac{\square}{6} = \frac{26}{\square} = \frac{16}{\square}$
b) $\frac{28}{12} = \frac{7}{\square} = \frac{\square}{27} = \frac{49}{\square} = \frac{\square}{\square} = \frac{\square}{9} = \frac{84}{\square}$
c) $\frac{4}{5} = \frac{\square}{25} = \frac{100}{\square} = \frac{\square}{\square} = \frac{96}{\square} = \frac{400}{\square} = \frac{\square}{375}$

11 Hier musst du zuerst kürzen und dann erweitern. Beispiel: $\frac{12}{15} = \frac{12:3}{15:3} = \frac{4}{5} = \frac{4 \cdot 7}{5 \cdot 7} = \frac{28}{35}$

a) $\frac{7}{14} = \frac{2}{4}$ b) $\frac{6}{8} = \frac{21}{28}$ c) $\frac{10}{25} = \frac{18}{45}$
d) $\frac{9}{24} = \frac{15}{40}$ e) $\frac{28}{40} = \frac{70}{100}$ f) $\frac{25}{60} = \frac{35}{84}$
g) $\frac{24}{42} = \frac{80}{140}$ h) $\frac{4}{68} = \frac{6}{102}$ i) $\frac{45}{72} = \frac{35}{56}$

12 Welche Zahl liegt genau in der Mitte von

a) $\frac{2}{5}$ und $\frac{4}{5}$ b) $\frac{2}{7}$ und $\frac{6}{7}$
c) $\frac{2}{3}$ und $\frac{8}{9}$ d) $\frac{3}{5}$ und $\frac{11}{15}$
e) $\frac{2}{3}$ und $\frac{3}{5}$ f) $\frac{3}{4}$ und 1?

Vermischte Aufgaben

13
a) Welchen Bruch muss man mit 3 kürzen, um $\frac{8}{5}$ zu erhalten?
b) Welcher Bruch muss mit 5 erweitert werden, damit man $\frac{75}{100}$ erhält?

14
Erweitert man einen Bruch zuerst mit 4 und kürzt ihn anschließend mit 12, erhält man $\frac{3}{4}$. Wie heißt der Bruch?

15
Woran kann man schnell erkennen, ob eine Bruchzahl größer oder kleiner als $\frac{1}{2}$ ist?

16
Ein Fruchtsaftgetränk besteht etwa zu 30 % aus Frucht, der Rest ist Wasser. Eine Flasche enthält 700 ml Fruchtsaft.
Wie viel ml reine Frucht und wie viel ml Wasser sind in der Flasche?

17
Frau Mühlich erhält monatlich 2 800 € Gehalt. Für Miete gibt sie 600 € aus, für ihren Pkw 250 €. Der wievielte Teil ihres Gehalts ist dies jeweils?

18
Die Lufthülle der Erde, die Atmosphäre, umschließt den Erdball in einer etwa 1 000 km mächtigen Schicht (A–G).
Bis B spielt sich das tägliche Wettergeschehen ab. Bis C können Flugzeuge, bis D sogar Wetterballone aufsteigen. Sternschnuppen sieht man im Bereich E und Polarlichter bis in die Höhe von F. Berechne die Höhe der Markierungen von B bis F in Kilometern.

19
Die Weltmeere Pazifischer Ozean, Atlantischer Ozean und Indischer Ozean umfassen insgesamt 360 Mio. km². Davon nehmen der Pazifik die Hälfte und der Atlantik 29 % der Fläche ein.
a) Berechne die Wasserflächen des Pazifiks und Atlantiks in km².
b) Welchen Bruchteil bedeckt der Indische Ozean?

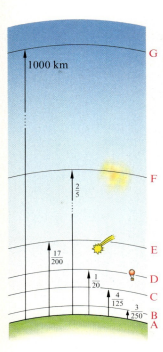

20
Wie heißen jeweils die Zahlen?
a) $\frac{3}{4}$ der gesuchten Zahl ist 60.
b) $\frac{2}{3}$ der gesuchten Zahl ist 36.
c) $\frac{2}{5}$ der gesuchten Zahl ist 40.
d) Nimmt man das 10fache von der Hälfte einer Zahl, erhält man 50.
e) Nimmt man das Doppelte vom dritten Teil einer Zahl, erhält man 18.
f) Ein Viertel vom Dreifachen einer Zahl beträgt 12.
g) Die Hälfte vom 5fachen einer Zahl ist 20.

Zum Knobeln

Aus sieben Steichhölzern ist der Bruch $\frac{1}{7}$ gelegt. Lege ein Streichholz so um, dass der Bruch den Wert $\frac{1}{3}$ hat.

Wie kannst du durch Umlegen aus 5 Streichhölzern den Bruch ein Viertel legen?

Kannst du durch Umlegen von nur einem Streichholz den Bruch verkleinern?

Der Wert eines Bruches beträgt $\frac{2}{5}$. Findest du eine weitere Darstellung mit nur einem Streichholz mehr?

Wie kannst du durch Umlegen eines Streichholzes den Wert dieses Bruches verdoppeln?

74

BRÜCHE IM SPORT

1
Für Laufwettbewerbe hat sich eine 400-m-Rundbahn durchgesetzt.
a) Wie viele Runden müssen bei den einzelnen Strecken zurückgelegt werden, wenn die Strecke 800 m, 1 000 m, 1 500 m, 2 000 m, 3 000 m, 5 000 m, 10 000 m beträgt.?
Stelle die Ergebnisse in einer Tabelle dar.
b) Damit ein Rekord auch anerkannt wird, darf das Gefälle der Bahn nicht größer als 1/1000 sein. Wie viel cm kann damit das Ziel bei einem 100-m-Lauf (200-m-Lauf) niedriger liegen als der Start?

Spiel	Spielzeit	Spielteile	Pausenlänge
Fußball	90 min	Halbzeit	15 min
Feldhockey	70 min	Halbzeit	10 min
Eishockey	60 min	Drittelzeit	10 min
Wasserball	28 min	Viertelzeit	2 min
Rugby	80 min	Halbzeit	5 min

2
Wie du aus der Tabelle ersehen kannst, sind die Spielzeiten einzelner Wettkampfspiele unterschiedlich lang. Diese Zeiten sind noch einmal unterteilt; dazwischen liegen Pausen.
a) Wie lange dauern die Teilspielzeiten?
b) Wie lange dauert die reine Spielzeit einschließlich Pausen?
c) Kannst du dir denken, warum einzelne Spiele mehr Pausen haben oder insgesamt nicht so lange dauern?

Der Weltrekord im Dreisprung von Willie Banks beträgt seit 1985 17,97 m. 1992 lag der deutsche Rekord, den Ralf Jaros erreicht hat, bei einer Länge von 17,66 m.

3
Auf Englisch heißt der Dreisprung „hop-step-jump". Es werden nämlich drei verschiedene Sprünge durchgeführt. Beim „hop" (Hüpfer) landet man auf dem Bein, mit dem man abgesprungen ist. Der „step" ist wie ein großer Schritt und beim „jump" (Sprung) landet man auf beiden Beinen. Die Länge des „step" soll etwa $\frac{3}{4}$ bis $\frac{4}{5}$ von der Länge des „hop" betragen.
Wie lang ist der „step", wenn ein Springer beim „hop" 4 m und ein anderer Springer 4,50 m erreicht hat?

4
Bei den Wurf- und Stoßwettbewerben haben die Kugeln oder Diskusscheiben verschiedene Gewichte. Die Kugel für die männliche Jugend A wiegt $6\frac{1}{4}$ kg, für Schülerinnen A $2\frac{1}{2}$ kg. Die Diskusscheibe wiegt bei der männlichen Jugend A $1\frac{3}{4}$ kg und bei der männlichen Jugend B $1\frac{1}{2}$ kg.
Wie groß ist das Gewicht der einzelnen Kugeln oder Scheiben in Gramm?

Rückspiegel

1
Welche Brüche sind hier dargestellt?

a)   b)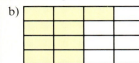

c)   d)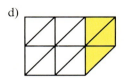

2
Übertrage ins Heft und stelle die Bruchteile dar.

a) 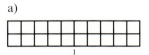 $\frac{1}{10}$ b) $\frac{3}{4}$

c) 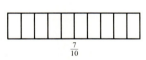 $\frac{7}{10}$ d) $\frac{7}{12}$

3
a) Gib in m an: $\frac{1}{4}$ km, $\frac{7}{10}$ km, $\frac{1}{8}$ km, $\frac{3}{8}$ km.
b) Gib in m² an: $\frac{3}{4}$ Ar, $\frac{1}{10}$ Ar, $\frac{3}{100}$ Ar, $\frac{4}{5}$ Ar.
c) Gib in dm³ an: $\frac{3}{4}$ m³, $\frac{1}{5}$ m³, $\frac{1}{8}$ m³, $\frac{3}{50}$ m³.

4
Berechne den Bruchteil.
a) $\frac{3}{4}$ von 40 l   b) $\frac{3}{5}$ von 90 l
c) $\frac{2}{3}$ von 6 kg   d) $\frac{5}{6}$ von 54 kg
e) 15% von 120 ha   f) 90% von 180 ha

5
Rechne wie im Beispiel in die nächstkleinere Einheit um: $\frac{4}{5}$ km = 4000 m : 5 = 800 m.
a) $\frac{3}{10}$ km   b) $\frac{9}{10}$ ha   c) $\frac{5}{12}$ h
d) $\frac{7}{20}$ l   e) $\frac{1}{200}$ t   f) $\frac{1}{6}$ min
g) $\frac{5}{8}$ m³   h) $\frac{7}{25}$ kg   i) $\frac{11}{40}$ cm³

6
a) Welcher Bruchteil von 1 Minute sind 6 s, 10 s, 45 s, 18 s, 5 s?
b) Welcher Bruchteil von 64 m sind 8 m, 4 m, 16 m, 40 m, 56 m?
c) Welchen Bruchteil stellen 48 kg von 96 kg, 192 kg, 80 kg, 120 kg, 720 kg dar?

7
Verwandle wie im Beispiel:
$3\frac{5}{6} = \frac{18}{6} + \frac{5}{6} = \frac{23}{6}$.
a) $3\frac{4}{7}$ b) $7\frac{5}{9}$ c) $8\frac{5}{6}$
d) $10\frac{1}{8}$ e) $10\frac{5}{14}$ f) $7\frac{8}{15}$.

8
Zu welchen Brüchen gehört jeweils derselbe Punkt auf dem Zahlenstrahl?
$\frac{12}{15}, \frac{2}{3}, \frac{9}{12}, \frac{8}{10}, \frac{12}{18}, \frac{12}{16}, \frac{4}{5}, \frac{10}{15}$

9
Kürze so weit wie möglich.
a) $\frac{30}{105}$ b) $\frac{44}{132}$ c) $\frac{54}{81}$ d) $\frac{18}{144}$
   $\frac{60}{450}$ $\frac{96}{160}$ $\frac{88}{121}$ $\frac{625}{1000}$

10
Erweitere die folgenden Brüche – wenn möglich – auf den Nenner 100 und schreibe in Prozent.
a) $\frac{1}{2}, \frac{2}{3}, \frac{4}{5}, \frac{2}{15}, \frac{19}{20}$ b) $\frac{6}{6}, \frac{3}{2}, \frac{9}{12}$

11
Setze > oder < im Heft passend ein.
a) $\frac{2}{5}$ □ $\frac{7}{15}$ b) $\frac{1}{6}$ □ $\frac{1}{7}$ c) $\frac{7}{8}$ □ $\frac{10}{12}$
   $\frac{11}{24}$ □ $\frac{3}{8}$ $\frac{5}{12}$ □ $\frac{2}{5}$ $\frac{9}{16}$ □ $\frac{13}{24}$
   $\frac{7}{45}$ □ $\frac{2}{9}$ $\frac{5}{7}$ □ $\frac{7}{10}$ $\frac{11}{30}$ □ $\frac{17}{45}$
   $\frac{6}{11}$ □ $\frac{23}{44}$ $\frac{2}{9}$ □ $\frac{3}{11}$ $\frac{7}{50}$ □ 15%

12
Gib einen Bruch an, der zwischen den gegebenen Brüchen liegt.
a) $\frac{3}{4} < □ < 1$ b) $\frac{1}{3} < □ < \frac{1}{2}$
c) $\frac{1}{8} < □ < \frac{1}{5}$ d) $\frac{5}{6} < □ < \frac{8}{9}$

IV Rechnen mit Bruchzahlen

Notenwerte

Brüche und Musik

In der Musik wird der Rhythmus durch den Takt, z. B. $\frac{3}{4}$, $\frac{4}{4}$ oder $\frac{6}{8}$, bestimmt. Er legt gleich lange Zeitabschnitte fest, die in der Notenschrift durch Taktstriche begrenzt werden. Die einzelnen Noten geben neben der Höhe auch die Dauer eines Tones an. Ein ganzer Ton kann unterschiedliche Dauer haben. Dies hängt von der Geschwindigkeit ab, mit der das Musikstück gespielt werden soll. Zwei Achtelnoten entsprechen einer Viertelnote, zwei Viertelnoten einer halben Note, zwei halbe Noten einer ganzen Note. Ein Punkt hinter einer Note verlängert ihren Zeitwert um die Hälfte.

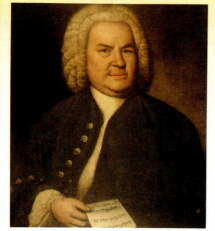

Johann Sebastian Bach
(1685–1750)

$\frac{1}{4} + \frac{2}{16} + \frac{2}{32} + \frac{1}{16} + \frac{2}{32} + \frac{1}{8} + \frac{1}{16} + \frac{1}{16} + \frac{1}{16} + \frac{2}{32} + \frac{2}{16} = \frac{4}{4}$

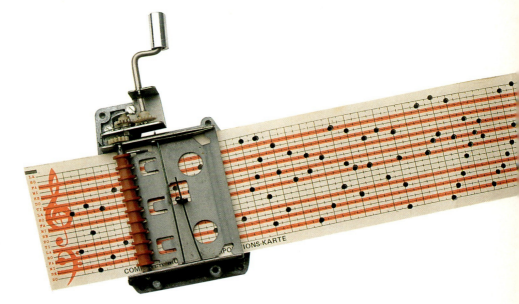

Mechanische Spieluhr
Auf dem Lochstreifen können Notenwerte und Notenhöhen eingegeben und abgelesen werden.

1 Addieren und Subtrahieren gleichnamiger Brüche

1
Bei Utas Feier sind ein Stück Obsttorte, zwei Stücke Käsetorte und vier Stücke Nusstorte übrig geblieben. Alle Torten waren in 12 gleich große Stücke geteilt. Uta legt die restlichen Stücke auf eine Platte. Welcher Bruchteil einer ganzen Torte ist übrig geblieben?

2
Die Gesamtfläche der Bundesrepublik Deutschland bestand 1991 ungefähr zu $\frac{7}{20}$ aus Ackerland, zu $\frac{3}{20}$ aus Grünland und zu $\frac{6}{20}$ aus Wald. Der Rest ist Ödland (überbaute Flächen, Felsgebirge usw.). Ergänze die fehlende Angabe.

Das Addieren und Subtrahieren von Brüchen mit gleichen Nennern können wir auch am Zahlenstrahl beschreiben:

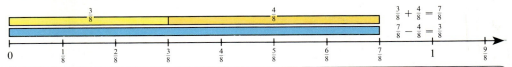

> Gleichnamige Brüche werden **addiert**, indem du ihre Zähler addierst und den gemeinsamen Nenner beibehältst.
> Gleichnamige Brüche werden **subtrahiert**, indem du ihre Zähler subtrahierst und den gemeinsamen Nenner beibehältst.

Beispiele

a) $\frac{2}{7} + \frac{3}{7} = \frac{2+3}{7} = \frac{5}{7}$

b) $\frac{7}{9} - \frac{2}{9} = \frac{7-2}{9} = \frac{5}{9}$

c) Sind Zähler und Nenner im Ergebnis nicht teilerfremd, kannst du kürzen:
$\frac{1}{8} + \frac{3}{8} = \frac{4}{8} = \frac{1}{2}$

d) Ist der Zähler größer als der Nenner, kannst du das Ergebnis in gemischter Schreibweise angeben.
$\frac{10}{13} + \frac{9}{13} = \frac{19}{13} = \frac{13}{13} + \frac{6}{13} = 1\frac{6}{13}$

e) Addieren gemischter Zahlen:
$2\frac{3}{5} + 1\frac{1}{5}$
$= 2 + 1 + \frac{3}{5} + \frac{1}{5}$
$= 3 + \frac{4}{5} = 3\frac{4}{5}$

f) Subtrahieren gemischter Zahlen kann das Umwandeln eines Bruches notwendig machen:
$3\frac{1}{5} - 1\frac{4}{5}$
$= 2\frac{6}{5} - 1\frac{4}{5} = 1\frac{2}{5}$

Aufgaben

3
a) 2 Sechstel + 3 Sechstel
b) 3 Fünftel + 2 Fünftel
c) 4 Siebtel + 5 Siebtel

4
a) 9 Zehntel − 6 Zehntel
b) 11 Achtel − 7 Achtel
c) 5 Drittel − 3 Drittel

Addieren und Subtrahieren gleichnamiger Brüche

5 Rechne im Kopf.

a) $\frac{2}{5}+\frac{1}{5}$ b) $\frac{1}{10}+\frac{3}{10}$ c) $\frac{5}{11}+\frac{5}{11}$

$\frac{2}{8}+\frac{5}{8}$ $\frac{2}{7}+\frac{3}{7}$ $\frac{8}{15}+\frac{6}{15}$

$\frac{1}{9}+\frac{7}{9}$ $\frac{7}{12}+\frac{4}{12}$ $\frac{11}{20}+\frac{9}{20}$

6

a) $\frac{3}{4}-\frac{1}{4}$ b) $\frac{6}{8}-\frac{1}{8}$ c) $\frac{10}{12}-\frac{7}{12}$

$\frac{4}{5}-\frac{3}{5}$ $\frac{7}{9}-\frac{4}{9}$ $\frac{9}{11}-\frac{6}{11}$

$\frac{6}{7}-\frac{5}{7}$ $\frac{7}{10}-\frac{4}{10}$ $\frac{11}{15}-\frac{7}{15}$

7 Schreibe zu jeder Abbildung die zugehörige Additionsaufgabe und das Ergebnis.

a)    b)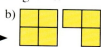

c) 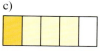   d)

e) 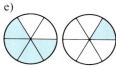   f)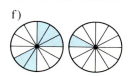

8 Berechne.

a) $\frac{5}{14}+\frac{3}{14}$ b) $\frac{7}{25}+\frac{12}{25}$ c) $\frac{11}{48}+\frac{23}{48}$

$\frac{11}{18}+\frac{5}{18}$ $\frac{19}{30}+\frac{9}{30}$ $\frac{62}{85}-\frac{47}{85}$

$\frac{12}{19}-\frac{6}{19}$ $\frac{29}{40}-\frac{17}{40}$ $\frac{88}{100}-\frac{59}{100}$

9 Flipp, der Zahlenfloh, springt vorwärts und rückwärts. Nenne je 7 Landeplätze.

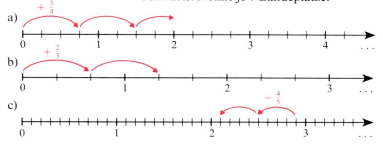

10 Rechne und kürze.

a) $\frac{1}{6}+\frac{2}{6}$ b) $\frac{1}{8}+\frac{5}{8}$ c) $\frac{5}{12}-\frac{1}{12}$

$\frac{2}{10}+\frac{3}{10}$ $\frac{7}{12}+\frac{1}{12}$ $\frac{13}{15}-\frac{8}{15}$

$\frac{4}{9}+\frac{2}{9}$ $\frac{3}{16}+\frac{9}{16}$ $\frac{19}{20}-\frac{3}{20}$

d) $\frac{16}{25}-\frac{11}{25}$ e) $\frac{19}{50}+\frac{21}{50}$ f) $\frac{73}{100}-\frac{37}{100}$

$\frac{39}{40}-\frac{3}{40}$ $\frac{71}{84}-\frac{15}{84}$ $\frac{55}{96}+\frac{29}{96}$

$\frac{44}{45}-\frac{17}{45}$ $\frac{27}{64}+\frac{37}{64}$ $\frac{131}{144}-\frac{23}{144}$

11 Berechne die Summe und gib das Ergebnis in gemischter Schreibweise an.

a) $\frac{2}{3}+\frac{2}{3}$ b) $\frac{4}{9}+\frac{7}{9}$ c) $\frac{8}{13}+\frac{11}{13}$

$\frac{4}{7}+\frac{4}{7}$ $\frac{8}{11}+\frac{6}{11}$ $\frac{18}{29}+\frac{19}{29}$

$\frac{5}{7}+\frac{6}{7}$ $\frac{10}{11}+\frac{7}{11}$ $\frac{37}{39}+\frac{38}{39}$

12 Addiere und gib das Ergebnis in gemischter Schreibweise an.

a) $\frac{3}{4}+\frac{2}{4}$ b) $\frac{3}{10}+\frac{9}{10}$ c) $\frac{18}{25}+\frac{17}{25}$

$\frac{7}{8}+\frac{3}{8}$ $\frac{7}{12}+\frac{11}{12}$ $\frac{41}{64}+\frac{39}{64}$

13 Schreibe in dein Heft und ergänze.

a) $\frac{\square}{14}+\frac{3}{14}=\frac{9}{14}$ b) $\frac{6}{17}+\frac{5}{\square}=\frac{11}{17}$

c) $\frac{4}{15}+\frac{\square}{15}=\frac{11}{15}$ d) $\frac{\square}{27}+\frac{5}{27}=\frac{22}{27}$

14 Addiere die gemischten Zahlen.

Beispiel: $2\frac{5}{8}+1\frac{7}{8}=2+\frac{5}{8}+1+\frac{7}{8}=$
$2+1+\frac{5}{8}+\frac{7}{8}=3+\frac{12}{8}=$
$3+1+\frac{4}{8}=4\frac{4}{8}=4\frac{1}{2}$

a) $1\frac{1}{5}+1\frac{3}{5}$ b) $2\frac{2}{7}+3\frac{4}{7}$

c) $3\frac{1}{4}+2\frac{3}{4}$ d) $5\frac{7}{10}+4\frac{3}{10}$.

15 Subtrahiere die gemischten Zahlen.

a) $2\frac{3}{4}-1\frac{1}{4}$ b) $4\frac{3}{10}-1\frac{1}{10}$

c) $4\frac{1}{5}-2\frac{2}{5}$ d) $3\frac{1}{6}-1\frac{5}{6}$

2 Addieren und Subtrahieren ungleichnamiger Brüche

1
Ein reicher König vererbte seinen Schatz: der erste Sohn sollte die Hälfte, der zweite ein Viertel und der dritte ein Achtel erhalten. Als die Söhne an das Verteilen gingen, mussten sie lange überlegen. Bleibt nach der Erbteilung noch etwas übrig?
Wie viel erhält der erste Sohn mehr als der zweite und als der dritte Sohn?

Wenn du Brüche mit verschiedenen Nennern addieren oder subtrahieren willst, musst du sie zunächst gleichnamig machen. Dazu suchst du das kleinste gemeinsame Vielfache (kgV) der Nenner und erweiterst dann die Brüche entsprechend. Der kleinste gemeinsame Nenner heißt **Hauptnenner** (HN).

$\frac{1}{4} + \frac{2}{3} = \frac{3}{12} + \frac{8}{12} = \frac{11}{12}$

Wir **addieren** oder **subtrahieren ungleichnamige Brüche**, indem wir
1. ihren Hauptnenner bestimmen,
2. die Brüche erweitern und
3. die nun gleichnamigen Brüche addieren oder subtrahieren.

Beispiele

a) Einer der Nenner ist der HN.

$\frac{3}{14} + \frac{1}{7}$
$= \frac{3}{14} + \frac{2}{14} = \frac{5}{14}$

b) Die Nenner sind teilerfremd. Ihr Produkt ist der HN.

$\frac{1}{2} + \frac{1}{3}$ HN: $2 \cdot 3 = 6$
$= \frac{1 \cdot 3}{2 \cdot 3} + \frac{1 \cdot 2}{3 \cdot 2}$
$= \frac{3}{6} + \frac{2}{6} = \frac{5}{6}$

$\frac{2}{3} - \frac{1}{5}$ HN: $3 \cdot 5 = 15$
$= \frac{2 \cdot 5}{3 \cdot 5} - \frac{1 \cdot 3}{5 \cdot 3}$
$= \frac{10}{15} - \frac{3}{15} = \frac{7}{15}$

c) Die Nenner haben gemeinsame Teiler. Das kleinste gemeinsame Vielfache ist der HN.

$\frac{7}{16} + \frac{1}{12}$ Vielfache von 16:
$= \frac{7 \cdot 3}{16 \cdot 3} + \frac{1 \cdot 4}{12 \cdot 4}$ 16, 32, 48, …
$= \frac{21}{48} + \frac{4}{48} = \frac{25}{48}$ 48 ist auch Vielfaches von 12.
HN = 48

$\frac{11}{15} - \frac{5}{18}$ Vielfache von 18:
$= \frac{11 \cdot 6}{15 \cdot 6} - \frac{5 \cdot 5}{18 \cdot 5}$ 18, 36, 54, 72, 90, …
$= \frac{66}{90} - \frac{25}{90} = \frac{41}{90}$ 90 ist auch Vielfaches von 15.
HN = 90

Aufgaben

2
Addiere im Kopf.

a) $\frac{1}{2} + \frac{1}{4}$ b) $\frac{1}{3} + \frac{1}{6}$ c) $\frac{1}{4} + \frac{1}{12}$
   $\frac{1}{2} + \frac{1}{6}$ $\frac{1}{4} + \frac{1}{8}$ $\frac{1}{2} + \frac{1}{10}$

d) $\frac{1}{6} + \frac{7}{12}$ e) $\frac{2}{3} + \frac{2}{9}$ f) $\frac{2}{5} + \frac{1}{15}$
   $\frac{5}{14} + \frac{4}{7}$ $\frac{5}{12} + \frac{1}{3}$ $\frac{2}{15} + \frac{2}{3}$

3
Subtrahiere im Kopf.

a) $\frac{1}{2} - \frac{1}{4}$ b) $\frac{1}{4} - \frac{1}{8}$ c) $\frac{10}{12} - \frac{1}{3}$
   $\frac{1}{3} - \frac{1}{6}$ $\frac{1}{3} - \frac{1}{9}$ $\frac{7}{8} - \frac{1}{2}$

d) $\frac{3}{8} - \frac{1}{4}$ e) $\frac{5}{6} - \frac{2}{3}$ f) $\frac{15}{16} - \frac{5}{8}$
   $\frac{7}{12} - \frac{1}{4}$ $\frac{11}{15} - \frac{3}{5}$ $\frac{11}{12} - \frac{2}{3}$

Addieren und Subtrahieren ungleichnamiger Brüche

4
Addiere bzw. subtrahiere die Streckenlängen.

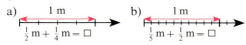

a) $\frac{1}{2}$ m + $\frac{1}{4}$ m = □   b) $\frac{1}{5}$ m + $\frac{1}{2}$ m = □
c) $\frac{1}{3}$ m + $\frac{1}{4}$ m = □   d) $\frac{7}{10}$ m + $\frac{2}{5}$ m = □

5
Berechne mit Hilfe der Kreiseinteilung.
Beispiel:

$\frac{1}{3} - \frac{1}{4} = \frac{1}{12}$

a) $\frac{1}{3} + \frac{1}{2}$, $\frac{3}{4} + \frac{1}{6}$ b) $\frac{1}{4} - \frac{1}{6}$, $\frac{11}{12} - \frac{1}{3}$

6
Stelle jede Aufgabe in Streifen von 24 Kästchen Länge dar und berechne.
Beispiel:

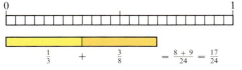

$\frac{1}{3} + \frac{3}{8} = \frac{8+9}{24} = \frac{17}{24}$

a) $\frac{1}{4} + \frac{5}{12}$, $\frac{1}{6} + \frac{5}{12}$ b) $\frac{3}{4} + \frac{1}{6}$, $\frac{7}{12} + \frac{1}{4}$
c) $\frac{5}{6} - \frac{5}{8}$, $\frac{2}{3} - \frac{3}{8}$ d) $\frac{5}{12} - \frac{1}{8}$, $\frac{3}{4} - \frac{2}{3}$

7
Addiere.

a) $\frac{1}{3} + \frac{1}{4}$ b) $\frac{1}{5} + \frac{1}{6}$ c) $\frac{2}{3} + \frac{3}{4}$
   $\frac{1}{4} + \frac{1}{5}$ $\frac{1}{6} + \frac{1}{7}$ $\frac{3}{4} + \frac{5}{6}$
d) $\frac{2}{5} + \frac{3}{6}$ e) $\frac{2}{3} + \frac{3}{2}$ f) $\frac{3}{8} + \frac{4}{7}$
   $\frac{3}{5} + \frac{3}{8}$ $\frac{4}{5} + \frac{5}{4}$ $\frac{5}{12} + \frac{2}{5}$

8
Addiere und kürze wenn möglich.

a) $\frac{1}{3} + \frac{1}{6}$ b) $\frac{1}{8} + \frac{1}{6}$ c) $\frac{1}{4} + \frac{2}{5}$
   $\frac{1}{6} + \frac{1}{4}$ $\frac{1}{5} + \frac{1}{20}$ $\frac{1}{6} + \frac{1}{10}$
d) $\frac{2}{5} + \frac{1}{10}$ e) $\frac{1}{18} + \frac{4}{9}$ f) $\frac{2}{3} + \frac{3}{10}$
   $\frac{7}{10} + \frac{1}{4}$ $\frac{3}{7} + \frac{1}{14}$ $\frac{11}{18} + \frac{5}{36}$

9
Suche zuerst das kleinste gemeinsame Vielfache der Nenner. Erweitere und addiere.

a) $\frac{3}{8} + \frac{5}{12}$ b) $\frac{4}{21} + \frac{3}{14}$ c) $\frac{5}{24} + \frac{7}{36}$
   $\frac{7}{12} + \frac{7}{18}$ $\frac{7}{12} + \frac{4}{9}$ $\frac{2}{9} + \frac{11}{15}$
d) $\frac{8}{15} + \frac{3}{20}$ e) $\frac{7}{12} + \frac{4}{15}$ f) $\frac{11}{36} + \frac{19}{48}$
   $\frac{13}{18} + \frac{17}{24}$ $\frac{9}{20} + \frac{15}{16}$ $\frac{10}{21} + \frac{18}{35}$

10
Ergänze die Zauberquadrate. In jeder Zeile, in jeder Spalte und jeder Diagonalen soll die Summe 1 herauskommen.

a)
	$\frac{4}{15}$		$\frac{2}{15}$
		$\frac{1}{3}$	
$\frac{8}{15}$		$\frac{2}{5}$	

b)
		$\frac{1}{18}$	$\frac{5}{9}$
		$\frac{1}{3}$	

11
Bestimme zuerst den Hauptnenner.

a) $\frac{1}{3} - \frac{1}{4}$ b) $\frac{1}{4} - \frac{1}{6}$ c) $\frac{1}{5} - \frac{1}{8}$
   $\frac{1}{2} - \frac{1}{5}$ $\frac{1}{6} - \frac{1}{8}$ $\frac{1}{6} - \frac{1}{9}$
d) $\frac{3}{5} - \frac{1}{2}$ e) $\frac{4}{5} - \frac{3}{4}$ f) $\frac{2}{3} - \frac{5}{8}$
   $\frac{5}{6} - \frac{1}{2}$ $\frac{1}{5} - \frac{1}{7}$ $\frac{4}{5} - \frac{4}{9}$

12
Suche zuerst das kleinste gemeinsame Vielfache der Nenner.

a) $\frac{3}{8} - \frac{1}{12}$ b) $\frac{5}{12} - \frac{2}{5}$ c) $\frac{6}{7} - \frac{5}{6}$
   $\frac{9}{10} - \frac{3}{4}$ $\frac{15}{16} - \frac{11}{12}$ $\frac{8}{9} - \frac{7}{8}$
d) $\frac{4}{9} - \frac{4}{15}$ e) $\frac{7}{10} - \frac{14}{25}$ f) $\frac{24}{25} - \frac{19}{20}$
   $\frac{7}{12} - \frac{7}{18}$ $\frac{9}{20} - \frac{13}{30}$ $\frac{29}{36} - \frac{19}{24}$

13
Subtrahiere.

a) $\frac{5}{8} - \frac{7}{12}$ b) $\frac{11}{14} - \frac{4}{21}$ c) $\frac{7}{15} - \frac{9}{25}$
   $\frac{8}{15} - \frac{3}{10}$ $\frac{13}{36} - \frac{7}{24}$ $\frac{13}{18} - \frac{17}{24}$
d) $\frac{13}{21} - \frac{9}{28}$ e) $\frac{20}{27} - \frac{13}{18}$ f) $\frac{29}{100} - \frac{21}{125}$
   $\frac{14}{25} - \frac{7}{30}$ $\frac{49}{72} - \frac{35}{54}$ $\frac{21}{26} - \frac{31}{39}$

?
$\frac{2}{3}$ einer Tafel Schokolade sind $\frac{1}{2}$ Tafel und 2 Stückchen. Wie viele Stückchen hat die Tafel?

Addieren und Subtrahieren ungleichnamiger Brüche

+	$\frac{1}{2}$	$\frac{2}{3}$	$\frac{3}{4}$	$\frac{4}{5}$
$\frac{1}{3}$				
$\frac{2}{5}$				
$\frac{1}{6}$				
$\frac{5}{6}$				
$\frac{1}{7}$				
$\frac{3}{7}$				
$\frac{5}{8}$				
$\frac{7}{8}$				

14 Addiere oder subtrahiere.

a) $\frac{9}{40} + \frac{7}{120}$ b) $\frac{17}{36} - \frac{1}{4}$ c) $\frac{11}{18} + \frac{15}{27}$

$\frac{25}{80} + \frac{11}{16}$ $\frac{11}{18} - \frac{29}{90}$ $\frac{62}{105} + \frac{43}{70}$

$\frac{37}{96} + \frac{7}{12}$ $\frac{55}{144} - \frac{1}{12}$ $\frac{1}{54} + \frac{7}{30}$

d) $\frac{7}{45} - \frac{2}{25}$ e) $\frac{5}{12} + \frac{3}{11}$ f) $\frac{6}{13} - \frac{1}{12}$

$\frac{11}{12} - \frac{23}{28}$ $\frac{1}{16} + \frac{5}{9}$ $\frac{7}{15} - \frac{4}{11}$

$\frac{33}{64} - \frac{31}{96}$ $\frac{3}{8} + \frac{9}{13}$ $\frac{17}{19} - \frac{8}{9}$

15 Rechne mit gemischten Zahlen.

Beispiel: $1\frac{1}{2} + 2\frac{3}{8} = 1\frac{4}{8} + 2\frac{3}{8} = 3\frac{7}{8}$.

a) $1\frac{1}{4} + \frac{1}{2}$ b) $3\frac{2}{3} + 2\frac{1}{6}$ c) $4\frac{5}{6} - 1\frac{1}{2}$

$1\frac{1}{6} + \frac{1}{3}$ $2\frac{5}{8} + 4\frac{1}{4}$ $3\frac{4}{9} - 2\frac{1}{3}$

16 Rechne wie im Beispiel:

$5\frac{3}{4} + 3\frac{2}{5} = 5\frac{15}{20} + 3\frac{8}{20} = 8\frac{23}{20} = 9\frac{3}{20}$.

a) $1\frac{3}{5} + \frac{7}{10}$ b) $2\frac{2}{3} + 3\frac{4}{5}$ c) $3\frac{5}{8} + 6\frac{7}{12}$

$1\frac{1}{4} + \frac{7}{8}$ $4\frac{3}{5} + 8\frac{5}{6}$ $7\frac{5}{7} + 6\frac{4}{9}$

$1\frac{2}{3} + \frac{5}{6}$ $5\frac{1}{2} + 1\frac{5}{7}$ $9\frac{5}{6} + 10\frac{10}{11}$

17 Rechne wie im Beispiel:

$4\frac{1}{2} - 2\frac{3}{5} = 4\frac{5}{10} - 2\frac{6}{10} = 3\frac{15}{10} - 2\frac{6}{10} = 1\frac{9}{10}$.

a) $1\frac{2}{3} - \frac{3}{4}$ b) $3\frac{2}{9} - 2\frac{3}{5}$ c) $12\frac{5}{9} - 7\frac{3}{5}$

$1\frac{2}{5} - \frac{1}{2}$ $8\frac{1}{7} - 5\frac{3}{5}$ $10\frac{3}{14} - 9\frac{1}{4}$

18 Berechne. Erkennst du eine Regel?

$\frac{2}{3} + \frac{3}{2}, \quad \frac{3}{4} + \frac{4}{3}, \quad \frac{4}{5} + \frac{5}{4}, \ldots$

Was ergibt dann $\frac{40}{41} + \frac{41}{40}$?

19 Wohin fliegt der Ballon?

$\frac{5}{12} + \frac{1}{3} = \square, \quad \frac{3}{7} + \frac{5}{21} = \square, \quad \frac{4}{3} + \frac{1}{6} = \square,$

$\frac{13}{5} + \frac{17}{10} = \square, \quad \frac{5}{8} + \frac{1}{4} = \square, \quad \frac{1}{9} + \frac{1}{3} = \square,$

$\frac{11}{15} + \frac{4}{5} = \square$

20 Fülle die „Bruchsteine" durch Addieren aus.

a) 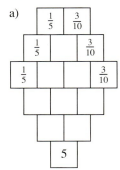 b)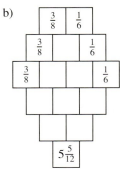

21 Erweitere zunächst und bestimme dann den fehlenden Zähler oder Nenner.

Beispiel: $\frac{2}{3} + \frac{\square}{4} = \frac{11}{12} \quad \frac{8}{12} + \frac{3}{12} = \frac{11}{12}$

$\frac{2}{3} + \frac{1}{4} = \frac{11}{12}$

a) $\frac{2}{5} + \frac{\square}{3} = \frac{11}{15}$ b) $\frac{1}{6} + \frac{2}{\square} = \frac{17}{30}$

$\frac{3}{8} + \frac{\square}{5} = \frac{31}{40}$ $\frac{2}{5} + \frac{1}{\square} = \frac{11}{15}$

c) $\frac{\square}{9} + \frac{5}{12} = \frac{31}{36}$ d) $\frac{3}{\square} + \frac{5}{12} = \frac{19}{24}$

$\frac{\square}{7} + \frac{2}{3} = \frac{21}{21}$ $\frac{1}{\square} + \frac{3}{10} = \frac{7}{15}$

22 Beispiel: $\frac{5}{9} + \frac{\square}{9} = 1\frac{4}{9} \quad \frac{5}{9} + \frac{8}{9} = \frac{13}{9}$

a) $\frac{3}{5} + \frac{\square}{5} = 1\frac{2}{5}$ b) $\frac{\square}{5} + \frac{5}{6} = 1\frac{7}{30}$

$\frac{4}{7} + \frac{\square}{7} = 1\frac{3}{7}$ $\frac{\square}{4} + \frac{4}{5} = 1\frac{11}{20}$

c) $1\frac{1}{2} + \frac{\square}{8} = 2\frac{1}{8}$ d) $2\frac{3}{8} + \frac{7}{\square} = 3\frac{3}{40}$

$2\frac{1}{2} + \frac{\square}{12} = 2\frac{11}{12}$ $3\frac{5}{6} + \frac{7}{\square} = 4\frac{11}{18}$

23 Die Pyramide ist aus „Differenzbausteinen" aufgebaut. Ergänze.

a) 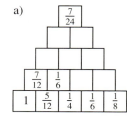 b)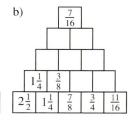

Addieren und Subtrahieren ungleichnamiger Brüche

24
Ergänze. Beispiel: $\frac{1}{6} + \square = \frac{3}{4}$, $\frac{2}{12} + \frac{7}{12} = \frac{9}{12}$

a) $\frac{5}{8} + \square = \frac{37}{40}$
   $\frac{4}{9} + \square = \frac{31}{36}$

b) $\square + \frac{4}{15} = \frac{5}{6}$
   $\square + \frac{3}{10} = \frac{21}{25}$

c) $\square + \frac{2}{5} = \frac{59}{60}$
   $\square + \frac{3}{8} = \frac{5}{7}$

d) $\frac{1}{5} + \square = \frac{5}{8}$
   $\frac{4}{5} + \square = \frac{11}{12}$

25
Subtrahiere und kontrolliere dein Ergebnis.

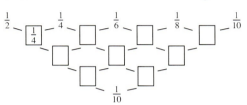

26
Subtrahiere den kleineren vom größeren Bruch.

a) $\frac{4}{5}, \frac{7}{9}$ b) $\frac{2}{3}, \frac{7}{8}$ c) $\frac{3}{11}, \frac{2}{7}$

d) $\frac{5}{8}, \frac{7}{11}$ e) $\frac{4}{15}, \frac{9}{25}$ f) $\frac{6}{13}, \frac{4}{9}$

g) $\frac{7}{12}, \frac{11}{20}$ h) $\frac{8}{21}, \frac{2}{5}$ i) $\frac{19}{24}, \frac{7}{10}$

27
Ordne die Differenzen der Größe nach.

a) $\frac{2}{3} - \frac{3}{8}$, $\frac{4}{5} - \frac{3}{10}$, $\frac{5}{6} - \frac{5}{8}$, $\frac{3}{4} - \frac{2}{3}$

b) $\frac{5}{6} - \frac{4}{9}$, $\frac{13}{18} - \frac{8}{15}$, $\frac{1}{20} - \frac{1}{30}$, $\frac{5}{9} - \frac{3}{10}$

c) $\frac{9}{10} - \frac{5}{12}$, $\frac{3}{4} - \frac{11}{20}$, $\frac{11}{12} - \frac{4}{5}$, $\frac{3}{8} - \frac{2}{15}$

28
Subtrahiere in den „Bruchsteinen".

a) 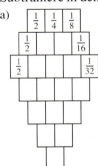   b)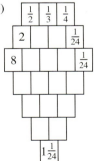

Löse das Rechenpuzzle mit den sechs Zahlenkärtchen.

29
Suche durch das Labyrinth den Weg von A nach E mit dem
a) kleinsten   b) größten Summenwert.

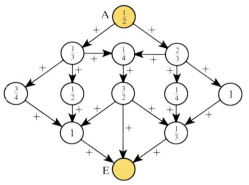

30
Rechne zum Mittelpunkt hin.

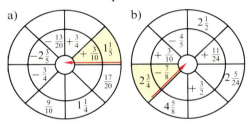

31
Jedes rote Quadrat nimmt $\frac{1}{20}$, jedes blaue $\frac{1}{15}$ und jedes grüne $\frac{1}{12}$ der Gesamtfläche ein. Welcher Teil des Rechtecks bleibt frei?

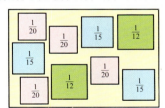

32
Übertrage das Zauberquadrat in dein Heft und fülle es aus.

a)
$\frac{1}{2}$	$\frac{2}{5}$	$\frac{3}{4}$	$\frac{1}{4}$
		$\frac{3}{10}$	
		$\frac{1}{5}$	$\frac{7}{10}$
$\frac{4}{5}$	$\frac{1}{10}$		

b)
$\frac{5}{8}$	$1\frac{1}{2}$		$\frac{7}{8}$
	$\frac{3}{4}$	$\frac{1}{2}$	
1		$1\frac{3}{8}$	
	$\frac{3}{8}$		2

Addieren und Subtrahieren ungleichnamiger Brüche

33
Übertrage ins Heft.
a) ↑ bedeutet $+\frac{1}{6}$
→ bedeutet $+\frac{2}{3}$

b) ↑ bedeutet $+\frac{1}{8}$
→ bedeutet $+\frac{3}{4}$

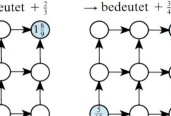

34
Florian kauft beim Metzger ein: 1 kg Gulasch, $\frac{1}{2}$ kg Hackfleisch, $\frac{1}{4}$ kg Schinken und 200 g Wurstaufschnitt.
Wie viel kg hat Florian zu tragen?

35
Unter günstigen Bedingungen weisen einige heimische Baumarten folgendes jährliches Längenwachstum auf: die Tanne etwa $\frac{1}{2}$ m, die Buche etwa $\frac{2}{5}$ m und die Eiche etwa $\frac{3}{10}$ m.
Berechne den Wachstumsunterschied
a) zwischen Tanne und Buche,
b) zwischen Tanne und Eiche und
c) zwischen Buche und Eiche.

36
Australien besteht zu $\frac{1}{25}$ aus Ackerland, zu 5 % aus Wald, zu 60 % aus Weideland und im Übrigen aus Ödland, vor allem Wüste. Welcher Bruchteil der Gesamtfläche ist dies?

Ayers Rock, Australien

37
Herr Süß kocht Marmelade aus $1\frac{1}{2}$ kg Johannisbeeren, $1\frac{1}{4}$ kg Rhabarber und $\frac{3}{4}$ kg Erdbeeren. Dazu nimmt er ebenso viel kg Zucker wie Früchte insgesamt.
Durch das Kochen verdampft $\frac{1}{10}$ kg Wasser.
Wie viel wiegt die fertige Marmelade?

38
Für ein Klassenfest mischen die Schülerinnen und Schüler der Klasse 6 ein Erfrischungsgetränk aus $3\frac{1}{2}$ l Orangensaft, $\frac{3}{4}$ l Limonade und 2 Flaschen Grapefruitsaft zu je $\frac{7}{10}$ l zusammen.
Welche Gesamtmenge erhalten sie?

Knobelei

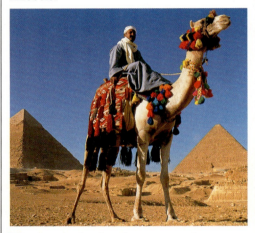

Ein alter Araber bestimmte vor seinem Tode, dass der erste seiner Freunde die Hälfte, der zweite den vierten und der dritte den fünften Teil seiner Kamele erben sollte. Da der Alte 19 Kamele hinterließ, konnten sich die drei Freunde nicht einigen. Sie wandten sich an einen Derwisch, der auf einem alten Kamel dahergeritten kam, und baten ihn um Hilfe.
Dieser sagte: „Ich will euch mein Kamel leihen." Nun nahm sich der erste die Hälfte von den 20 Kamelen heraus, der zweite $\frac{1}{4}$ und der dritte $\frac{1}{5}$. Zum Schluss blieb das Kamel des Derwischs übrig.
Der Derwisch bestieg es wieder und ritt davon. Alle waren zufrieden. Rechne nach.

3 Rechengesetze der Addition. Rechenvorteile

1
Wie viel Liter werden in jeden Eimer geschüttet?

Wie bei einer Summe von natürlichen Zahlen dürfen auch bei den Brüchen die Summanden vertauscht und beliebig zusammengefasst werden:

$\frac{4}{13} + \frac{7}{13} = \frac{7}{13} + \frac{4}{13} = \frac{11}{13}$ $\qquad (\frac{5}{11} + \frac{2}{11}) + \frac{6}{11} = \frac{5}{11} + (\frac{2}{11} + \frac{6}{11})$
$\qquad\qquad\qquad\qquad\qquad\qquad\qquad \frac{7}{11} \;\; + \frac{6}{11} = \frac{5}{11} + \;\;\; \frac{8}{11} \;\; = \frac{13}{11}.$

> **Vertauschungsgesetz (Kommutativgesetz)**
> Beim Addieren von Bruchzahlen dürfen die Summanden vertauscht werden.
> **Verbindungsgesetz (Assoziativgesetz)**
> Beim Addieren von Bruchzahlen dürfen die Summanden beliebig zusammengefasst werden.

Beispiele
Manche Summen kannst du geschickt berechnen, wenn du beide Rechengesetze anwendest.

a) $\quad \frac{1}{4} + \frac{1}{5} + \frac{3}{4}$ $\qquad\qquad$ b) $\quad \frac{2}{11} + \frac{3}{7} + \frac{2}{7}$ $\qquad\qquad$ c) $\quad \frac{2}{9} + (\frac{1}{4} + \frac{4}{9})$

$= \frac{1}{4} + \frac{3}{4} + \frac{1}{5}$ $\qquad\qquad\quad = \frac{2}{11} + (\frac{3}{7} + \frac{2}{7})$ $\qquad\qquad\quad = \frac{2}{9} + (\frac{4}{9} + \frac{1}{4})$

$= (\frac{1}{4} + \frac{3}{4}) + \frac{1}{5}$ $\qquad\qquad = \frac{2}{11} + \frac{5}{7}$ $\qquad\qquad\qquad\; = (\frac{2}{9} + \frac{4}{9}) + \frac{1}{4}$

$= 1\frac{1}{5}$ $\qquad\qquad\qquad\quad = \frac{14}{77} + \frac{55}{77} = \frac{69}{77}$ $\qquad\quad = \frac{2}{3} \;\; + \frac{1}{4} = \frac{11}{12}$

Beachte: Für die Subtraktion gilt weder das Vertauschungs- noch das Verbindungsgesetz.

Bemerkung: Beim Subtrahieren mehrerer Bruchzahlen kann man die Subtrahenden in einer Klammer addieren und diese Summe vom Minuend subtrahieren.

$\frac{8}{9} - \frac{1}{3} - \frac{1}{6} - \frac{1}{12} = \frac{8}{9} - \frac{4}{12} - \frac{2}{12} - \frac{1}{12}$
$\qquad\qquad\qquad\qquad = \frac{8}{9} - (\frac{4}{12} + \frac{2}{12} + \frac{1}{12}) = \frac{8}{9} - \frac{7}{12} = \frac{32}{36} - \frac{21}{36} = \frac{11}{36}$

Wie bei den natürlichen Zahlen gelten auch für Bruchzahlen die „Vorfahrtsregeln".

> Wir rechnen **von links nach rechts** und – wenn vorhanden – die **Klammern zuerst** aus.

Beispiele

d) $\quad \frac{1}{2} + \frac{1}{3} + \frac{1}{4}$ $\qquad\qquad\qquad\qquad$ e) $\; \frac{1}{2} + (\frac{1}{4} + \frac{1}{6}) + \frac{1}{12} = \frac{1}{2} + \frac{3+2}{12} + \frac{1}{12}$

$= \frac{3+2}{6} + \frac{1}{4} = \frac{5}{6} + \frac{1}{4}$ $\qquad\qquad\qquad\qquad\qquad\qquad\qquad\;\; = \frac{1}{2} + (\frac{5}{12} + \frac{1}{12})$

$= \frac{10+3}{12} = \frac{13}{12} = 1\frac{1}{12}$ $\qquad\qquad\qquad\qquad\qquad\qquad\qquad = \frac{1}{2} + \frac{6}{12} = \frac{1}{2} + \frac{1}{2} = 1$

Aufgaben

2
Rechne geschickt im Kopf.

a) $\frac{1}{2} + \frac{1}{3} + \frac{2}{3}$, $\qquad \frac{1}{2} + \frac{2}{3} + \frac{1}{3}$

b) $\frac{2}{5} + \frac{1}{4} + \frac{3}{4}$, $\qquad \frac{3}{4} + \frac{3}{5} + \frac{2}{5}$

c) $\frac{1}{2} + \frac{2}{3} + \frac{4}{3}$, $\qquad \frac{2}{5} + \frac{3}{4} + \frac{5}{4}$

3
Rechne geschickt im Kopf.

a) $\frac{1}{3} + \frac{5}{6} + \frac{7}{6}$, $\qquad \frac{3}{5} + \frac{7}{10} + \frac{23}{10}$

b) $\frac{1}{3} + \frac{1}{6} + \frac{1}{6}$, $\qquad \frac{1}{4} + \frac{3}{8} + \frac{3}{8}$

c) $\frac{2}{5} + \frac{4}{15} + \frac{8}{15}$, $\qquad \frac{1}{5} + \frac{3}{10} + \frac{1}{10}$

Rechengesetze der Addition. Rechenvorteile

4
Übertrage die Tabelle in dein Heft und fülle sie aus.

+	$\frac{1}{2}$	$\frac{1}{3}$	$\frac{1}{4}$	$\frac{1}{5}$
$\frac{1}{2}$				
$\frac{1}{3}$				
$\frac{1}{4}$				
$\frac{1}{5}$				

Woran kannst du in der Tabelle das Vertauschungsgesetz erkennen?

5
Nutze Rechenvorteile.
a) $\frac{3}{4} + \frac{3}{8} + \frac{1}{4}$ b) $\frac{5}{8} + \frac{1}{2} + \frac{3}{8}$
c) $\frac{5}{6} + \frac{2}{3} + \frac{1}{6}$ d) $\frac{4}{9} + \frac{1}{7} + \frac{5}{9}$
e) $\frac{3}{10} + \frac{1}{2} + \frac{2}{10}$ f) $\frac{4}{15} + \frac{1}{3} + \frac{1}{15}$

6
Rechenlabyrinth. Suche Wege und addiere wie im Beispiel: $\frac{1}{2} + 1\frac{1}{4} + \frac{2}{3} + \frac{4}{3} + \frac{5}{2}$.

a) 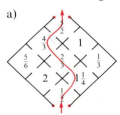 b)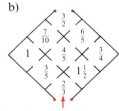

Welcher Weg gibt den höchsten, welcher den niedrigsten Summenwert?

7
Du kannst die Klammern geschickter setzen. Berechne dann.
a) $(\frac{1}{3} + \frac{7}{10}) + \frac{3}{10}$ b) $(\frac{3}{5} + \frac{1}{4}) + \frac{3}{4}$
c) $\frac{4}{7} + (\frac{3}{7} + \frac{1}{2})$ d) $\frac{3}{20} + (\frac{11}{20} + \frac{6}{10})$
e) $(\frac{6}{7} + \frac{2}{3}) + \frac{4}{3}$ f) $\frac{5}{14} + (\frac{3}{14} + \frac{3}{7})$

8
Berechne geschickt.
a) $\frac{3}{4} + 1\frac{1}{2} + \frac{1}{2}$ b) $\frac{2}{5} + 2\frac{1}{3} + \frac{2}{3}$
c) $\frac{2}{7} + 1\frac{1}{4} + 2\frac{3}{4}$ d) $\frac{3}{8} + 2\frac{1}{5} + 3\frac{4}{5}$
e) $1\frac{1}{8} + 2\frac{1}{2} + 3\frac{3}{8}$ f) $1\frac{2}{15} + 2\frac{1}{3} + 3\frac{8}{15}$

9
Berechne von links nach rechts und kürze, wo es möglich ist.
a) $\frac{1}{2} + \frac{1}{4} + \frac{1}{8}$ b) $\frac{1}{4} + \frac{1}{6} + \frac{1}{12}$
c) $\frac{1}{6} + \frac{3}{8} + \frac{5}{12}$ d) $\frac{1}{2} + \frac{1}{3} + \frac{1}{4}$
e) $\frac{3}{4} + \frac{5}{9} + \frac{7}{18}$ f) $\frac{2}{3} + \frac{3}{4} + \frac{4}{5}$
g) $\frac{7}{8} + \frac{9}{10} + \frac{11}{12}$ h) $\frac{19}{40} + \frac{2}{15} + \frac{7}{8}$

10
a) $\frac{2}{3} + \frac{3}{4} - \frac{5}{6} - \frac{1}{5}$ b) $\frac{8}{15} - \frac{7}{20} + \frac{7}{12} - \frac{3}{4}$
c) $\frac{2}{3} + \frac{11}{18} - \frac{23}{30} + \frac{6}{5}$ d) $\frac{1}{20} + \frac{2}{25} + \frac{3}{5} - \frac{1}{4}$
e) $\frac{17}{18} - \frac{13}{24} - \frac{3}{8} + \frac{7}{12}$ f) $\frac{17}{15} - \frac{31}{45} + \frac{9}{20} + \frac{19}{30}$
g) $\frac{5}{16} + \frac{5}{6} + \frac{5}{3} - \frac{25}{48}$ h) $\frac{11}{32} - \frac{7}{40} - \frac{9}{80} + \frac{17}{16}$

11
Rechne linksherum und rechtsherum. Überlege aber erst.

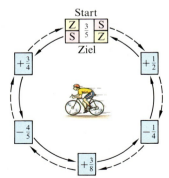

Englands ältestes Heckenlabyrinth „Hampton Court Maze" bei London (1690).

Rechengesetze der Addition. Rechenvorteile

12
Berechne im Kopf.
a) $1\frac{1}{4} + 2\frac{1}{4} + 3\frac{1}{4}$ b) $1\frac{1}{3} + 2\frac{1}{3} + 3\frac{1}{3}$
c) $2\frac{1}{2} + 3\frac{1}{2} + 4\frac{1}{2}$ d) $5\frac{1}{4} + 4\frac{3}{4} + 3\frac{3}{4}$
e) $5\frac{3}{10} + 3\frac{3}{10} - 1\frac{2}{5}$ f) $1\frac{1}{6} + 2\frac{1}{6} - 2\frac{1}{3}$
g) $2\frac{1}{5} + 4\frac{2}{5} - 3\frac{3}{10}$ h) $3\frac{3}{7} + 4\frac{2}{7} - 5\frac{1}{14}$

13
Rechne geschickt.
a) $1\frac{1}{2} + 2\frac{1}{3} + 3\frac{2}{3}$ b) $2\frac{2}{5} + 3\frac{1}{2} + 1\frac{1}{2}$
c) $2\frac{1}{5} + 1\frac{2}{3} + 3\frac{4}{5}$ d) $3\frac{2}{7} + 2\frac{1}{3} + 1\frac{5}{7}$
e) $\frac{1}{2} + 1\frac{1}{4} + 2\frac{1}{4}$ f) $\frac{1}{3} + 3\frac{1}{6} + 6\frac{1}{6}$
g) $3\frac{1}{2} + 3\frac{1}{5} + 3\frac{3}{10}$ h) $1\frac{4}{15} + 2\frac{1}{3} + 3\frac{2}{5}$

14
a) $3\frac{1}{2} + 1\frac{1}{5} - 2\frac{1}{2}$ b) $4\frac{2}{3} + 2\frac{3}{5} - 3\frac{2}{3}$
c) $4\frac{3}{4} + 2\frac{1}{5} - 1\frac{1}{5}$ d) $3\frac{3}{8} + 4\frac{2}{7} - 2\frac{2}{7}$
e) $4\frac{1}{4} + 2\frac{1}{4} - 1\frac{1}{8}$ f) $9\frac{1}{12} + 3\frac{1}{3} - 2\frac{1}{6}$
g) $5\frac{1}{4} + 4\frac{5}{12} - 3\frac{1}{6}$ h) $5\frac{1}{2} + 3\frac{3}{4} - 1\frac{1}{8}$

15
Setze Klammern so, dass das Ergebnis stimmt.
a) $\frac{5}{8} - \frac{1}{2} - \frac{1}{4} = \frac{3}{8}$
b) $\frac{7}{8} - \frac{1}{2} + \frac{1}{6} = \frac{5}{24}$
c) $\frac{7}{9} - \frac{5}{12} + \frac{1}{4} = \frac{1}{9}$
d) $11\frac{1}{2} - 8\frac{2}{3} - \frac{5}{6} = 3\frac{2}{3}$
e) $5\frac{2}{3} - 3\frac{1}{2} - \frac{5}{6} = 1\frac{1}{3}$

16
Fasse geschickt zusammen und berechne.
a) $\frac{2}{3} + \frac{1}{8} + \frac{5}{6} + \frac{3}{8}$ b) $\frac{1}{2} + \frac{5}{12} + \frac{7}{12} + \frac{3}{4}$
c) $\frac{1}{2} + \frac{3}{4} + \frac{1}{18} + \frac{1}{36}$ d) $2 + \frac{5}{6} + \frac{4}{11} - \frac{1}{33}$
e) $\frac{1}{9} + \frac{3}{15} + \frac{5}{18} + \frac{29}{30}$ f) $\frac{35}{88} + \frac{5}{11} + \frac{3}{4} + \frac{7}{8}$

17
Übertrage die Rechentreppe in dein Heft und ergänze die fehlenden Zahlen.

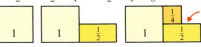

Experimentieren mit Brüchen

Subtrahiere und setze die Aufgaben fort.
a) $\frac{1}{2} - \frac{1}{3}$ b) $\frac{3}{4} - \frac{3}{5}$ c) $\frac{10}{11} - \frac{9}{10}$
   $\frac{1}{3} - \frac{1}{4}$ $\frac{3}{6} - \frac{3}{7}$ $\frac{9}{10} - \frac{8}{9}$
   $\frac{1}{4} - \frac{1}{5}$ $\frac{3}{7} - \frac{3}{8}$ $\frac{8}{9} - \frac{7}{8}$
   $\frac{1}{5} - \frac{1}{6}$ $\frac{3}{8} - \frac{3}{9}$ $\frac{7}{8} - \frac{6}{7}$
   $\vdots$ $\vdots$ $\vdots$

Berechne und setze fort.
$1 + \frac{1}{2},\ 1 + \frac{1}{2} + \frac{1}{4},\ 1 + \frac{1}{2} + \frac{1}{4} + \frac{1}{8},\ \ldots$

Erkennst du den Zusammenhang mit den Figuren? Was ergibt sich, wenn man immer mehr solcher Brüche addiert?

Berechne. Erkennst du eine Regel?
$3 - 1$
$3 - (1 + \frac{2}{3})$
$3 - (1 + \frac{2}{3} + \frac{4}{9})$
$3 - (1 + \frac{2}{3} + \frac{4}{9} + \frac{8}{27})$
$\ldots$

Wie geht es weiter? Vergleiche.
$\frac{3}{2} - 1$
$\frac{3}{2} - 1 - \frac{1}{3}$
$\frac{3}{2} - 1 - \frac{1}{3} - \frac{1}{9}$
$\frac{3}{2} - 1 - \frac{1}{3} - \frac{1}{9} - \frac{1}{27}$
$\ldots$

Schreibe die nächste Zeile ohne zu rechnen. Prüfe dann nach!
Berechne den Unterschied zwischen den Ergebnissen und $\frac{1}{2}$. Was fällt dir auf?
$1 - \frac{1}{2} = \frac{1}{2}$
$1 - \frac{1}{2} + \frac{1}{4} = \frac{3}{4}$
$1 - \frac{1}{2} + \frac{1}{4} - \frac{1}{8} = \frac{5}{8}$
$1 - \frac{1}{2} + \frac{1}{4} - \frac{1}{8} + \frac{1}{16} = \frac{11}{16}$
$1 - \frac{1}{2} + \frac{1}{4} - \frac{1}{8} + \frac{1}{16} - \frac{1}{32} = \frac{21}{32}$
$\ldots$

Rechengesetze der Addition. Rechenvorteile

18
Rechne in beide Richtungen.

a)   b)

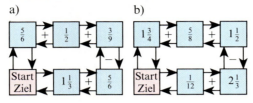

19
Wende das Verbindungs- und das Vertauschungsgesetz zweckmäßig an.

a) $\frac{1}{5} + 2 + \frac{1}{10} + 4 + \frac{7}{15}$

b) $5\frac{1}{12} + \frac{9}{8} + \frac{11}{24} + 1\frac{3}{4} + \frac{3}{2}$

c) $1\frac{6}{7} + \frac{4}{3} + \frac{20}{21} + \frac{6}{7} + \frac{35}{42}$

20
Fasse zuerst mehrere Subtrahenden zusammen und subtrahiere dann.

Beispiel: $1 - \frac{1}{2} - \frac{1}{4} - \frac{1}{8} = 1 - (\frac{4}{8} + \frac{2}{8} + \frac{1}{8})$
$= 1 - \frac{7}{8} = \frac{1}{8}$.

a) $1 - \frac{1}{3} - \frac{1}{4} - \frac{1}{12}$ b) $1 - \frac{1}{2} - \frac{1}{8} - \frac{5}{16}$

c) $2 - \frac{1}{10} - \frac{1}{20} - \frac{1}{80}$ d) $4 - \frac{2}{3} - \frac{5}{6} - \frac{11}{24}$

e) $3 - \frac{1}{5} - \frac{3}{25} - \frac{7}{75}$ f) $6\frac{1}{9} - \frac{4}{9} - \frac{3}{4} - \frac{29}{36}$

g) $12\frac{1}{6} - \frac{8}{15} - \frac{11}{10} - \frac{4}{3}$ h) $25 - \frac{21}{25} - \frac{31}{50} - \frac{51}{75}$

21
Fasse geschickt zusammen.

a) $\frac{1}{2} + \frac{3}{4} + \frac{2}{3} + \frac{5}{6} - \frac{1}{6}$

b) $\frac{2}{5} + 1\frac{1}{5} + \frac{7}{5} + 1 - \frac{9}{10}$

c) $1\frac{1}{3} + 2\frac{1}{3} + \frac{1}{2} + \frac{5}{6} - \frac{1}{3}$

d) $\frac{3}{100} + 2\frac{1}{10} + \frac{7}{10} + \frac{17}{100} - 1\frac{1}{10}$

22
Ein Holztransporter lädt drei Stämme von $3\frac{3}{4}$ t, $2\frac{1}{4}$ t und $3\frac{1}{4}$ t Gewicht. Wie schwer ist die Ladung insgesamt?

23
Ein Tankwagen für Milch lädt an 5 Stationen: $1\frac{1}{3}$ t, $2\frac{3}{4}$ t, $2\frac{1}{2}$ t, $1\frac{1}{6}$ t und $2\frac{3}{8}$ t. Ist sein Ladegewicht von 12 t überschritten?

24
Herr Maier ist Verkaufsfahrer. An einem Arbeitstag fährt er $3\frac{1}{4}$ h lang im Stadtverkehr und $2\frac{1}{2}$ h über Land. Für das Einladen braucht er $\frac{5}{4}$ h, zum Entladen 1 h 10 min. Wie lange war Herr Maier insgesamt unterwegs? Überschlage zuerst.

25
Frau Sonnenberg teilt ihre Wanderung in drei gleich lange Teilstrecken ein, die sie an den drei Tagen zurücklegen möchte. Am ersten Tag schafft sie ein Drittel mehr, am zweiten ein Viertel weniger als geplant. Wie viel bleibt ihr für den dritten Tag?

Ägyptische Bruchrechnung

In dem mehr als 3 500 Jahre alten ägyptischen Rechenbuch des AHMES wird bereits mit Brüchen gerechnet. Allerdings kommen nur Brüche mit dem Zähler 1 vor, so genannte Stammbrüche; andere Brüche werden als Summen von Stammbrüchen geschrieben.

Beispiele: $\frac{2}{7} = \frac{1}{4} + \frac{1}{28}$ $\frac{2}{9} = \frac{1}{5} + \frac{1}{45}$
$\frac{2}{11} = \frac{1}{6} + \frac{1}{66}$ $\frac{7}{8} = \frac{1}{2} + \frac{1}{4} + \frac{1}{8}$

Schreibe – wie die alten Ägypter – die folgenden Brüche als Summen, deren Summanden verschiedene Stammbrüche sind. Du musst etwas knobeln.

$\frac{3}{4}, \frac{5}{6}, \frac{3}{8}, \frac{7}{12}, \frac{5}{9}, \frac{11}{12}, \frac{17}{18}, \frac{19}{20}$

4 Vervielfachen von Brüchen

Kaffee – Eis

35 g Pulverkaffee
$\frac{1}{5}$ l süße Sahne
$\frac{3}{8}$ l Milch (3 Tassen)
$2\frac{1}{3}$ Esslöffel Zucker
$\frac{1}{4}$ Stange Vanille
2 Eigelb

Pulverkaffee, Milch, Eier und Vanille auf Stufe II unter Rühren aufkochen. Erkalten lassen. Sahne schlagen und unter die Masse ziehen. Gefrierzeit 2 Std.; in der ersten halben Std. wiederholt umrühren.

1
Frau Bachmann lädt ihre Freundinnen zur Geburtstagsparty ein. Zur Überraschung soll es Kaffee-Eis geben. Das Rezept fand sie im Kochbuch. Allerdings ist es dort für 4 Personen angegeben. Sie benötigt aber die Menge für 12 Personen, also die dreifache Menge. Rechne die Zutaten um.

Brüche können wir wie natürliche Zahlen vervielfachen.

$$5 \cdot \frac{3}{4} = \frac{3}{4} + \frac{3}{4} + \frac{3}{4} + \frac{3}{4} + \frac{3}{4} = \frac{3+3+3+3+3}{4} = \frac{5 \cdot 3}{4} = \frac{15}{4} = 3\frac{3}{4}$$

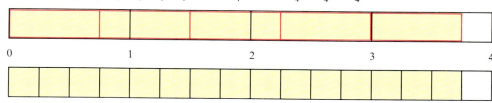

Beim **Vervielfachen** eines Bruches mit einer natürlichen Zahl **multipliziert** man den **Zähler** mit der Zahl und lässt den Nenner unverändert.

Beispiele

a) $2 \cdot \frac{3}{7} = \frac{2 \cdot 3}{7} = \frac{6}{7}$ b) $5 \cdot \frac{5}{8} = \frac{5 \cdot 5}{8} = \frac{25}{8} = 3\frac{1}{8}$

c) Brüche in gemischter Schreibweise werden vorher umgewandelt:
$6 \cdot 2\frac{4}{11} = 6 \cdot \frac{26}{11} = \frac{6 \cdot 26}{11} = \frac{156}{11} = 14\frac{2}{11}$.

Bemerkung: Wenn du vor dem Multiplizieren kürzt, kannst du die Rechnung vereinfachen:
$9 \cdot \frac{5}{6} = \frac{9 \cdot 5}{6} = \frac{3 \cdot 5}{2} = \frac{15}{2} = 7\frac{1}{2}$.

Aufgaben

2
Schreibe als Summe und rechne ausführlich.

a) $2 \cdot \frac{2}{5}$ b) $3 \cdot \frac{3}{10}$ c) $4 \cdot \frac{1}{7}$
d) $4 \cdot \frac{1}{2}$ e) $4 \cdot \frac{2}{3}$ f) $5 \cdot \frac{4}{5}$
g) $5 \cdot \frac{5}{8}$ h) $6 \cdot \frac{3}{4}$ i) $7 \cdot \frac{7}{9}$

3
Multipliziere im Kopf.

a) $4 \cdot \frac{1}{9}$ b) $7 \cdot \frac{1}{12}$ c) $3 \cdot \frac{2}{7}$
d) $5 \cdot \frac{2}{11}$ e) $2 \cdot \frac{4}{5}$ f) $6 \cdot \frac{6}{7}$
g) $8 \cdot \frac{2}{3}$ h) $7 \cdot \frac{3}{8}$ i) $9 \cdot \frac{7}{10}$
k) $4 \cdot \frac{1}{8}$ l) $6 \cdot \frac{5}{12}$ m) $12 \cdot \frac{3}{4}$
n) $8 \cdot \frac{5}{6}$ o) $10 \cdot \frac{7}{8}$ p) $9 \cdot \frac{11}{12}$

4
Berechne jeweils das Doppelte, Dreifache, Vierfache und Fünffache des Bruches.

a) $\frac{3}{4}$ b) $\frac{3}{10}$ c) $\frac{5}{6}$
d) $\frac{7}{11}$ e) $\frac{4}{3}$ f) $\frac{5}{2}$
g) $1\frac{1}{2}$ h) $1\frac{4}{9}$ i) $2\frac{11}{12}$

5
a) Wie groß ist das 24fache von
$\frac{1}{6}, \frac{3}{8}, \frac{10}{12}, \frac{13}{24}, \frac{19}{48}, \frac{23}{72}$?

b) Wie groß ist das 100fache von
$\frac{1}{2}, \frac{3}{4}, \frac{5}{4}, \frac{19}{20}, \frac{41}{50}, 1\frac{1}{2}$?

c) Wie groß ist das 180fache von
$\frac{1}{3}, \frac{5}{6}, \frac{13}{18}, \frac{11}{30}, \frac{4}{45}, \frac{7}{36}$?

Vervielfachen von Brüchen

6 Kürze – wenn möglich – vor dem Multiplizieren.
a) $4 \cdot \frac{1}{2}$ b) $8 \cdot \frac{3}{4}$ c) $9 \cdot \frac{2}{3}$
d) $6 \cdot \frac{5}{11}$ e) $5 \cdot \frac{9}{10}$ f) $8 \cdot \frac{5}{24}$
g) $5 \cdot \frac{7}{8}$ h) $15 \cdot \frac{13}{20}$ i) $24 \cdot \frac{11}{36}$

7 Multipliziere die Größen mit der Zahl.
a) $3 \cdot \frac{1}{2}$ kg b) $4 \cdot \frac{3}{4}$ kg c) $8 \cdot \frac{7}{10}$ m
d) $4 \cdot \frac{4}{5}$ m e) $6 \cdot \frac{3}{4}$ l f) $5 \cdot 1\frac{3}{4}$ l
g) $10 \cdot 2\frac{1}{8}$ m² h) $9 \cdot 2\frac{1}{3}$ m² i) $15 \cdot 1\frac{7}{10}$ m²

8 Setze die richtigen Zahlen ein.
a) $5 \cdot \frac{\square}{7} = \frac{10}{7}$ b) $3 \cdot \frac{\square}{5} = \frac{12}{5}$
c) $7 \cdot \frac{\square}{20} = \frac{49}{20}$ d) $8 \cdot \frac{\square}{15} = \frac{56}{15}$
e) $16 \cdot \frac{\square}{35} = 1\frac{13}{35}$ f) $15 \cdot \frac{\square}{16} = 4\frac{11}{16}$

9 Hier wurde gekürzt.
a) $3 \cdot \frac{5}{\square} = \frac{5}{3}$ b) $5 \cdot \frac{9}{\square} = \frac{9}{2}$
c) $5 \cdot \frac{7}{\square} = \frac{7}{8}$ d) $12 \cdot \frac{5}{\square} = \frac{20}{3}$
e) $18 \cdot \frac{5}{\square} = \frac{30}{7}$ f) $30 \cdot \frac{9}{\square} = \frac{54}{7}$

10 Ergänze. Es gibt mehrere Möglichkeiten.
a) $7 \cdot \frac{\square}{\square} = \frac{56}{11}$ b) $11 \cdot \frac{\square}{12} = \frac{77}{\square}$
c) $8 \cdot \frac{6}{\square} = \frac{\square}{7}$ d) $\square \cdot \frac{13}{15} = \frac{78}{\square}$
e) $15 \cdot \frac{\square}{\square} = \frac{35}{3}$ f) $20 \cdot \frac{\square}{14} = \frac{90}{\square}$

11 Unterscheide das Vervielfachen von Brüchen vom Erweitern.
Vervielfachen mit 4:   Erweitern mit 4:
$4 \cdot \frac{2}{9} = \frac{4 \cdot 2}{9} = \frac{8}{9}$ $\frac{2}{9} = \frac{2 \cdot 4}{9 \cdot 4} = \frac{8}{36}$.
a) Vervielfache und erweitere mit 4.
$\frac{1}{4}, \frac{3}{7}, \frac{9}{16}, \frac{25}{34}, \frac{52}{65}$
b) Vervielfache und erweitere mit 15.
$\frac{1}{2}, \frac{1}{3}, \frac{1}{5}, \frac{3}{10}, \frac{7}{12}$

12 Wie oft ist der Bruch enthalten?
a) $\frac{3}{4}$ in $1\frac{1}{2}, 3, \frac{15}{4}, \frac{15}{2}$ b) $\frac{2}{3}$ in $2, \frac{8}{3}, \frac{10}{3}, 5\frac{1}{3}$
c) $\frac{5}{6}$ in $\frac{5}{6}, \frac{25}{6}, 5, \frac{25}{3}$ d) $\frac{4}{7}$ in $\frac{12}{7}, \frac{96}{7}, \frac{144}{7}, 12$

13
a) Kannst du die Bruchzahl $\frac{7}{8}$ so vervielfachen, dass du als Produkt eine natürliche Zahl erhältst? Gib 3 Möglichkeiten an.
b) Welche Vielfachen von $\frac{3}{20}$ liegen zwischen den beiden Zahlen 2 und 3?
c) Der Bruch $\frac{4}{9}$ soll mit einer natürlichen Zahl multipliziert werden. Das Ergebnis soll eine natürliche Zahl sein. Es gibt mehrere Möglichkeiten.

14 Winzige Pflanzenzellen werden nacheinander unter einem Mikroskop mit 20facher, 25facher und 75facher Vergrößerung betrachtet.
Berechne jeweils die Bildgrößen, wenn die Zellen $\frac{1}{5}$ mm, $\frac{1}{10}$ mm und $\frac{1}{15}$ mm groß sind.

15 Petra trainiert in der Woche dreimal $1\frac{1}{2}$ Stunden Tennis, Sven dagegen fünfmal eine Dreiviertelstunde.
Wer trainiert in der Woche mehr?

16 In einem Kasten mit Kunststoff-Mehrwegflaschen sind 9 Flaschen zu je $1\frac{1}{2}$ Liter Inhalt.
Wie viel Liter sind es insgesamt?

17 Peter und seine Freunde trinken nach dem Sport 5 Flaschen Saft zu je $\frac{7}{10}$ l.
Wie viel Liter Saft haben sie zusammen getrunken?

18 Auf der Ladefläche eines LKW stehen in der Breite 4 Paletten und in der Länge 6 Paletten. Jede Palette wiegt $\frac{3}{8}$ Tonnen.
Wie schwer ist die gesamte Ladung?

5 Teilen von Brüchen

1
Am Ende des Klassenfestes teilt der Aufräumdienst die Reste unter sich auf. Alexander und Salvatore teilen sich einen Liter Fruchtbowle, Tanja, Silvia und Martin eine halbe Schüssel Schokoladencreme, Birgit und Jochen stürzen sich auf $1\frac{1}{2}$ Packungen Chips. Welche Bruchteile entstehen?

Brüche lassen sich durch natürliche Zahlen teilen.
Wenn die natürliche Zahl ein Teiler des Zählers ist, wie im Beispiel $\frac{8}{9}:4$, erkennen wir:

$$\frac{8}{9}:4 = \frac{8:4}{9} = \frac{2}{9}.$$

Soll $\frac{4}{5}$ einer Fläche durch 3 geteilt werden, so lässt sich mit Hilfe einer Unterteilung das Ergebnis wieder als Bruch schreiben:

$$\frac{4}{5}:3 = \frac{4\cdot 3}{5\cdot 3}:3 = \frac{(4\cdot 3):3}{5\cdot 3} = \frac{4}{5\cdot 3} = \frac{4}{15}.$$

Um den Bruch $\frac{4}{5}$ durch 3 teilen zu können, erweitert man ihn mit der Zahl 3. Dann lässt sich der Zähler durch 3 dividieren. Die Division durch 3 bedeutet also, dass der Nenner mit 3 vervielfacht wird.

> Beim Teilen eines Bruches durch eine natürliche Zahl wird in der Regel der **Nenner** mit der Zahl multipliziert. Der Zähler bleibt unverändert.
> Ist aber der **Zähler** durch die Zahl teilbar, wird im Zähler dividiert. Der Nenner bleibt dann unverändert.

Beispiele
a) $\frac{5}{7}:6 = \frac{5}{7\cdot 6} = \frac{5}{42}$ b) $7\frac{1}{5}:5 = \frac{36}{5}:5 = \frac{36}{5\cdot 5} = \frac{36}{25} = 1\frac{11}{25}$
c) Bei $\frac{12}{13}:3$ lässt sich der Zähler dividieren: $\frac{12:3}{13} = \frac{4}{13}$.

Bemerkung: Vor dem Multiplizieren soll möglichst gekürzt werden.
$\frac{6}{7}:9 = \frac{6}{7\cdot 9} = \frac{2}{7\cdot 3} = \frac{2}{21}$

Aufgaben

2
Schreibe als Division und berechne:
a) $\frac{4}{3}$ geteilt durch 2   b) $\frac{15}{6}$ geteilt durch 3
c) $\frac{8}{3}$ geteilt durch 4   d) $\frac{10}{7}$ geteilt durch 5
e) $\frac{1}{4}$ geteilt durch 6   f) $\frac{1}{5}$ geteilt durch 7.

3
Rechne im Kopf.
a) $\frac{4}{5}:2$, $\frac{6}{11}:2$, $\frac{10}{13}:2$ b) $\frac{9}{10}:3$, $\frac{12}{14}:3$, $\frac{15}{19}:3$
c) $\frac{6}{7}:6$, $\frac{18}{20}:6$, $\frac{30}{37}:6$ d) $\frac{1}{2}:3$, $\frac{1}{3}:4$, $\frac{1}{4}:5$
e) $\frac{3}{7}:4$, $\frac{3}{5}:4$, $\frac{5}{8}:3$ f) $\frac{2}{5}:4$, $\frac{3}{8}:4$, $\frac{3}{8}:5$, $\frac{7}{9}:4$

Teilen von Brüchen

:	2	5	12	20
$\frac{2}{5}$				
$\frac{5}{9}$				
$\frac{24}{7}$				
$\frac{40}{41}$				
$\frac{72}{85}$				
$\frac{80}{111}$				
$\frac{15}{144}$				

4
Wie groß ist
a) die Hälfte von einem Drittel?
b) die Hälfte von einer Hälfte?
c) der dritte Teil von einem Viertel?
d) der vierte Teil von einem Drittel?
e) die Hälfte von einem Fünftel?
f) der dritte Teil von einem Achtel?

5
Achte auf das Kürzen.
a) $\frac{3}{4}:3$ b) $\frac{3}{4}:6$ c) $\frac{3}{4}:18$
d) $\frac{6}{7}:2$ e) $\frac{6}{7}:12$ f) $\frac{8}{7}:12$
g) $\frac{6}{11}:9$ h) $\frac{6}{11}:18$ i) $\frac{9}{11}:27$
k) $\frac{3}{4}:60$ l) $\frac{12}{15}:60$ m) $\frac{36}{39}:72$

6
Führe zur Probe die Multiplikation durch.
Beispiel: $\frac{2}{5}:3=\frac{2}{15}$ $3\cdot\frac{2}{15}=\frac{6}{15}=\frac{2}{5}$.

a) $\frac{4}{9}:8$ b) $\frac{3}{17}:15$ c) $\frac{7}{10}:21$
d) $\frac{6}{7}:24$ e) $\frac{8}{11}:12$ f) $\frac{9}{11}:8$
g) $\frac{12}{17}:8$ h) $\frac{9}{14}:9$ i) $\frac{16}{17}:20$
k) $\frac{13}{20}:26$ l) $\frac{10}{19}:25$ m) $\frac{25}{27}:30$

7
Dividiere
a) $\frac{4}{5}$ durch 1, 2, 3, 4, 5, 6.
b) $\frac{1}{2}$ durch 2, 4, 8, 16, 32.
c) $\frac{5}{6}$ durch 3, 5, 6, 10, 45.
d) $\frac{2}{3}$ durch 5, 10, 20, 40, 100.

8
Rechne mit Größen. Gib das Ergebnis auch in der nächstkleineren Einheit an.
a) Wie viel ist die Hälfte von $\frac{3}{4}$ kg?
b) Wie viel ist ein Viertel von einer halben Stunde?
c) Wie viel ist ein Zehntel von einem halben Kilometer?
d) Wie viel ist der achte Teil von $\frac{1}{5}$ Liter?
e) Wie viel ist ein Drittel von $1\frac{1}{2}$ Tonnen?
f) Wie viel ist ein Fünftel von $\frac{1}{2}$ Hektar?
g) Wie viel ist ein Viertel von einem viertel Hektoliter?

9
Dividiere.
a) $\frac{5}{6}$ m² : 2   b) $\frac{7}{8}$ kg : 5
c) $2\frac{1}{2}$ t : 40   d) $3\frac{3}{4}$ m² : 6
e) $2\frac{3}{8}$ dm : 19   f) $4\frac{4}{11}$ ha : 24
g) $12\frac{3}{4}$ hl : 15   h) $17\frac{1}{4}$ t : 48

10
Ersetze die Kästchen durch die passenden Zahlen.
a) $\frac{2}{3}:\square=\frac{2}{9}$ b) $\frac{5}{6}:\square=\frac{5}{24}$
c) $\frac{\square}{7}:4=\frac{5}{28}$ d) $\frac{\square}{13}:9=\frac{2}{117}$
e) $\frac{6}{\square}:5=\frac{6}{35}$ f) $\frac{6}{\square}:5=\frac{3}{35}$

11
Unterscheide das Teilen vom Kürzen.
Division mit 3:   Kürzen mit 3:
$\frac{15}{18}:3=\frac{15}{18\cdot 3}=\frac{5}{18}$ $\frac{15}{18}=\frac{15:3}{18:3}=\frac{5}{6}$

a) Dividiere durch 5 und kürze mit 5.
$\frac{5}{45}, \frac{25}{90}, \frac{100}{135}, \frac{185}{10}$
b) Dividiere durch 8 und kürze mit 8.
$\frac{24}{32}, \frac{40}{88}, \frac{96}{72}, \frac{288}{112}$

12
a) 10 l Heizöl wiegen $8\frac{3}{4}$ kg. Wie viel wiegt 1 Liter Heizöl?
b) 10 l Benzin wiegen $7\frac{1}{2}$ kg. Wie viel wiegt 1 Liter Benzin?
c) 5 l Milch wiegen $5\frac{3}{20}$ kg. Berechne das Gewicht von 1 Liter Milch.
d) 8 dm³ Beton wiegen $19\frac{1}{5}$ kg. Berechne das Gewicht von 1 dm³ Beton.

13
Für einen 5 km langen Rundweg gibt der Wanderführer $1\frac{1}{2}$ h Wanderzeit an. Welche Zeit wird für einen Kilometer veranschlagt?

14
Heiner und Toni vergleichen ihre Laufleistungen. Toni läuft $3\frac{1}{2}$ km in 15 Minuten, Heiner $5\frac{1}{4}$ km in 21 Minuten. Wer läuft schneller?

6 Multiplizieren von Brüchen

1
In der Klasse 6b der Eichendorff-Realschule sind insgesamt 30 Kinder. $\frac{2}{5}$ der Klasse fehlte bisher im laufenden Schuljahr wegen Krankheit, $\frac{1}{3}$ von ihnen sogar mehr als einen Tag. Wie viele Schülerinnen und Schüler waren länger als einen Tag krank?

2
Ein Schulgarten wird neu bepflanzt. $\frac{3}{4}$ der Gesamtfläche soll als Freilandfläche angelegt werden, davon $\frac{1}{5}$ als Gemüsebeete. Wie groß ist der Anteil der Gemüsebepflanzung am gesamten Schulgarten? Zeichne.

Bruchteile von Bruchteilen können wir durch Teilen und Vervielfachen bestimmen.
$\frac{2}{3}$ von $\frac{4}{5}$ kannst du dir so vorstellen:

$\frac{4}{5}$ in 3 Teile teilen

2 Teile davon

Du erkennst: $\frac{8}{15}$ ist der Bruch, der aus $\frac{2}{3}$ und $\frac{4}{5}$ durch die Multiplikation der zwei Zähler und der zwei Nenner entsteht.

Wir nennen diesen Rechenvorgang die **Multiplikation der Brüche**. $\frac{2}{3} \cdot \frac{4}{5} = \frac{2 \cdot 4}{3 \cdot 5} = \frac{8}{15}$.

> Bruchzahlen werden miteinander **multipliziert**, indem man Zähler mit Zähler und Nenner mit Nenner multipliziert.

Beispiele

a) $\frac{3}{7} \cdot \frac{2}{5} = \frac{3 \cdot 2}{7 \cdot 5} = \frac{6}{35}$ b) $\frac{3}{5} \cdot \frac{7}{4} = \frac{3 \cdot 7}{5 \cdot 4} = \frac{21}{20} = 1\frac{1}{20}$ c) $2\frac{3}{4} \cdot 1\frac{2}{3} = \frac{11}{4} \cdot \frac{5}{3} = \frac{11 \cdot 5}{4 \cdot 3} = \frac{55}{12} = 4\frac{7}{12}$

d) Wenn du vor dem Multiplizieren kürzt, kannst du dir die Rechnung häufig vereinfachen:
$\frac{27}{40} \cdot \frac{16}{21} = \frac{27 \cdot 16}{40 \cdot 21} = \frac{3 \cdot 9 \cdot 8 \cdot 2}{8 \cdot 5 \cdot 3 \cdot 7} = \frac{9 \cdot 2}{5 \cdot 7} = \frac{18}{35}$.

Bemerkung: Ist ein Faktor eine natürliche Zahl, so können wir diese auch als Bruch schreiben und dann multiplizieren: $\frac{5}{6} \cdot 4 = \frac{5}{6} \cdot \frac{4}{1} = \frac{5 \cdot 2}{3 \cdot 1} = \frac{10}{3} = 3\frac{1}{3}$.

Aufgaben

3
Zeichne ein passendes Rechteck zu jeder Aufgabe und gib die Lösung an.

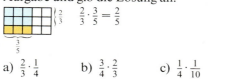

a) $\frac{2}{3} \cdot \frac{1}{4}$ b) $\frac{3}{4} \cdot \frac{2}{3}$ c) $\frac{1}{4} \cdot \frac{1}{10}$

4
Schreibe als Produkt und berechne.
$\frac{1}{3}$ von $\frac{4}{5} = \frac{1}{3} \cdot \frac{4}{5} = \frac{1 \cdot 4}{3 \cdot 5} = \frac{4}{15}$

a) $\frac{1}{4}$ von $\frac{3}{5}$ b) $\frac{2}{5}$ von $\frac{6}{7}$

c) $\frac{3}{5}$ von $\frac{3}{4}$ d) $\frac{2}{3}$ von $\frac{4}{5}$

e) $\frac{4}{5}$ von $\frac{2}{7}$ f) $\frac{2}{3}$ von $\frac{5}{11}$

Multiplizieren von Brüchen

In der Figur siehst du, wie Adam Riese vor über 400 Jahren seinen Zeitgenossen das Multiplizieren von Bruchzahlen erklärt hat.

5 Rechne im Kopf.

a) $\frac{1}{4} \cdot \frac{1}{5}$ $\quad$ b) $\frac{1}{2} \cdot \frac{2}{3}$ $\quad$ c) $\frac{3}{7} \cdot \frac{3}{8}$

$\frac{1}{5} \cdot \frac{1}{6}$ $\qquad$ $\frac{2}{3} \cdot \frac{3}{4}$ $\qquad$ $\frac{7}{9} \cdot \frac{7}{10}$

$\frac{1}{6} \cdot \frac{1}{7}$ $\qquad$ $\frac{3}{4} \cdot \frac{4}{5}$ $\qquad$ $\frac{7}{5} \cdot \frac{4}{5}$

6 Multipliziere im Kopf.

a) $\frac{3}{5} \cdot \frac{4}{7}$ $\quad$ b) $\frac{2}{7} \cdot \frac{5}{11}$ $\quad$ c) $\frac{10}{7} \cdot \frac{5}{9}$

$\frac{5}{6} \cdot \frac{3}{8}$ $\qquad$ $\frac{5}{12} \cdot \frac{1}{3}$ $\qquad$ $\frac{12}{5} \cdot \frac{7}{11}$

$\frac{4}{5} \cdot \frac{6}{7}$ $\qquad$ $\frac{8}{9} \cdot \frac{7}{10}$ $\qquad$ $\frac{11}{12} \cdot \frac{7}{6}$

7 Rechne. Kürze, wenn möglich.

a) $\frac{3}{2} \cdot \frac{5}{4}$ $\quad$ b) $\frac{5}{6} \cdot \frac{3}{5}$ $\quad$ c) $\frac{7}{8} \cdot \frac{3}{10}$

$\frac{6}{7} \cdot \frac{9}{8}$ $\qquad$ $\frac{8}{3} \cdot \frac{3}{4}$ $\qquad$ $\frac{9}{7} \cdot \frac{5}{11}$

$\frac{2}{9} \cdot \frac{1}{4}$ $\qquad$ $\frac{10}{7} \cdot \frac{7}{5}$ $\qquad$ $\frac{3}{14} \cdot \frac{7}{9}$

d) $\frac{12}{5} \cdot \frac{8}{15}$ $\quad$ e) $\frac{7}{11} \cdot \frac{22}{14}$ $\quad$ f) $\frac{21}{52} \cdot \frac{4}{35}$

$\frac{7}{8} \cdot \frac{16}{21}$ $\qquad$ $\frac{16}{17} \cdot \frac{4}{3}$ $\qquad$ $\frac{34}{21} \cdot \frac{17}{51}$

$\frac{8}{25} \cdot \frac{15}{4}$ $\qquad$ $\frac{36}{15} \cdot \frac{10}{24}$ $\qquad$ $\frac{12}{44} \cdot \frac{55}{60}$

8

a) $\frac{15}{16} \cdot \frac{12}{25}$ $\quad$ b) $\frac{7}{25} \cdot \frac{15}{28}$ $\quad$ c) $\frac{42}{45} \cdot \frac{18}{28}$

$\frac{9}{16} \cdot \frac{8}{15}$ $\qquad$ $\frac{18}{35} \cdot \frac{7}{24}$ $\qquad$ $\frac{30}{17} \cdot \frac{34}{5}$

$\frac{10}{17} \cdot \frac{3}{5}$ $\qquad$ $\frac{39}{27} \cdot \frac{36}{13}$ $\qquad$ $\frac{27}{55} \cdot \frac{40}{9}$

d) $\frac{19}{81} \cdot \frac{27}{38}$ $\quad$ e) $\frac{25}{13} \cdot \frac{39}{125}$ $\quad$ f) $\frac{60}{77} \cdot \frac{98}{144}$

$\frac{24}{66} \cdot \frac{11}{48}$ $\qquad$ $\frac{56}{9} \cdot \frac{7}{32}$ $\qquad$ $\frac{88}{52} \cdot \frac{39}{121}$

$\frac{49}{12} \cdot \frac{60}{63}$ $\qquad$ $\frac{69}{60} \cdot \frac{48}{23}$ $\qquad$ $\frac{125}{72} \cdot \frac{108}{375}$

9
a) Wie viel sind zwei drittel von einem halben Liter?
b) Wie viel sind ein drittel von drei viertel Kilogramm?
c) Wie viel sind drei viertel von einem halben Liter?
d) Wie viel sind vier fünftel von drei viertel Kilometern?
e) Wie viel sind zwei drittel von einer Dreiviertelstunde?

10 Wie viel sind

a) $\frac{2}{3}$ von $\frac{1}{2}$ kg $\quad$ b) $\frac{2}{5}$ von $\frac{7}{8}$ t

c) $\frac{3}{2}$ von $\frac{3}{4}$ km $\quad$ d) $\frac{5}{6}$ von 9 m³

e) $\frac{3}{4}$ von $1\frac{1}{2}$ l $\quad$ f) $\frac{3}{8}$ von $2\frac{1}{2}$ dm² ?

11 Ein Faktor ist eine natürliche Zahl.

a) $\frac{4}{5} \cdot 7$ $\quad$ b) $\frac{6}{13} \cdot 8$ $\quad$ c) $\frac{11}{14} \cdot 10$

$\frac{5}{7} \cdot 4$ $\qquad$ $\frac{7}{11} \cdot 6$ $\qquad$ $12 \cdot \frac{17}{18}$

$\frac{4}{7} \cdot 5$ $\qquad$ $4 \cdot \frac{8}{15}$ $\qquad$ $14 \cdot \frac{16}{21}$

12 Berechne und vergleiche.

a) $\frac{1}{4} + \frac{1}{4}, \; \frac{1}{4} \cdot \frac{1}{4}$ $\quad$ b) $\frac{5}{7} + \frac{5}{7}, \; \frac{5}{7} \cdot \frac{5}{7}$

c) $\frac{4}{9} + \frac{3}{9}, \; \frac{4}{9} \cdot \frac{3}{9}$ $\quad$ d) $\frac{8}{15} + \frac{7}{15}, \; \frac{8}{15} \cdot \frac{7}{15}$

e) $\frac{10}{3} + \frac{25}{3}, \; \frac{10}{3} \cdot \frac{25}{3}$ $\quad$ f) $\frac{5}{6} + \frac{6}{5}, \; \frac{5}{6} \cdot \frac{6}{5}$

g) $\frac{8}{24} + \frac{1}{18}, \; \frac{8}{24} \cdot \frac{1}{18}$ $\quad$ h) $\frac{5}{6} + \frac{2}{7}, \; \frac{5}{6} \cdot \frac{2}{7}$

i) $4 + \frac{2}{3}, \; 4 \cdot \frac{2}{3}$ $\quad$ k) $6 + \frac{5}{12}, \; 6 \cdot \frac{5}{12}$

13 Ersetze das Kästchen durch den entsprechenden Bruch.

a) $\frac{8}{15} = \frac{4}{5} \cdot \square$ $\quad$ b) $\frac{9}{20} = \frac{3}{4} \cdot \square$

c) $\frac{10}{27} = \square \cdot \frac{2}{3}$ $\quad$ d) $\frac{3}{14} = \square \cdot \frac{3}{7}$

e) $\frac{10}{21} = \frac{2}{3} \cdot \square$ $\quad$ f) $\frac{20}{99} = \square \cdot \frac{4}{9}$

14 Schreibe ins Heft und setze ein.

a) $\frac{4}{7} \cdot \frac{5}{9} = \frac{\square}{63}$ $\quad$ b) $\frac{\square}{9} \cdot \frac{4}{7} = \frac{4}{63}$

c) $\frac{5}{3} \cdot \frac{3}{11} = \frac{15}{88}$ $\quad$ d) $\frac{6}{13} \cdot \frac{\square}{5} = \frac{72}{65}$

e) $\frac{5}{7} \cdot \frac{\square}{7} = \frac{30}{49}$ $\quad$ f) $\frac{5}{10} \cdot \frac{3}{4} = \frac{21}{\square}$

15 Hier wurde zusätzlich gekürzt.

a) $\frac{2}{5} \cdot \frac{8}{\square} = \frac{8}{25}$ $\quad$ b) $\frac{3}{\square} \cdot \frac{7}{9} = \frac{7}{12}$

c) $\frac{8}{5} \cdot \frac{\square}{12} = \frac{16}{15}$ $\quad$ d) $\frac{\square}{8} \cdot \frac{12}{25} = \frac{3}{10}$

e) $\frac{14}{27} \cdot \frac{3}{\square} = \frac{7}{18}$ $\quad$ f) $\frac{15}{\square} \cdot \frac{13}{12} = \frac{5}{8}$

Multiplizieren von Brüchen

·	$\frac{4}{5}$	$\frac{3}{7}$	$\frac{5}{9}$	$\frac{8}{11}$
$\frac{5}{2}$				
$\frac{7}{8}$				
$\frac{16}{5}$				
$\frac{1}{40}$				
$\frac{3}{13}$				
$\frac{10}{11}$				
$\frac{22}{45}$				

16
Setze ein. Es gibt mehrere Lösungen.
a) $\frac{5}{\Box} \cdot \frac{\Box}{9} = \frac{5}{18}$
b) $\frac{\Box}{15} \cdot \frac{12}{\Box} = \frac{84}{120}$
c) $\frac{3}{7} \cdot \frac{\Box}{\Box} = \frac{57}{119}$
d) $\frac{\Box}{\Box} \cdot \frac{2}{3} = 10$
e) $\frac{\Box}{5} \cdot \Box = \frac{49}{5}$
f) $\frac{\Box}{\Box} \cdot \frac{\Box}{\Box} = \frac{169}{256}$

17
Wähle Zähler und Nenner des 1. Faktors so, dass das Produkt kleiner als 1 wird.

Zähler	1	□	□	□	□	□	□
Nenner	2	□	□	□	□	□	□
2. Faktor	$\cdot \frac{8}{7}$	$\cdot \frac{8}{7}$	$\cdot \frac{8}{7}$	$\cdot \frac{8}{7}$	$\cdot \frac{3}{2}$	$\cdot \frac{3}{2}$	$\cdot \frac{3}{2}$
Ergebnis	$\frac{4}{7}$	□	□	□	□	□	□

18
Berechne wie im Beispiel:
$7\frac{1}{8} \cdot 5 = \frac{57 \cdot 5}{8 \cdot 1} = \frac{285}{8} = 35\frac{5}{8}$.
a) $2\frac{1}{5} \cdot 10$
b) $1\frac{3}{4} \cdot 8$
c) $13 \cdot 2\frac{1}{3}$
d) $3\frac{2}{3} \cdot 9$
e) $5 \cdot 5\frac{3}{10}$
f) $6\frac{1}{9} \cdot 12$

19
Multipliziere wie im Beispiel:
$\frac{4}{5} \cdot 3\frac{1}{6} = \frac{4}{5} \cdot \frac{19}{6} = \frac{2 \cdot 19}{5 \cdot 3} = \frac{38}{15} = 2\frac{8}{15}$.
a) $\frac{3}{8} \cdot 1\frac{7}{9}$
b) $\frac{6}{7} \cdot 5\frac{2}{3}$
c) $\frac{5}{6} \cdot 1\frac{1}{2}$
d) $\frac{2}{3} \cdot 3\frac{3}{4}$
e) $\frac{3}{2} \cdot 2\frac{7}{12}$
f) $\frac{9}{8} \cdot 2\frac{2}{27}$

20
Multipliziere die gemischten Zahlen.
Beispiel: $2\frac{1}{2} \cdot 3\frac{1}{3} = \frac{5 \cdot 10}{2 \cdot 3} = \frac{5 \cdot 5}{1 \cdot 3} = \frac{25}{3} = 8\frac{1}{3}$.
a) $2\frac{1}{7} \cdot 7\frac{1}{2}$
b) $4\frac{4}{5} \cdot 2\frac{2}{9}$
c) $7\frac{1}{5} \cdot 4\frac{1}{5}$
d) $11\frac{1}{9} \cdot 9\frac{1}{11}$

21
Rechenspiel mit 4 Würfeln.
Würfle und bilde aus den vier Augenzahlen zwei Brüche und multipliziere sie.
a) Wer hat das am nächsten an der Zahl 1 liegende Ergebnis?
b) Wer hat das größte, wer das kleinste Ergebnis?

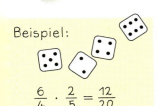
Beispiel: $\frac{6}{4} \cdot \frac{2}{5} = \frac{12}{20}$

22
Übertrage ins Heft und fülle aus.

·	$\frac{1}{6}$	$\frac{4}{5}$	$\frac{10}{11}$	$\frac{9}{25}$	$\frac{8}{13}$
$1\frac{1}{2}$	$\frac{1}{4}$				
$5\frac{3}{4}$					

23
a) Multipliziere. Was stellst du fest?
$\frac{5}{11} \cdot \frac{11}{5}$, $\frac{1}{3} \cdot \frac{3}{1}$, $\frac{8}{9} \cdot \frac{9}{8}$, $\frac{7}{2} \cdot \frac{2}{7}$, $\frac{1}{12} \cdot 12$, $\frac{35}{62} \cdot \frac{62}{35}$
b) Welchen Bruch kannst du einsetzen?
$\frac{4}{5} \cdot \Box = 1$ $\Box \cdot \frac{7}{8} = 1$ $6 \cdot \Box = 1$
$\frac{8}{5} \cdot \Box = 1$ $\frac{9}{9} \cdot \Box = 1$ $\Box \cdot 1\frac{3}{5} = 1$

24
a) Berechne das Produkt aus den Faktoren $\frac{7}{12}$ und $\frac{27}{35}$.
b) Mit welcher Zahl muss man $\frac{1}{2}$ multiplizieren, um $\frac{6}{11}$ zu erhalten?
c) Der Wert eines Produkts beträgt 2. Ein Faktor heißt $\frac{4}{5}$. Berechne den 2. Faktor.

25
Übertrage ins Heft und fülle die Felder aus.

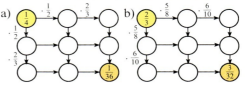

26
Der Produktwert steht im Stein darüber.

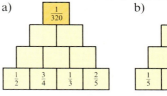

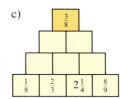

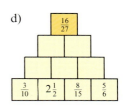

Multiplizieren von Brüchen

27
Wähle zwei Brüche so aus, dass sich
a) der größte Produktwert,
b) der kleinste Produktwert,
c) der Produktwert $1\frac{5}{16}$ ergibt.

28
Rechne wie im Beispiel: $(\frac{4}{7})^2 = \frac{4}{7} \cdot \frac{4}{7} = \frac{16}{49}$.

a) $(\frac{2}{3})^2$ b) $(\frac{5}{6})^2$ c) $(\frac{7}{9})^2$
d) $(\frac{2}{15})^2$ e) $(\frac{8}{13})^2$ f) $(\frac{9}{17})^2$
g) $(\frac{11}{18})^2$ h) $(\frac{24}{19})^2$ i) $(8\frac{1}{2})^2$

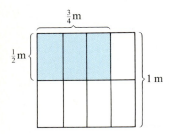

29
Berechne den Flächeninhalt des Rechtecks aus Länge und Breite.

a) $\frac{1}{2}$ m und $\frac{3}{4}$ m b) $\frac{1}{2}$ m und $\frac{1}{2}$ m
c) $\frac{1}{2}$ m und $\frac{3}{10}$ m d) $\frac{1}{4}$ m und $\frac{3}{8}$ m
e) $\frac{3}{4}$ m und $\frac{3}{4}$ m f) $\frac{9}{10}$ m und $\frac{3}{10}$ m

30
Ein 42 km langer Radweg wird angelegt. Davon sind $\frac{4}{7}$ bereits geteert, $\frac{2}{3}$ der geteerten Strecke sind schon befahrbar. Wie viel Kilometer kann man befahren?

31
Der afrikanische Kontinent ist zu 60% mit Wüsten oder Halbwüsten bedeckt. Die Wüste Sahara nimmt $\frac{5}{12}$ davon ein. Welcher Teil des Kontinents entfällt auf die Sahara?

32
Die Ernte eines Bauernhofes besteht zu drei Fünfteln aus Getreide, davon sind zwei Drittel Weizen. Welchen Bruchteil macht der Weizen an der gesamten Ernte aus?

33
Die Erdoberfläche ist zu etwa 70% mit Meeren bedeckt. Davon fallen $\frac{3}{10}$ auf den Atlantischen Ozean, $\frac{1}{5}$ auf den Indischen Ozean und der Rest auf den Pazifischen Ozean.
a) Welchen Anteil der Erdoberfläche nehmen die drei Meere jeweils ein?
b) Wie viel km² beträgt die Fläche dieser Ozeane, wenn die Erdoberfläche 510 000 000 km² beträgt?

34
Jutta erhält drei Viertel eines Lottogewinns. Nun muss sie das Versprechen einlösen, das sie ihrem Freund Heinz gegeben hat: „Wenn ich gewinne, bekommst du die Hälfte meines Gewinns."
a) Mit welchem Anteil am Gesamtgewinn kann Heinz rechnen?
b) Wie viel Euro bekommt Heinz, wenn der Gesamtgewinn 10 000 € beträgt?

35
In einer Klasse ist ein Drittel der Schülerinnen und Schüler erkrankt, die Hälfte davon an Masern.
Wie hoch ist der Anteil der an Masern Erkrankten in der Klasse?

36
Von dem Kabel auf einer Rolle wird zunächst $\frac{2}{5}$ verbraucht und anschließend $\frac{5}{6}$ vom Rest. Danach bleiben 2 m Kabel übrig. Wie viel Meter Kabel waren anfangs auf der Rolle?

37
Von den Zimmern in einem Hotel sind $\frac{4}{9}$ Einzelzimmer, die Restlichen sind Doppelzimmer. Jedes vierte Einzelzimmer und jedes zweite Doppelzimmer hat ein Bad.
Gib jeweils den Anteil der Einzel- bzw. Doppelzimmer mit und ohne Bad an.

Sandwüste in Algerien

7 Dividieren von Brüchen

1
Imker Albrecht schleudert Honig und füllt ihn in Gläser ab.
Wie viele Gläser zu je $\frac{3}{4}$ kg gewinnt er aus $7\frac{1}{2}$ kg Honig?
Ein Bienenvolk hat $8\frac{3}{4}$ kg Honig gesammelt. Wie viele volle Gläser ergibt dies?

2
Jonas und Christina überlegen, wie oft $\frac{1}{4}$ in $\frac{3}{4}$ und $\frac{1}{2}$ in $\frac{3}{4}$ passen.

Um zu bestimmen, wie oft der Bruch $\frac{1}{4}$ in $\frac{3}{8}$ passt, müssen wir die Divisionsaufgabe $\frac{3}{8} : \frac{1}{4}$ lösen. Dazu bringen wir die Brüche auf den Hauptnenner:

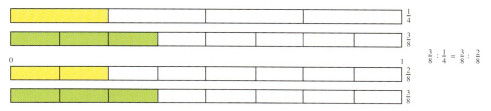

$$\frac{3}{8} : \frac{1}{4} = \frac{3}{8} : \frac{2}{8}$$

Der Bruch $\frac{2}{8}$ passt so oft in den Bruch $\frac{3}{8}$ wie 2 in 3. Das Ergebnis ist $3 : 2$ oder $\frac{3}{2}$.

Bei der Divisionsaufgabe $\frac{4}{5} : \frac{3}{4}$ erhältst du:

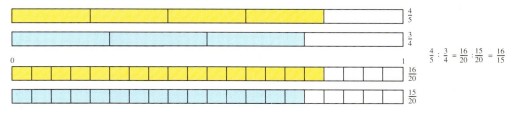

$$\frac{4}{5} : \frac{3}{4} = \frac{16}{20} : \frac{15}{20} = \frac{16}{15}$$

Das Ergebnis $\frac{16}{15}$ ist $\frac{4 \cdot 4}{5 \cdot 3} = \frac{4}{5} \cdot \frac{4}{3}$.

Durch Vergleich siehst du: $\frac{4}{5} : \frac{3}{4} = \frac{4}{5} \cdot \frac{4}{3}$.

Vertauscht man Zähler und Nenner eines Bruchs, entsteht sein **Kehrbruch**. $\frac{4}{3}$ ist demnach der Kehrbruch von $\frac{3}{4}$.

> Ein Bruch wird durch einen Bruch **dividiert**, indem man den ersten Bruch mit dem **Kehrbruch** des zweiten Bruchs multipliziert.
>
> $$\frac{3}{7} : \frac{5}{8} = \frac{3}{7} \cdot \frac{8}{5} = \frac{3 \cdot 8}{7 \cdot 5} = \frac{24}{35}$$

Beispiele

a) $\frac{4}{7} : \frac{3}{5} = \frac{4}{7} \cdot \frac{5}{3} = \frac{4 \cdot 5}{7 \cdot 3} = \frac{20}{21}$

b) $9 : \frac{3}{4} = \frac{9}{1} \cdot \frac{4}{3} = \frac{9 \cdot 4}{3} = \frac{3 \cdot 4}{1} = 12$

c) $2\frac{1}{6} : 3\frac{3}{8} = \frac{13}{6} : \frac{27}{8} = \frac{13 \cdot 8}{6 \cdot 27} = \frac{13 \cdot 4}{3 \cdot 27} = \frac{52}{81}$

d) $\frac{1}{3} : 4 = \frac{1}{3} : \frac{4}{1} = \frac{1}{3} \cdot \frac{1}{4} = \frac{1}{12}$

Dividieren von Brüchen

:	$\frac{3}{4}$	$\frac{4}{3}$	5	$3\frac{2}{3}$
$\frac{2}{3}$				
$\frac{4}{7}$				
$\frac{3}{8}$				
$\frac{10}{11}$				
$1\frac{1}{2}$				
$2\frac{1}{3}$				
$4\frac{1}{5}$				

Aufgaben

3
Wie oft passt
a) $\frac{3}{4}$ kg in $2\frac{1}{4}$ kg
b) $\frac{1}{5}$ m in 2 m
c) $\frac{1}{4}$ t in $1\frac{1}{2}$ t
d) $\frac{3}{10}$ km in $\frac{9}{10}$ km
e) $\frac{1}{6}$ h in $\frac{1}{2}$ h
f) $\frac{3}{8}$ m² in $\frac{3}{4}$ m² ?

4
Übertrage in dein Heft und berechne.

$8:8 = 1$ $8:8 = 1$ $8:\frac{1}{2} =$ $\frac{1}{2}:8 =$
$8:4 =$ $4:8 =$ $4:\frac{1}{2} =$ $\frac{1}{2}:4 =$
$8:2 =$ $2:8 =$ $2:\frac{1}{2} =$ $\frac{1}{2}:2 =$
$8:1 =$ $1:8 =$ $1:\frac{1}{2} =$ $\frac{1}{2}:1 =$
$8:\frac{1}{2} =$ $\frac{1}{2}:8 =$ $\frac{1}{2}:\frac{1}{2} =$ $\frac{1}{2}:\frac{1}{2} =$
$8:\frac{1}{4} =$ $\frac{1}{4}:8 =$ $\frac{1}{4}:\frac{1}{2} =$ $\frac{1}{2}:\frac{1}{4} =$
$8:\frac{1}{8} =$ $\frac{1}{8}:8 =$ $\frac{1}{8}:\frac{1}{2} =$ $\frac{1}{2}:\frac{1}{8} =$

5
Berechne.
a) $\frac{3}{4}:\frac{4}{3}$ b) $\frac{5}{4}:\frac{7}{4}$ c) $\frac{1}{10}:\frac{1}{20}$
$\frac{6}{7}:\frac{7}{6}$ $\frac{8}{5}:\frac{8}{7}$ $\frac{1}{15}:\frac{1}{60}$
$\frac{9}{11}:\frac{11}{9}$ $\frac{10}{9}:\frac{10}{7}$ $\frac{1}{50}:\frac{1}{175}$

6
Dividiere. Achte auf das Kürzen.
a) $\frac{3}{4}:\frac{8}{9}$ b) $\frac{9}{2}:\frac{27}{4}$ c) $\frac{14}{25}:\frac{2}{3}$
$\frac{4}{9}:\frac{8}{11}$ $\frac{6}{5}:\frac{18}{15}$ $\frac{22}{21}:\frac{11}{28}$
$\frac{5}{8}:\frac{7}{6}$ $\frac{21}{12}:\frac{49}{16}$ $\frac{4}{13}:\frac{15}{39}$
d) $\frac{70}{36}:\frac{35}{27}$ e) $\frac{35}{42}:\frac{45}{56}$ f) $\frac{64}{81}:\frac{24}{27}$
$\frac{63}{50}:\frac{98}{75}$ $\frac{19}{22}:\frac{38}{55}$ $\frac{65}{144}:\frac{39}{48}$
$\frac{17}{18}:\frac{68}{81}$ $\frac{20}{63}:\frac{55}{84}$ $\frac{69}{135}:\frac{92}{225}$

7
Rechenspiel mit 4 Würfeln. Würfle und bilde aus den Augenzahlen Brüche. Dividiere den ersten durch den zweiten Bruch.
a) Wer hat das größte Ergebnis?
b) Wer hat das kleinste Ergebnis?

Beispiel: $\frac{6}{2}:\frac{3}{5} = 5$

8
a) $\frac{3}{5}:\frac{1}{5}$ b) $\frac{1}{6}:\frac{2}{3}$ c) $\frac{3}{8}:\frac{4}{5}$
$\frac{4}{5}:\frac{2}{3}$ $\frac{1}{3}:\frac{3}{4}$ $\frac{5}{6}:\frac{1}{5}$
$\frac{1}{2}:\frac{3}{4}$ $\frac{4}{5}:\frac{3}{2}$ $\frac{3}{5}:\frac{2}{7}$
d) $\frac{5}{12}:\frac{15}{8}$ e) $\frac{10}{21}:\frac{15}{14}$ f) $\frac{26}{35}:\frac{52}{63}$
$\frac{9}{14}:\frac{3}{7}$ $\frac{21}{16}:\frac{7}{24}$ $\frac{48}{11}:\frac{16}{33}$
$\frac{8}{3}:\frac{10}{9}$ $\frac{11}{18}:\frac{22}{27}$ $\frac{35}{36}:\frac{25}{54}$

9
a) Übertrage ins Heft und fülle aus.

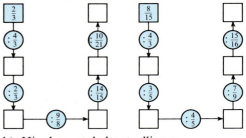

b) Hier kannst du kontrollieren.

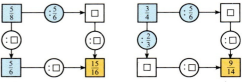

10
Dividiere die ganzen Zahlen wie im Beispiel:
$5:\frac{1}{6} = 5 \cdot \frac{6}{1} = \frac{30}{1} = 30$.
a) $3:\frac{1}{2}$ b) $8:\frac{1}{7}$ c) $7:\frac{2}{5}$
$4:\frac{1}{3}$ $9:\frac{1}{6}$ $5:\frac{3}{4}$
d) $3:\frac{6}{7}$ e) $14:\frac{12}{7}$ f) $10:\frac{3}{13}$
$6:\frac{8}{7}$ $18:\frac{9}{13}$ $10:\frac{6}{13}$

11
Berechne wie im Beispiel.
Beispiel: $\frac{2}{7}:5 = \frac{2}{7}:\frac{5}{1} = \frac{2}{7}\cdot\frac{1}{5} = \frac{2}{35}$.
a) $\frac{6}{7}:7$ b) $\frac{9}{10}:6$ c) $\frac{14}{3}:8$
$\frac{5}{6}:10$ $\frac{18}{11}:12$ $\frac{27}{35}:15$
$\frac{4}{5}:12$ $\frac{49}{10}:7$ $\frac{36}{41}:24$

Dividieren von Brüchen

12 Dividiere. Was fällt dir auf?
a) $1:\frac{3}{2}$, $1:\frac{4}{5}$, $1:\frac{7}{8}$, $1:\frac{8}{9}$, $1:\frac{9}{10}$
b) $1:\frac{10}{3}$, $1:\frac{15}{7}$, $1:\frac{20}{19}$, $1:\frac{25}{23}$, $1:\frac{36}{31}$
c) $1:\frac{1}{6}$, $1:\frac{1}{15}$, $1:\frac{1}{62}$, $1:\frac{1}{95}$, $1:\frac{1}{101}$

13 Wie oft passt
a) $\frac{2}{3}$ in $\frac{1}{3}$
b) $\frac{1}{2}$ in 2
c) $\frac{3}{4}$ in $\frac{1}{10}$
d) $\frac{1}{10}$ in $\frac{3}{4}$
e) $\frac{4}{7}$ in $\frac{3}{4}$
f) $\frac{5}{7}$ in $\frac{9}{10}$
g) $\frac{10}{9}$ in $\frac{3}{7}$
h) $\frac{1}{2}$ in $3\frac{3}{4}$
i) $\frac{5}{3}$ in $2\frac{1}{6}$?

14 Dividiere nacheinander die Brüche auf den Waggons. Du erhältst das Alter des Lokomotivführers.

a) $\frac{2}{3} : \frac{1}{6} : \frac{4}{9} : \frac{3}{11}$

b) $2 : \frac{5}{3} : \frac{23}{50} : \frac{3}{46}$

15 Dividiere und kürze, wenn möglich.
a) $\frac{5}{7} : 1\frac{2}{3}$
b) $\frac{5}{9} : 4\frac{4}{9}$
c) $\frac{7}{10} : 2\frac{4}{5}$
d) $\frac{7}{12} : 5\frac{5}{6}$
e) $\frac{6}{11} : 4\frac{2}{7}$
f) $\frac{30}{49} : 4\frac{2}{7}$

16 Berechne. Gib das Ergebnis vollständig gekürzt und – wenn möglich – auch als gemischte Zahl an.
a) $3\frac{1}{2} : 2\frac{1}{3}$ b) $3\frac{1}{5} : 1\frac{2}{5}$ c) $6\frac{6}{7} : 5\frac{1}{3}$
$1\frac{2}{3} : 2\frac{1}{3}$ $2\frac{1}{6} : 4\frac{5}{6}$ $8\frac{3}{4} : 3\frac{1}{8}$
d) $4\frac{1}{4} : 8\frac{1}{2}$ e) $11\frac{2}{3} : 5\frac{5}{9}$ f) $8\frac{4}{9} : 4\frac{3}{4}$
$9\frac{2}{3} : 3\frac{2}{9}$ $7\frac{4}{5} : 1\frac{3}{10}$ $16\frac{4}{5} : 3\frac{11}{15}$

17 Ordne die Schilder auf dem Rand einander zu, die dasselbe Ergebnis haben. Wie heißt das Lösungswort?

1	2	3	4	5
☐	☐	☐	☐	☐

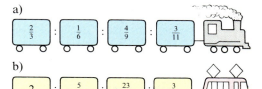

18
a) $2\frac{1}{5} : 5\frac{1}{2}$ b) $6\frac{1}{4} : 4\frac{1}{6}$ c) $3\frac{1}{7} : 7\frac{1}{3}$
d) $7\frac{1}{3} : 3\frac{1}{7}$ e) $9\frac{1}{2} : 2\frac{1}{9}$ f) $5\frac{1}{8} : 8\frac{1}{5}$
Erkennst du eine Regel?
Was ergibt dann $6\frac{1}{11} : 11\frac{1}{6}$?

19 Dividiere.
a) $10\frac{1}{2}$ km $: 4\frac{1}{2}$ km
b) $1\frac{7}{10}$ t $: \frac{1}{20}$ t
c) $2\frac{3}{8}$ l $: \frac{3}{4}$ l
d) $7\frac{1}{2}$ m³ $: \frac{3}{10}$ m³
e) $2\frac{1}{4}$ ha $: 1\frac{3}{5}$ ha
f) $4\frac{1}{3}$ cm² $: 1\frac{1}{3}$ cm²
g) $6\frac{5}{6}$ kg $: 6\frac{1}{6}$ kg
h) $3\frac{3}{8}$ kg $: 4\frac{7}{20}$ kg

20 Ordne die Ergebnisse nach ihrer Größe.
a) $16 : \frac{8}{9}$, $8 : \frac{8}{9}$, $4 : \frac{8}{9}$, $2 : \frac{8}{9}$
b) $24 : \frac{16}{17}$, $24 : \frac{8}{17}$, $24 : \frac{4}{17}$, $24 : \frac{2}{17}$

21 Ersetze die Leerstelle durch eine passende Zahl.
a) $\frac{2}{3} : \Box = \frac{4}{3}$
b) $\frac{3}{5} : \Box = \frac{9}{10}$
c) $\frac{1}{3} : \Box = \frac{7}{6}$
d) $\frac{5}{4} : \Box = \frac{7}{8}$
e) $\frac{9}{10} : \Box = \frac{5}{7}$
f) $\frac{5}{8} : \Box = \frac{3}{14}$
g) $\frac{5}{9} : \Box = \frac{2}{3}$
h) $\frac{13}{21} : \Box = \frac{3}{7}$

22
a) $1\frac{4}{5} : \Box = \frac{5}{6}$
b) $2\frac{7}{8} : \Box = \frac{3}{4}$
c) $4\frac{4}{9} : \Box = \frac{10}{27}$
d) $5\frac{5}{16} : \Box = \frac{17}{24}$
e) $\frac{3}{4} : \Box = 2\frac{1}{2}$
f) $\frac{5}{6} : \Box = 7\frac{2}{3}$
g) $\frac{21}{25} : \Box = 2\frac{9}{20}$
h) $\frac{14}{23} : \Box = 8$

23 Löse durch Dividieren.
Beispiel: $\Box \cdot \frac{2}{3} = \frac{5}{6}$ $\frac{5}{6} : \frac{2}{3} = \frac{5}{6} \cdot \frac{3}{2} = \frac{5}{4} = 1\frac{1}{4}$.
a) $\Box \cdot \frac{5}{8} = \frac{2}{5}$
b) $\Box \cdot \frac{8}{9} = \frac{3}{4}$
c) $\Box \cdot \frac{7}{4} = 2\frac{5}{8}$
d) $\Box \cdot \frac{11}{6} = 2\frac{4}{9}$
e) $\Box \cdot \frac{13}{10} = 3\frac{7}{15}$
f) $\Box \cdot \frac{16}{15} = 3\frac{21}{25}$

Dividieren von Brüchen

24
Bestimme den Zähler oder den Nenner.

a) $\frac{7}{9} \cdot \frac{\square}{35} = \frac{1}{5}$ b) $\frac{3}{7} \cdot \frac{10}{\square} = \frac{10}{49}$

c) $\frac{\square}{4} \cdot \frac{32}{39} = \frac{8}{13}$ d) $\frac{8}{\square} \cdot \frac{12}{5} = \frac{32}{5}$

25
Wie heißt der Dividend?

a) $\square : \frac{1}{6} = 12$ b) $\square : \frac{3}{4} = 8$

c) $\square : 5 = \frac{1}{2}$ d) $\square : 9 = \frac{1}{3}$

e) $\square : 2\frac{1}{4} = 4$ f) $\square : \frac{2}{5} = 2\frac{1}{2}$

26
a) Dividiere $\frac{3}{4}$ nacheinander durch $\frac{1}{2}, \frac{1}{4}, \frac{1}{6}, \frac{1}{8}, \frac{1}{10}, \frac{1}{12}, \ldots$
Wann ist das Ergebnis erstmals größer als 8?

b) Dividiere $3\frac{2}{3}$ nacheinander durch $\frac{1}{6}, \frac{1}{3}, \frac{2}{3}, \frac{4}{3}, \frac{8}{3}, \frac{16}{3}, \frac{24}{3}, \ldots$
Wann ist das Ergebnis erstmals kleiner als 1?

27
a) Durch welche Zahl muss man $\frac{1}{16}$ dividieren, um $\frac{1}{2}$ zu erhalten?

b) Durch welche Zahl muss man $2\frac{3}{8}$ dividieren, um $\frac{3}{8}$ zu erhalten?

c) Welche Zahl muss man durch $2\frac{1}{2}$ dividieren, um $1\frac{3}{4}$ zu erhalten?

d) Welche Zahl muss man durch $4\frac{1}{2}$ dividieren, um $1\frac{1}{2}$ zu erhalten?

e) Der Quotient aus welcher Zahl und $1\frac{1}{2}$ ergibt $2\frac{1}{2}$?

Monarchfalterschwarm

28
a) Ein Behälter fasst $16\frac{1}{4}$ l Wasser. Wie oft kann man ihn aus einem mit 390 l Wasser gefüllten Tank füllen?

b) Eine Betonschütte fasst $\frac{7}{8}$ m³ Frischbeton. Mit wie vielen Ladungen kann man einen $5\frac{1}{4}$ m³ fassenden Betonmischer leeren?

29
Ulrichs Oma will 20 l Saft in $\frac{7}{10}$-l-Flaschen abfüllen.
Wie viele Flaschen werden voll?
Wie viel l bleiben übrig?

30
Ein rechteckiges Grundstück hat den Flächeninhalt 730 m² und eine Seite mit der Länge $18\frac{1}{4}$ m.
Berechne die Länge der anderen Seite.

31
Die rechteckige Bodenfläche eines Schwimmbassins von 800 m² Größe soll mit $\frac{1}{16}$ m² großen Platten ausgelegt werden.
Berechne die Materialkosten, wenn eine Platte 12,50 € kostet.

32
10 l Heizöl wiegen ca. $8\frac{3}{4}$ kg. Wie viel Liter hat ein Tanklastzug mit $15\frac{1}{4}$ t Eigengewicht geladen, wenn er insgesamt $25\frac{3}{4}$ t wiegt?

33
Ein Schwimmbecken, das 780 m³ Wasser fasst, kann in $4\frac{1}{3}$ Stunden gefüllt werden. Der Ablauf des gesamten Wassers dauert $3\frac{1}{4}$ Stunden. Berechne, wie viel m³ Wasser pro Stunde zufließen und wie viel abfließen.

34
Wie groß sind die Schmetterlinge in Wirklichkeit?

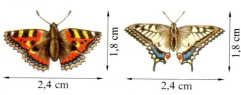

$\frac{2}{5}$ der wahren Größe $\frac{3}{10}$ der wahren Größe

8 Rechengesetze der Multiplikation. Rechenvorteile

1
Maximilian hat eine $\frac{3}{4}$ Tafel Schokolade mitgebracht. Er verteilt davon eine Hälfte an seine Freunde. Björn dagegen hat nur eine halbe Tafel Schokolade dabei, schneidet davon $\frac{3}{4}$ ab und verschenkt diesen Teil an Klassenkameradinnen.
Welchen Anteil an der ganzen Tafel Schokolade erhalten die beschenkten Kinder? Vergleiche!

Wie die Summanden bei der Addition von Brüchen dürfen auch die Faktoren bei der Multiplikation von Brüchen vertauscht und beliebig zusammengefasst werden:

$$\frac{5}{7} \cdot \frac{2}{3} \qquad \frac{2}{3} \cdot \frac{5}{7} \qquad (\frac{1}{3} \cdot \frac{2}{5}) \cdot \frac{3}{4} \qquad \frac{1}{3} \cdot (\frac{2}{5} \cdot \frac{3}{4})$$
$$= \frac{5 \cdot 2}{7 \cdot 3} \qquad = \frac{2 \cdot 5}{3 \cdot 7} \qquad = \frac{2}{15} \cdot \frac{3}{4} \qquad = \frac{1}{3} \cdot \frac{3}{10}$$
$$= \frac{10}{21} \qquad = \frac{10}{21} \qquad = \frac{1}{10} \qquad = \frac{1}{10}$$

> **Vertauschungsgesetz** (Kommutativgesetz)
> Beim Multiplizieren von Brüchen dürfen die Faktoren vertauscht werden.
>
> **Verbindungsgesetz** (Assoziativgesetz)
> Beim Multiplizieren von Brüchen dürfen Klammern beliebig gesetzt oder auch weggelassen werden.

Beispiele
Produkte kannst du oft geschickt berechnen, wenn du beide Rechengesetze anwendest.

a)
$$\frac{2}{5} \cdot \frac{1}{3} \cdot \frac{5}{8}$$
$$= (\frac{2}{5} \cdot \frac{5}{8}) \cdot \frac{1}{3}$$
$$= \frac{1}{4} \cdot \frac{1}{3}$$
$$= \frac{1}{12}$$

b)
$$\frac{3}{7} \cdot \frac{4}{9} \cdot \frac{3}{8}$$
$$= \frac{3}{7} \cdot \frac{1 \cdot 1}{3 \cdot 2}$$
$$= \frac{3}{7} \cdot \frac{1}{6}$$
$$= \frac{1}{14}$$

c)
$$\frac{7}{15} \cdot (\frac{3}{8} \cdot \frac{5}{14})$$
$$= \frac{7}{15} \cdot (\frac{5}{14} \cdot \frac{3}{8})$$
$$= (\frac{7}{15} \cdot \frac{5}{14}) \cdot \frac{3}{8}$$
$$= \frac{1}{6} \cdot \frac{3}{8}$$
$$= \frac{1}{16}$$

Beachte: Für die Division gelten das Vertauschungs- und das Verbindungsgesetz nicht.

Aufgaben

2
Rechne möglichst vorteilhaft.
a) $\frac{1}{2} \cdot \frac{1}{3} \cdot \frac{3}{4}$ b) $\frac{1}{4} \cdot \frac{3}{5} \cdot \frac{1}{3}$ c) $\frac{1}{8} \cdot \frac{3}{4} \cdot \frac{2}{3}$
d) $\frac{2}{3} \cdot \frac{4}{5} \cdot \frac{5}{4}$ e) $\frac{5}{7} \cdot \frac{7}{5} \cdot \frac{1}{12}$ f) $\frac{1}{8} \cdot \frac{4}{5} \cdot \frac{5}{7}$
g) $\frac{2}{5} \cdot \frac{1}{3} \cdot \frac{3}{5}$ h) $\frac{4}{5} \cdot \frac{5}{8} \cdot \frac{1}{7}$ i) $\frac{2}{9} \cdot \frac{3}{5} \cdot \frac{5}{7}$
k) $\frac{3}{7} \cdot \frac{6}{5} \cdot \frac{5}{6}$ l) $\frac{4}{7} \cdot \frac{3}{8} \cdot \frac{8}{9}$ m) $\frac{5}{6} \cdot \frac{8}{9} \cdot \frac{3}{5}$

3
Nutze Rechenvorteile.
a) $\frac{1}{2} \cdot \frac{3}{4} \cdot \frac{2}{5}$ b) $\frac{1}{3} \cdot \frac{2}{7} \cdot \frac{3}{5}$ c) $\frac{3}{4} \cdot \frac{5}{7} \cdot \frac{4}{5}$
d) $\frac{4}{5} \cdot \frac{3}{4} \cdot \frac{3}{3}$ e) $\frac{1}{5} \cdot \frac{7}{4} \cdot \frac{15}{4}$ f) $\frac{6}{5} \cdot \frac{2}{3} \cdot \frac{5}{9}$
g) $\frac{2}{7} \cdot \frac{7}{9} \cdot \frac{5}{4}$ h) $\frac{1}{6} \cdot \frac{9}{16} \cdot \frac{8}{3}$ i) $\frac{5}{8} \cdot \frac{9}{14} \cdot \frac{7}{15}$
k) $\frac{4}{17} \cdot \frac{3}{7} \cdot \frac{14}{15}$ l) $\frac{9}{4} \cdot \frac{11}{13} \cdot \frac{2}{15}$ m) $\frac{7}{18} \cdot \frac{5}{14} \cdot \frac{9}{25}$

Rechengesetze der Multiplikation. Rechenvorteile

4 Wandle um und rechne geschickt.
a) $1\frac{1}{5} \cdot 1\frac{1}{2} \cdot 1\frac{1}{3}$
b) $3\frac{1}{3} \cdot 1\frac{3}{4} \cdot 1\frac{1}{7}$
c) $2\frac{1}{2} \cdot 1\frac{1}{2} \cdot 2\frac{1}{3}$
d) $2\frac{3}{10} \cdot 1\frac{2}{7} \cdot 1\frac{1}{9}$

5 Übertrage und fülle aus.

·	$\frac{1}{2}$	$\frac{2}{3}$	$\frac{3}{4}$	$\frac{4}{3}$
$\frac{1}{2}$				
$\frac{2}{3}$				
$\frac{3}{4}$				
$\frac{4}{3}$				

6 Übertrage die Tabelle ins Heft, fülle sie aus und vergleiche die Ergebnisse.

△	○	△·○	○·△	△:○	○:△
$\frac{1}{2}$	$\frac{1}{5}$				
3	$\frac{2}{3}$				
$1\frac{1}{3}$	$1\frac{1}{4}$				

? Sieben Zahlenkärtchen stehen dir zur Verfügung; ordne sie passend an.

$\frac{\Box}{\Box} : \frac{\Box}{\Box} = \Box\frac{\Box}{\Box}$

7 Berechne. Vergleiche Rechenwege und Ergebnisse.
a) $(\frac{8}{9} \cdot \frac{3}{4}) \cdot \frac{1}{7}$ und $\frac{8}{9} \cdot (\frac{3}{4} \cdot \frac{1}{7})$
b) $(\frac{3}{4} \cdot \frac{1}{8}) \cdot \frac{8}{5}$ und $\frac{3}{4} \cdot (\frac{1}{8} \cdot \frac{8}{5})$
c) $\frac{2}{3} \cdot (3 \cdot 2\frac{3}{4})$ und $(\frac{2}{3} \cdot 3) \cdot 2\frac{3}{4}$
d) $\frac{5}{6} \cdot (\frac{3}{25} \cdot \frac{10}{21})$ und $(\frac{5}{6} \cdot \frac{3}{25}) \cdot \frac{10}{21}$

8 Berechne und vergleiche die Ergebnisse.
a) $\frac{3}{4}:\frac{2}{9}$ und $\frac{2}{9}:\frac{3}{4}$
b) $\frac{4}{7}:\frac{8}{5}$ und $\frac{8}{5}:\frac{4}{7}$
c) $\frac{10}{11}:\frac{5}{2}$ und $\frac{5}{2}:\frac{10}{11}$
d) $\frac{18}{7}:\frac{9}{7}$ und $\frac{9}{7}:\frac{18}{7}$
e) $\frac{3}{4}:1\frac{3}{4}$ und $1\frac{3}{4}:\frac{3}{4}$
f) $\frac{8}{15}:\frac{16}{45}$ und $\frac{16}{45}:\frac{8}{15}$

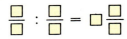

$\frac{\Box}{\Box} \cdot \Box\frac{\Box}{\Box} = \frac{\Box}{\Box}$

9 Dividiere und vergleiche.
a) $(\frac{3}{4} \cdot \frac{9}{8}):\frac{4}{9}$ und $\frac{3}{4} \cdot (\frac{9}{8}:\frac{4}{9})$
b) $(\frac{8}{15}:\frac{4}{3}):\frac{4}{15}$ und $\frac{8}{15}:(\frac{4}{3}:\frac{4}{15})$

10 Setze <, > oder = richtig ein.
a) $(\frac{6}{5} \cdot \frac{9}{2}) \cdot \frac{1}{3}$ □ $\frac{6}{5} \cdot (\frac{9}{2} \cdot \frac{1}{3})$
b) $\frac{7}{4}:(\frac{4}{5} \cdot \frac{2}{5})$ □ $(\frac{7}{4}:\frac{4}{5}) \cdot \frac{2}{5}$
c) $(9:\frac{1}{7}):\frac{1}{5}$ □ $9:(\frac{1}{7}:\frac{1}{5})$
d) $(\frac{3}{8} \cdot \frac{5}{6}):7\frac{1}{2}$ □ $\frac{3}{8} \cdot (\frac{5}{6}:7\frac{1}{2})$
e) $(\frac{3}{10}:\frac{9}{5}):\frac{5}{12}$ □ $\frac{3}{10}:(\frac{9}{5} \cdot \frac{5}{12})$

11 Berechne und vergleiche.
a) $4 \cdot (\frac{2}{8} \cdot \frac{5}{6})$ und $(4 \cdot \frac{2}{8}) \cdot \frac{5}{6}$
b) $2:(\frac{3}{4} \cdot 6)$ und $(2:\frac{3}{4}) \cdot 6$
c) $\frac{4}{5}:(\frac{5}{7}:\frac{7}{5})$ und $(\frac{4}{5}:\frac{5}{7}):\frac{7}{5}$
d) $\frac{3}{8} \cdot (\frac{6}{7} \cdot \frac{3}{5})$ und $(\frac{3}{8} \cdot \frac{6}{7}):\frac{3}{5}$

12 Berechne vorteilhaft.
a) $\frac{1}{2} \cdot \frac{2}{3} \cdot \frac{1}{8} \cdot \frac{5}{6}$
b) $\frac{4}{5} \cdot \frac{3}{4} \cdot \frac{7}{8} \cdot \frac{3}{7}$
c) $\frac{1}{7} \cdot \frac{4}{3} \cdot \frac{3}{8} \cdot \frac{7}{5}$
d) $\frac{5}{2} \cdot \frac{4}{9} \cdot \frac{3}{4} \cdot \frac{11}{5}$
e) $\frac{14}{25} \cdot \frac{1}{7} \cdot \frac{5}{7} \cdot \frac{49}{3}$
f) $\frac{16}{21} \cdot \frac{5}{9} \cdot \frac{35}{24} \cdot \frac{27}{15}$
g) $1\frac{1}{4} \cdot \frac{3}{8} \cdot \frac{16}{7} \cdot 2\frac{1}{5}$
h) $3\frac{1}{2} \cdot 1\frac{1}{6} \cdot 2\frac{2}{7} \cdot 1\frac{3}{7}$

13 Schreibe auf einen Bruchstrich und kürze mehrfach.
Beispiel:
$\frac{2}{5} \cdot \frac{6}{13} \cdot \frac{25}{72} \cdot \frac{26}{15} = \frac{2 \cdot 6 \cdot 25 \cdot 26}{5 \cdot 13 \cdot 72 \cdot 15}$
$= \frac{2 \cdot 1 \cdot 5 \cdot 2}{1 \cdot 1 \cdot 12 \cdot 15} = \frac{2 \cdot 1 \cdot 1 \cdot 1}{1 \cdot 1 \cdot 6 \cdot 3} = \frac{1}{9}$

a) $\frac{1}{2} \cdot \frac{2}{3} \cdot \frac{3}{4} \cdot \frac{4}{5} \cdot \frac{5}{6} \cdot \frac{6}{7}$
b) $\frac{1}{3} \cdot \frac{2}{5} \cdot \frac{3}{7} \cdot \frac{5}{8} \cdot \frac{4}{11} \cdot \frac{7}{9}$
c) $\frac{36}{17} \cdot \frac{28}{9} \cdot \frac{17}{11} \cdot \frac{33}{32} \cdot \frac{27}{14}$
d) $\frac{33}{100} \cdot \frac{250}{99} \cdot \frac{77}{25} \cdot \frac{90}{49}$
e) $\frac{21}{88} \cdot \frac{3}{4} \cdot \frac{22}{35} \cdot \frac{32}{39}$
f) $\frac{39}{64} \cdot \frac{7}{13} \cdot \frac{8}{15} \cdot \frac{75}{49}$

14 Multipliziere geschickt.
a) $\frac{11}{13} \cdot \frac{15}{17} \cdot \frac{13}{19} \cdot \frac{17}{15} \cdot \frac{19}{11}$
b) $\frac{33}{14} \cdot \frac{70}{48} \cdot \frac{13}{15} \cdot \frac{12}{11} \cdot \frac{45}{52}$
c) $\frac{33}{17} \cdot \frac{18}{65} \cdot \frac{19}{11} \cdot \frac{51}{95} \cdot \frac{13}{54}$
d) $\frac{91}{112} \cdot \frac{108}{128} \cdot \frac{144}{120} \cdot \frac{96}{104} \cdot \frac{135}{162}$
e) $\frac{5}{11} \cdot 8 \cdot \frac{99}{105} \cdot \frac{3}{22} \cdot \frac{42}{27}$
f) $2\frac{1}{3} \cdot 5\frac{7}{10} \cdot 1\frac{11}{28} \cdot 2\frac{2}{19}$

9 Verbindung der Rechenarten

1

Im fernen Land Calculistan bezahlt man mit Dukaten. Tauscht man Euro gegen Dukaten, so erhält man 3 Dukaten für 7 €. Ein Dukaten ist also $\frac{7}{3}$ € wert. Herr und Frau Weltenbummler kaufen ein: eine Landkarte für $2\frac{1}{2}$ Dukaten, ein Wörterbuch für 4 Dukaten, einen Sonnenhut für $5\frac{1}{2}$ Dukaten. Herr Weltenbummler rechnet nach, wie viel Euro er ausgegeben hat: $\frac{7}{3} \cdot 2\frac{1}{2}$ € $+ \frac{7}{3} \cdot 4$ € $+ \frac{7}{3} \cdot 5\frac{1}{2}$ €. „Du rechnest viel zu umständlich", meint seine Frau und rechnet so: $\frac{7}{3} \cdot (2\frac{1}{2} + 4 + 5\frac{1}{2})$ €.
Ist der zweite Rechenweg tatsächlich günstiger?

Wie wir bei den natürlichen Zahlen einen Rechenausdruck wie $5 \cdot 3 + 5 \cdot 4$ auf zwei verschiedenen Wegen berechnen können, lassen sich auch bei den Brüchen Rechenausdrücke wie $\frac{1}{4} \cdot \frac{1}{3} + \frac{1}{4} \cdot \frac{2}{3}$ auf zwei Arten berechnen.

Erster Weg:
$\frac{1}{4} \cdot \frac{1}{3} + \frac{1}{4} \cdot \frac{2}{3}$
$= \frac{1}{12} + \frac{2}{12}$
$= \frac{3}{12} = \frac{1}{4}$.

Zweiter Weg:
$\frac{1}{4} \cdot \frac{1}{3} + \frac{1}{4} \cdot \frac{2}{3}$
$= \frac{1}{4} \cdot (\frac{1}{3} + \frac{2}{3})$
$= \frac{1}{4} \cdot 1 = \frac{1}{4}$.

Du erkennst, dass das Setzen einer Klammer im zweiten Rechenweg einen deutlichen Rechenvorteil bietet. Das Rechengesetz, das dir dieses Ausklammern erlaubt, heißt Verteilungsgesetz oder Distributivgesetz.

> **Verteilungsgesetz (Distributivgesetz)**
> Man kann eine Summe von Produkten, in denen derselbe Bruch als Faktor vorkommt, auch durch Ausklammern dieses Faktors berechnen. $\quad \frac{3}{4} \cdot \frac{1}{2} + \frac{3}{4} \cdot \frac{1}{4} = \frac{3}{4} \cdot (\frac{1}{2} + \frac{1}{4})$

Beispiele

a) $\frac{3}{4} \cdot \frac{1}{2} + \frac{3}{4} \cdot \frac{1}{4}$
$= \frac{3}{4} \cdot (\frac{1}{2} + \frac{1}{4})$
$= \frac{3}{4} \cdot \frac{3}{4}$
$= \frac{9}{16}$

b) Das Verteilungsgesetz gilt auch für die Differenz von Produkten.
$\frac{1}{12} \cdot \frac{2}{3} - \frac{1}{12} \cdot \frac{1}{6}$
$= \frac{1}{12} \cdot (\frac{2}{3} - \frac{1}{6})$
$= \frac{1}{12} \cdot \frac{1}{2} = \frac{1}{24}$

c) Auch beim Addieren oder Subtrahieren von Quotienten gilt das Verteilungsgesetz.
$\frac{8}{9} : 4 - \frac{4}{5} : 4 = (\frac{8}{9} - \frac{4}{5}) : 4$
$= (\frac{40}{45} - \frac{36}{45}) \cdot \frac{1}{4}$
$= \frac{4}{45} \cdot \frac{1}{4} = \frac{1}{45}$

Beachte: Für Bruchzahlen gilt wie für natürliche Zahlen, dass in Rechenausdrücken, in denen Klammern nichts anderes vorschreiben, Punktrechnung vor Strichrechnung kommt.

d) $\frac{3}{5} + \frac{7}{10} \cdot \frac{3}{7}$
$= \frac{3}{5} + \frac{7 \cdot 3}{10 \cdot 7}$
$= \frac{3}{5} + \frac{3}{10}$
$= \frac{6}{10} + \frac{3}{10}$
$= \frac{9}{10}$

e) $\frac{8}{9} - \frac{3}{4} : \frac{9}{4}$
$= \frac{8}{9} - \frac{3}{4} \cdot \frac{4}{9}$
$= \frac{8}{9} - \frac{3}{9}$
$= \frac{5}{9}$

f) $\frac{4}{5} \cdot \frac{8}{15} - \frac{2}{3} \cdot \frac{9}{4}$
$= \frac{4}{5} \cdot \frac{15}{8} - \frac{2 \cdot 9}{3 \cdot 4}$
$= \frac{4 \cdot 15}{5 \cdot 8} - \frac{3}{2}$
$= \frac{3}{2} - \frac{3}{2}$
$= 0$

Verbindung der Rechenarten

Aufgaben

2 Schreibe die Rechenbäume als Rechenausdrücke. Berechne und vergleiche.

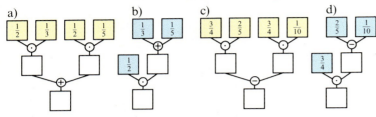

3 Berechne vorteilhaft durch Ausklammern.

a) $\frac{1}{2} \cdot \frac{3}{4} + \frac{1}{2} \cdot \frac{1}{4}$
b) $\frac{1}{3} \cdot \frac{2}{5} + \frac{1}{3} \cdot \frac{1}{5}$
c) $\frac{1}{4} \cdot \frac{2}{7} + \frac{5}{7} \cdot \frac{1}{4}$
d) $\frac{2}{3} \cdot \frac{4}{5} + \frac{4}{10} \cdot \frac{2}{3}$
e) $\frac{7}{8} \cdot \frac{1}{3} + \frac{7}{8} \cdot \frac{5}{3}$
f) $\frac{2}{7} \cdot \frac{11}{6} + \frac{10}{7} \cdot \frac{11}{6}$
g) $\frac{7}{5} \cdot \frac{3}{8} - \frac{7}{5} \cdot \frac{1}{8}$
h) $\frac{5}{9} \cdot \frac{7}{8} - \frac{3}{4} \cdot \frac{5}{9}$
i) $\frac{5}{6} \cdot \frac{5}{12} - \frac{1}{6} \cdot \frac{5}{6}$
k) $\frac{7}{9} \cdot \frac{11}{15} - \frac{11}{15} \cdot \frac{2}{3}$

4 Rechne vorteilhaft.

a) $5 \cdot \frac{1}{3} + 5 \cdot \frac{2}{3}$
b) $6 \cdot \frac{3}{5} + \frac{2}{5} \cdot 6$
c) $5 \cdot \frac{3}{11} + 6 \cdot \frac{3}{11}$
d) $7 \cdot \frac{5}{6} + 7 \cdot \frac{13}{6}$
e) $3 \cdot \frac{3}{8} + \frac{1}{8} \cdot 3$
f) $\frac{2}{7} \cdot 4 + \frac{3}{7} \cdot 4$
g) $\frac{1}{4} \cdot 7 + 7 \cdot \frac{1}{3}$
h) $8 \cdot \frac{4}{5} + 8 \cdot \frac{3}{10}$

5 Rechne ebenso mit Differenzen.

a) $7 \cdot \frac{6}{5} - 2 \cdot \frac{6}{5}$
b) $13 \cdot \frac{1}{7} - 13 \cdot \frac{1}{14}$
c) $8 \cdot \frac{4}{9} - 8 \cdot \frac{5}{18}$
d) $25 \cdot \frac{4}{15} - 13 \cdot \frac{4}{15}$
e) $\frac{7}{8} \cdot 19 - \frac{7}{8} \cdot 3$
f) $\frac{11}{12} \cdot 23 - \frac{11}{12} \cdot 5$
g) $\frac{49}{25} \cdot 13 - \frac{24}{25} \cdot 13$
h) $\frac{5}{6} \cdot \frac{3}{4} - \frac{3}{4} \cdot \frac{1}{3}$

6 Berechne vorteilhaft durch Ausmultiplizieren.

a) $\frac{1}{2} \cdot (\frac{2}{3} + \frac{2}{5})$
b) $\frac{1}{3} \cdot (\frac{3}{4} + \frac{3}{5})$
c) $\frac{1}{4} \cdot (\frac{8}{5} + \frac{8}{15})$
d) $\frac{1}{5} \cdot (\frac{15}{24} + \frac{25}{12})$
e) $\frac{2}{3} \cdot (\frac{3}{8} - \frac{3}{16})$
f) $\frac{3}{4} \cdot (\frac{20}{9} - \frac{16}{15})$

7 Hier ist es vorteilhaft auszumultiplizieren.

a) $8 \cdot (\frac{3}{4} + \frac{1}{8})$
b) $12 \cdot (\frac{1}{3} + \frac{1}{4})$
c) $(\frac{2}{5} + \frac{3}{2}) \cdot \frac{10}{3}$
d) $\frac{1}{2} \cdot (\frac{6}{5} + \frac{2}{15})$
e) $(\frac{3}{7} + \frac{3}{8}) \cdot \frac{1}{3}$
f) $(\frac{2}{9} + \frac{2}{11}) \cdot \frac{99}{100}$
g) $\frac{3}{2} \cdot (4 + \frac{2}{3})$
h) $\frac{7}{10} \cdot (5 - \frac{5}{14})$

8 Berechne wie im Beispiel:
$5 \cdot 3\frac{1}{5} = 5 \cdot (3 + \frac{1}{5}) = 5 \cdot 3 + 5 \cdot \frac{1}{5}$
$\qquad = 15 \;\; + 1 = 16.$

a) $3 \cdot 4\frac{1}{3}$
b) $4 \cdot 5\frac{1}{4}$
c) $5 \cdot 6\frac{1}{5}$
d) $6 \cdot 7\frac{1}{6}$
e) $3 \cdot 5\frac{2}{3}$
f) $5 \cdot 3\frac{2}{5}$
g) $8 \cdot 2\frac{1}{4}$
h) $9 \cdot 4\frac{2}{3}$
i) $3 \cdot 6\frac{4}{9}$

9 Berechne. Schreibe dazu die gemischte Zahl als Summe.

a) $\frac{5}{9} \cdot 9\frac{3}{5}$
b) $\frac{5}{6} \cdot 6\frac{4}{5}$
c) $\frac{3}{4} \cdot 2\frac{2}{3}$
d) $\frac{3}{2} \cdot 4\frac{2}{9}$
e) $3\frac{3}{5} \cdot \frac{1}{6}$
f) $8\frac{2}{3} \cdot \frac{3}{2}$
g) $\frac{3}{8} \cdot 8\frac{5}{6}$
h) $5\frac{7}{10} \cdot 20$
i) $\frac{12}{25} \cdot 5\frac{5}{18}$

10 Welcher Weg ist günstiger?

a) $\frac{1}{3} \cdot (\frac{3}{4} + \frac{1}{4})$ oder $\frac{1}{3} \cdot \frac{3}{4} + \frac{1}{3} \cdot \frac{1}{4}$
b) $\frac{4}{3} \cdot (\frac{1}{4} + \frac{3}{4})$ oder $\frac{4}{3} \cdot \frac{1}{4} + \frac{4}{3} \cdot \frac{3}{4}$
c) $\frac{3}{5} \cdot (\frac{2}{3} + \frac{2}{3})$ oder $\frac{3}{5} \cdot \frac{2}{3} + \frac{3}{5} \cdot \frac{2}{3}$
d) $\frac{8}{9} \cdot (\frac{3}{8} + \frac{2}{8})$ oder $\frac{8}{9} \cdot \frac{3}{8} + \frac{8}{9} \cdot \frac{2}{8}$

11 Wende das Verteilungsgesetz so an, dass du geschickt rechnen kannst.

a) $\frac{4}{7} \cdot (\frac{1}{6} + \frac{5}{6})$
b) $\frac{2}{3} \cdot (\frac{3}{2} + \frac{6}{7})$
c) $(\frac{2}{3} + \frac{4}{3}) \cdot \frac{7}{9}$
d) $(3 + \frac{3}{10}) \cdot \frac{5}{11}$
e) $(\frac{5}{9} + \frac{1}{3}) \cdot \frac{27}{32}$
f) $\frac{7}{9} \cdot (\frac{9}{14} + \frac{3}{4})$
g) $3 \cdot (\frac{4}{9} + \frac{5}{24})$
h) $(\frac{9}{14} + \frac{17}{28}) \cdot \frac{27}{35}$
i) $\frac{5}{2} \cdot (\frac{2}{5} - \frac{1}{10})$
k) $5\frac{1}{3} \cdot (\frac{7}{16} - \frac{7}{24})$

Verbindung der Rechenarten

Setze für jedes Kästchen die Brüche in der angegebenen Reihenfolge ein.
Wo erhältst du den größten Wert, wo den kleinsten Wert?

$\square \cdot \square + \square$

$(\square + \square) \cdot \square$

$\square - \square \cdot \square$

$\square - \square : \square$

12
Überlege vor dem Rechnen, welcher Weg vorteilhafter ist.

a) $\frac{4}{9} \cdot (\frac{9}{10} + \frac{9}{14})$ b) $\frac{2}{5} \cdot (5 + \frac{3}{5})$

c) $\frac{3}{7} \cdot (\frac{7}{3} + \frac{11}{6})$ d) $24 \cdot (\frac{3}{8} + \frac{5}{12})$

e) $(\frac{6}{7} - \frac{6}{11}) \cdot \frac{11}{12}$ f) $(3 - \frac{1}{2}) \cdot \frac{17}{10}$

g) $(\frac{18}{25} + \frac{9}{35}) : \frac{36}{5}$ h) $(\frac{11}{4} - \frac{11}{5}) : \frac{33}{20}$

13
Berechne geschickt.

a) $3 \cdot \frac{2}{5} + 3 \cdot \frac{3}{5}$ b) $8 \cdot (\frac{3}{4} + \frac{1}{8})$

c) $\frac{6}{5} \cdot (7 - 2)$ d) $\frac{3}{2} \cdot 11 + \frac{3}{2} \cdot 17$

e) $\frac{7}{8} \cdot \frac{1}{3} + \frac{7}{8} \cdot \frac{5}{3}$ f) $(\frac{2}{5} + \frac{3}{2}) \cdot \frac{10}{3}$

g) $\frac{7}{10} \cdot (5 - \frac{5}{14})$ h) $13 \cdot \frac{1}{7} - 13 \cdot \frac{1}{14}$

14
Das Verteilungsgesetz gilt auch, wenn in der Klammer mehr als zwei Zahlen stehen.
Beispiel: $\frac{3}{8} \cdot (\frac{4}{9} + 2 - \frac{2}{15}) = \frac{3}{8} \cdot \frac{4}{9} + \frac{3}{8} \cdot \frac{2}{1} - \frac{3}{8} \cdot \frac{2}{15}$
$= \frac{1}{6} + \frac{3}{4} - \frac{1}{20} = \frac{52}{60} = \frac{13}{15}$.

a) $8 \cdot (\frac{1}{4} + \frac{3}{2} + \frac{5}{8})$ b) $7 \cdot (\frac{5}{21} + \frac{1}{3} - \frac{8}{21})$

c) $(\frac{11}{30} + \frac{17}{45} - \frac{7}{60}) \cdot 15$ d) $(\frac{3}{32} + \frac{1}{80} + \frac{1}{5}) \cdot 16$

e) $10 \cdot (\frac{9}{10} + \frac{7}{30} + \frac{2}{5})$ f) $\frac{6}{7} \cdot (\frac{2}{3} + \frac{5}{6} + \frac{35}{36})$

15
Klammere geschickt aus und denke ans Kürzen.

a) $4 \cdot \frac{1}{7} + 6 \cdot \frac{1}{7} + 11 \cdot \frac{1}{7}$

b) $2\frac{1}{2} \cdot \frac{2}{3} + \frac{3}{4} \cdot \frac{2}{3} - 2 \cdot \frac{2}{3}$

c) $5\frac{3}{4} \cdot \frac{5}{22} + \frac{1}{2} \cdot \frac{5}{22} + 4\frac{3}{4} \cdot \frac{5}{22}$

d) $\frac{3}{13} \cdot \frac{2}{7} + \frac{3}{13} \cdot \frac{6}{7} - \frac{3}{13} \cdot \frac{1}{7}$

16
Wo steckt der Fehler? Verbessere!

a) $\frac{1}{5} \cdot (\frac{3}{7} + \frac{4}{9}) = \frac{1}{5} + \frac{3}{7} \cdot \frac{1}{5} + \frac{4}{9}$

b) $\frac{1}{2} \cdot (\frac{3}{4} + \frac{4}{5}) = \frac{1}{2} \cdot \frac{3}{4} + \frac{4}{5}$

c) $(\frac{2}{3} - \frac{1}{4}) \cdot \frac{1}{6} = \frac{2}{3} - \frac{1}{4} \cdot \frac{1}{6}$

d) $\frac{2}{7} + \frac{1}{4} \cdot \frac{2}{7} + \frac{4}{9} = \frac{2}{7} \cdot (\frac{1}{4} + \frac{4}{9})$

17
Hier kannst du in jeder Aufgabe mehrmals ausklammern.

a) $\frac{2}{11} \cdot \frac{9}{25} + \frac{8}{11} \cdot \frac{9}{25} + \frac{3}{11} \cdot \frac{2}{25} + \frac{7}{11} \cdot \frac{2}{25}$

b) $\frac{2}{11} \cdot \frac{4}{13} + \frac{2}{11} \cdot \frac{5}{13} + \frac{4}{11} \cdot \frac{3}{13} + \frac{4}{11} \cdot \frac{6}{13}$

c) $\frac{1}{17} \cdot \frac{3}{19} + \frac{6}{17} \cdot \frac{3}{19} + \frac{4}{17} \cdot \frac{14}{19} + \frac{3}{17} \cdot \frac{14}{19}$

d) $3 \cdot \frac{11}{13} + 3 \cdot \frac{15}{13} + \frac{43}{15} \cdot \frac{8}{15} - \frac{13}{15} \cdot \frac{8}{15}$

18
Schreibe den dazugehörigen Rechenausdruck auf. Manchmal brauchst du dazu Klammern. Berechne den Wert.

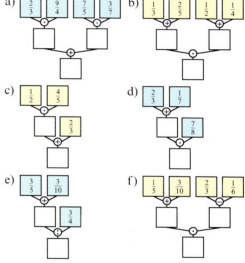

19
Zeichne den passenden Rechenbaum und berechne.

a) $(\frac{2}{9} + \frac{1}{3}) \cdot \frac{3}{4}$ b) $\frac{3}{5} : (\frac{1}{2} - \frac{1}{3})$

c) $\frac{3}{4} - (\frac{7}{6} - \frac{1}{2})$ d) $(\frac{2}{3} - \frac{2}{5}) \cdot \frac{1}{2}$

e) $(\frac{1}{3} + \frac{1}{5}) - \frac{1}{30}$ f) $6 : (\frac{1}{9} \cdot \frac{2}{7})$

g) $\frac{8}{5} : (\frac{1}{2} \cdot \frac{1}{4})$ h) $\frac{7}{2} \cdot (\frac{6}{5} : \frac{1}{2})$

20
Berechne.

a) $\frac{1}{3} \cdot \frac{1}{2} + \frac{2}{9}$ b) $\frac{7}{10} + \frac{3}{5} \cdot \frac{3}{4}$

c) $\frac{2}{3} - \frac{1}{8} \cdot \frac{4}{3}$ d) $\frac{4}{5} - \frac{7}{15} : \frac{2}{3}$

e) $4\frac{3}{4} - 2\frac{7}{10} \cdot \frac{8}{9}$ f) $7\frac{1}{2} + 2\frac{4}{5} : 1\frac{3}{25}$

Verbindung der Rechenarten

21 Stelle den Rechenausdruck auf und berechne seinen Wert.

a) 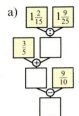 b) 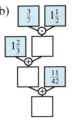 c)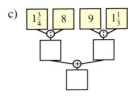

22 Zeichne den passenden Rechenbaum und berechne.

a) $\frac{2}{9} + \frac{1}{3} \cdot \frac{3}{4}$
b) $6 - \frac{1}{9} \cdot \frac{2}{7}$
c) $\frac{5}{8} + \frac{7}{8} \cdot \frac{1}{4}$
d) $\frac{8}{5} - \frac{2}{3} : \frac{7}{15}$
e) $\frac{1}{5} \cdot \frac{3}{8} + \frac{4}{5} \cdot \frac{1}{10}$
f) $\frac{2}{5} : \frac{1}{3} + \frac{2}{3} : \frac{4}{5}$

23 Berechne.

a) $\frac{2}{5} \cdot \frac{3}{4} - \frac{1}{4} : \frac{5}{2}$
b) $\frac{1}{3} \cdot \frac{4}{5} - \frac{1}{2} \cdot \frac{4}{3}$
c) $\frac{5}{7} : \frac{10}{11} + \frac{3}{8} \cdot \frac{4}{7}$
d) $\frac{16}{3} : \frac{4}{9} - \frac{10}{3} \cdot \frac{3}{5}$
e) $2\frac{1}{9} \cdot 1\frac{4}{5} + 2\frac{1}{10} \cdot \frac{3}{4}$
f) $1\frac{7}{8} \cdot 4\frac{8}{9} - 18\frac{2}{3} : 3\frac{1}{9}$

24 Berechne.

a) $\frac{8}{9} - (\frac{1}{3} + \frac{1}{6})$
b) $\frac{7}{4} - (\frac{5}{6} - \frac{5}{12})$
c) $\frac{13}{4} - (\frac{14}{3} - 2)$
d) $\frac{16}{5} - (\frac{3}{2} + \frac{5}{4})$
e) $\frac{9}{20} - (\frac{1}{10} + \frac{3}{50})$
f) $\frac{11}{15} - (\frac{7}{9} - \frac{3}{5})$

25 Berechne.

a) $3 - (\frac{1}{2} + \frac{3}{4} - \frac{6}{5})$
b) $\frac{1}{2} - (\frac{3}{7} + \frac{1}{21} - \frac{1}{4})$
c) $\frac{7}{5} - (5 - \frac{6}{5} - \frac{20}{7})$
d) $\frac{6}{5} - (\frac{9}{2} - \frac{4}{3} - \frac{11}{5})$
e) $9 - (\frac{3}{2} + \frac{5}{3} + \frac{7}{4})$
f) $\frac{11}{3} - (2 - \frac{8}{9} + \frac{2}{3})$

26 Berechne.

a) $(6\frac{2}{5} + 2\frac{7}{10}) : (3\frac{1}{2} - \frac{9}{10})$
b) $2 \cdot (7\frac{1}{3} - 2\frac{1}{5}) + 5\frac{1}{15}$
c) $(9\frac{1}{2} - 4\frac{5}{6}) : (4\frac{4}{5} - 1\frac{1}{3})$

27 Setze für die Leerstellen die Brüche ein und rechne.   □ + △ · ○   □ + △ : ○
□ · △ + ○   □ : △ + ○

a) Für □ = $\frac{1}{2}$, △ = $\frac{1}{3}$ und ○ = $\frac{1}{4}$.
b) Für □ = $\frac{1}{4}$, △ = $\frac{1}{5}$ und ○ = $\frac{1}{6}$.

28 Ersetze die Leerstellen jeweils durch dieselbe Zahl und berechne.

a) □ : $\frac{3}{4} + \frac{4}{5} \cdot$ □   (□ = $\frac{1}{5}, \frac{3}{8}, \frac{4}{7}, \frac{3}{2}$)
b) $\frac{7}{2} + △ \cdot △ - \frac{5}{6}$ (△ = $\frac{1}{4}, \frac{2}{3}, \frac{5}{2}, \frac{9}{4}$)

29

a) Bilde aus den Brüchen $\frac{3}{5}, \frac{2}{3}$ und $\frac{1}{6}$ verschiedene Rechenausdrücke und berechne sie.
Beispiel: $\frac{3}{5} \cdot \frac{2}{3} + \frac{1}{6} = \frac{2}{5} + \frac{1}{6} = \frac{17}{30}$.
b) Stelle einen Rechenausdruck ohne und einen Ausdruck mit Klammern mit möglichst großem Wert auf.
c) Stelle einen Rechenausdruck ohne und einen Ausdruck mit Klammern mit möglichst kleinem Wert auf.

30 Wie heißt der Rechenausdruck? Berechne.

a) Vermehre das Produkt aus den Zahlen $1\frac{2}{5}$ und 7 um $\frac{4}{15}$.
b) Vermindere den Quotienten aus den Zahlen $4\frac{3}{7}$ und $\frac{5}{14}$ um $7\frac{3}{10}$.
c) Subtrahiere von 54 das Produkt aus den Zahlen $8\frac{5}{9}$ und $2\frac{5}{11}$.
d) Addiere zu $2\frac{9}{10}$ den Quotienten aus den Zahlen $\frac{5}{12}$ und $\frac{5}{24}$.

31

a) Subtrahiere die Differenz von $\frac{1}{3}$ und $\frac{1}{4}$ von der Summe aus $\frac{5}{6}$ und $\frac{2}{9}$.
b) Addiere die Differenz von $\frac{5}{9}$ und $\frac{3}{8}$ zur Differenz von $\frac{7}{5}$ und $\frac{11}{40}$.
c) Dividiere die Summe von $\frac{1}{3}$ und $\frac{1}{8}$ durch die Differenz von $\frac{5}{3}$ und $\frac{3}{4}$.
d) Addiere das Produkt der Zahlen $\frac{21}{8}$ und $\frac{4}{3}$ zum Quotienten der Zahlen $\frac{25}{26}$ und $\frac{5}{13}$.
e) Multipliziere die Summe der Zahlen $\frac{5}{12}$ und $\frac{3}{5}$ mit der Differenz der Zahlen 2 und $\frac{1}{61}$.

Verbindung der Rechenarten

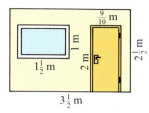

32
Jasmins Zimmer wird neu tapeziert. Nach dem Ausmessen überlegt ihr Vater, wie viel m² Tapete er allein für die Zimmerwand mindestens braucht, wenn er mit $1\frac{1}{2}$ m² Abfall rechnet. Stelle zur Berechnung zuerst einen Rechenausdruck auf.
Berechne die gesamte Tapetenfläche in m².

33
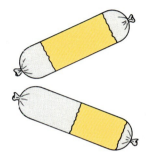
Herberts Katze hat eine Wurst stibitzt. Erst frisst sie von der Hälfte ein Drittel, dann vom anderen Ende her noch ein Viertel der ganzen Wurst. Brittas Hund will da nicht zurückstehen und stiehlt ebenfalls eine Wurst. Erst frisst er die Hälfte, dann schafft er noch ein Drittel eines Viertels.
Welchen Rest hat die Katze, welchen hat der Hund übrig gelassen?

34
Bauer Sommer besitzt $22\frac{1}{2}$ ha Land.
a) Ein Viertel der Nutzfläche ist Wald, $\frac{2}{5}$ davon Nadelwald.
Auf wie viel ha Fläche wachsen Nadelbäume?
b) $\frac{5}{9}$ der Ackerfläche bebaut er mit Hackfrüchten. Wie viel ha sind dies?

35
Die Klassen 6a und 6b sammeln Altpapier für ihren Schullandheimaufenthalt in den Dolomiten. Die Klassen erzielen folgende Ergebnisse: 6a: $1\frac{3}{4}$ t und $2\frac{1}{2}$ t, 6b: $\frac{9}{10}$ t und $3\frac{1}{4}$ t.
Berechne, wer mehr gesammelt hat.

36
Frau Malte ist Gesundheitsberaterin. An einem Tag, an dem sie insgesamt $9\frac{1}{2}$ h gearbeitet hat, fuhr sie $3\frac{1}{4}$ h lang im Stadtverkehr und $2\frac{1}{2}$ h lang über Land. Wie viel Zeit blieb ihr für die Beratung der Kunden?

37
Ein Handwerker hat Überstunden gemacht: $\frac{1}{2}$ h, $\frac{3}{4}$ h, 1 h, $\frac{3}{4}$ h, $1\frac{1}{4}$ h. Wie viel Euro erhält er für die zusätzliche Arbeit, wenn für eine Überstunde 21,20 € bezahlt werden?

38
Zum Knobeln!
Die Hälfte des Kirschsafts wird in den Krug mit Apfelsaft umgefüllt. Dann wird gut gemischt. Anschließend wird ein Drittel in den Krug mit dem Kirschsaft zurückgegossen.

$\frac{1}{2}$ l Apfelsaft $\frac{1}{2}$ l Kirschsaft

a) Wie viel l Saftgemisch ist jetzt in jedem Krug?
b) Wie groß ist der Anteil des Kirschsafts im linken Krug?
c) Wie groß ist der Anteil des Apfelsafts im rechten Krug?

39

Zahlenzauber!
Berechne der Reihe nach:

$\frac{3}{4} - \frac{1}{2}$

$\frac{3}{4} \cdot \frac{8}{9} - \frac{1}{2}$

$\frac{3}{4} \cdot \frac{8}{9} \cdot \frac{15}{16} - \frac{1}{2}$

$\frac{3}{4} \cdot \frac{8}{9} \cdot \frac{15}{16} \cdot \frac{24}{25} - \frac{1}{2}$

$\frac{3}{4} \cdot \frac{8}{9} \cdot \frac{15}{16} \cdot \frac{24}{25} \cdot \frac{35}{36} - \frac{1}{2}$

Beachte, dass die Nenner der Faktoren Quadratzahlen sind.
Erkennst du eine Gesetzmäßigkeit?
Nenne, ohne zu rechnen, die Ergebnisse von:

$\frac{3}{4} \cdot \frac{8}{9} \cdot \frac{15}{16} \cdot \frac{24}{25} \cdot \frac{35}{36} \cdot \frac{48}{49} - \frac{1}{2}$

$\frac{3}{4} \cdot \frac{8}{9} \cdot \frac{15}{16} \cdot \frac{24}{25} \cdot \frac{35}{36} \cdot \frac{48}{49} \cdot \frac{63}{64} \cdot \frac{80}{81} \cdot \frac{99}{100} - \frac{1}{2}$

10 Vermischte Aufgaben

1
Berechne.

a) $\frac{3}{8}+\frac{5}{8}$ b) $\frac{1}{12}+\frac{7}{12}$ c) $\frac{5}{13}+\frac{11}{13}$

$\frac{1}{7}+\frac{6}{7}$ $\frac{1}{8}+\frac{5}{8}$ $\frac{18}{19}+\frac{18}{19}$

$\frac{3}{11}+\frac{8}{11}$ $\frac{1}{10}+\frac{3}{10}$ $\frac{21}{25}+\frac{19}{25}$

d) $\frac{8}{9}-\frac{5}{9}$ e) $\frac{8}{11}-\frac{6}{11}$ f) $\frac{13}{16}-\frac{11}{16}$

$\frac{9}{10}-\frac{7}{10}$ $\frac{15}{17}-\frac{8}{17}$ $\frac{22}{25}-\frac{7}{25}$

$\frac{3}{4}-\frac{1}{4}$ $\frac{21}{23}-\frac{9}{23}$ $\frac{33}{50}-\frac{23}{50}$

2
Ergänze die fehlenden Brüche.

a) $\square+\frac{2}{5}=\frac{4}{5}$ b) $\square+\frac{5}{9}=\frac{7}{9}$

c) $\frac{25}{32}+\square=\frac{31}{32}$ d) $\frac{11}{15}-\square=\frac{4}{15}$

e) $\square-\frac{8}{19}=\frac{5}{19}$ f) $\square-\frac{34}{45}=\frac{13}{45}$

g) $\frac{19}{27}-\square=\frac{8}{27}$ h) $\frac{31}{44}-\square=\frac{15}{44}$

3
Rechne mit gemischten Zahlen.

a) $5\frac{2}{15}+1\frac{8}{15}$ b) $5\frac{11}{12}-3\frac{5}{12}$ c) $8\frac{13}{24}-5\frac{19}{24}$

$10\frac{1}{18}+2\frac{11}{18}$ $4\frac{13}{16}-1\frac{9}{16}$ $12\frac{13}{30}-4\frac{19}{30}$

$7\frac{3}{20}+9\frac{13}{20}$ $6\frac{17}{25}-4\frac{12}{25}$ $34\frac{31}{60}-25\frac{53}{60}$

4
Berechne.

a) $\frac{1}{5}l+\frac{2}{5}l$ b) $\frac{7}{100}kg-\frac{3}{100}kg$ c) $\frac{11}{15}km+\frac{14}{15}km$

$\frac{2}{5}l+\frac{2}{5}l$ $\frac{9}{10}kg-\frac{7}{10}kg$ $\frac{11}{12}km+\frac{5}{12}km$

$\frac{3}{8}l+\frac{5}{8}l$ $\frac{17}{20}kg-\frac{7}{20}kg$ $\frac{29}{50}km+\frac{31}{50}km$

5
Martins Hund Twiggy bekommt ein Medikament. Um die Dosis zu bestimmen, muss Twiggy gewogen werden. Martin nimmt Twiggy mit auf die Waage. Sie wiegen zusammen $72\frac{1}{4}$ kg, Martin alleine $58\frac{3}{4}$ kg. Wie schwer ist Twiggy?

6
Jeder Schrebergarten in der Kleingartenanlage ist 5% der Gesamtfläche groß. Welcher Anteil bleibt für die Zufahrtswege? Schreibe das Ergebnis als gekürzten Bruch.

7
Berechne.

a) $\frac{3}{8}+\frac{1}{4}$ b) $\frac{3}{5}-\frac{11}{25}$ c) $\frac{3}{8}+\frac{5}{12}$

$\frac{5}{6}+\frac{1}{12}$ $\frac{4}{7}-\frac{11}{21}$ $\frac{5}{18}+\frac{10}{24}$

$\frac{1}{6}+\frac{11}{18}$ $\frac{1}{11}-\frac{1}{33}$ $\frac{4}{9}+\frac{7}{15}$

d) $\frac{13}{20}-\frac{17}{30}$ e) $\frac{7}{11}+\frac{11}{18}$ f) $\frac{8}{15}-\frac{1}{4}$

$\frac{7}{16}-\frac{7}{24}$ $\frac{2}{3}+\frac{13}{19}$ $\frac{4}{5}-\frac{11}{15}$

$\frac{18}{35}-\frac{5}{14}$ $\frac{9}{16}+\frac{7}{9}$ $\frac{13}{17}-\frac{7}{12}$

8
Ergänze.

a) $\frac{2}{3}+\square=\frac{17}{12}$ b) $\frac{3}{4}+\square=\frac{27}{20}$

c) $\square+\frac{7}{10}=\frac{43}{40}$ d) $\frac{7}{9}-\square=\frac{11}{18}$

e) $\square-\frac{2}{9}=\frac{13}{36}$ f) $\square+\frac{3}{14}=\frac{47}{56}$

9
Bestimme den Umfang der Figur.

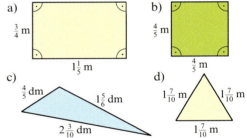

10
Setze die Reihe fort.

a) Bis $5\frac{1}{3}$: $\frac{1}{3}\xrightarrow{+\frac{1}{2}}\frac{5}{6}\xrightarrow{+\frac{1}{2}}\square\xrightarrow{+\frac{1}{2}}\square\ldots$

b) Bis 0: $10\xrightarrow{-\frac{2}{3}}9\frac{1}{3}\xrightarrow{-\frac{2}{3}}\square\xrightarrow{-\frac{2}{3}}\square\ldots$

11
Berechne.

a) $7-\frac{2}{11}$ b) $3\frac{3}{8}+6\frac{1}{8}$ c) $\frac{15}{11}-1\frac{1}{11}$

$6+\frac{2}{3}$ $4\frac{2}{7}+\frac{9}{7}$ $1\frac{11}{15}-\frac{21}{30}$

$9-\frac{4}{13}$ $1\frac{1}{4}-\frac{5}{8}$ $2\frac{7}{10}+\frac{43}{100}$

d) $7\frac{2}{9}+6\frac{1}{2}$ e) $10\frac{5}{36}+9\frac{5}{108}$ f) $2\frac{1}{8}+5\frac{6}{13}$

$3\frac{3}{4}-2\frac{5}{8}$ $9\frac{8}{21}-7\frac{97}{105}$ $4\frac{5}{13}-2\frac{7}{12}$

$4\frac{5}{12}-3\frac{5}{6}$ $14\frac{1}{17}-12\frac{57}{85}$ $10\frac{9}{11}+7\frac{7}{15}$

Vermischte Aufgaben

12
Setze im Heft das richtige Zeichen >, < oder = ein.

a) $\frac{1}{2} + \frac{1}{3}$ □ $\frac{1}{3} + \frac{1}{4}$
b) $\frac{4}{5} - \frac{1}{3}$ □ $\frac{2}{3} - \frac{1}{12}$
c) $\frac{12}{5} + \frac{3}{10}$ □ $\frac{3}{5} + \frac{37}{20}$
d) $\frac{1}{7} - \frac{1}{9}$ □ $\frac{2}{9} - \frac{1}{7}$
e) $\frac{11}{12} + \frac{1}{4}$ □ $\frac{25}{18} - \frac{2}{9}$
f) $\frac{1}{6} - \frac{1}{7}$ □ $\frac{1}{5} - \frac{1}{8}$

13
Jede Zeile, Spalte und Diagonale in dem Quadrat soll die gleiche Summe ergeben.

a)
$\frac{1}{4}$	3	2	$\frac{13}{4}$
	$\frac{11}{4}$	$\frac{1}{2}$	
$\frac{15}{4}$	$\frac{3}{2}$		$\frac{3}{4}$
	$\frac{9}{4}$		

b)
$\frac{1}{12}$		$\frac{2}{3}$	
$\frac{7}{6}$		$\frac{11}{12}$	$\frac{1}{6}$
	$\frac{1}{2}$	$\frac{5}{6}$	
$\frac{1}{3}$		$\frac{5}{12}$	$\frac{4}{3}$

c)
8	$\frac{3}{2}$		$\frac{13}{2}$
	5	$\frac{11}{2}$	4
	3		
2		$\frac{1}{2}$	

d)
$\frac{9}{5}$			$\frac{3}{5}$
	$\frac{8}{5}$	$\frac{6}{5}$	
$\frac{4}{5}$	$\frac{3}{2}$	$\frac{11}{10}$	2
		$\frac{7}{5}$	

14
Übertrage ins Heft und ergänze richtig.

a)
□ $\frac{3}{4}$ − □ = □ $\frac{4}{7}$
+   +   +
□ − □ = □
────────────
□ − $\frac{1}{3}$ = $\frac{4}{5}$

b)
□ $\frac{3}{5}$ − □ = □
+   +   +
□ − □ $\frac{2}{9}$ = □ $\frac{1}{2}$
────────────
□ − □ = □ $\frac{9}{10}$

15

Die Heimatzeitung berichtet:

„In Bruchdorf ist $\frac{1}{8}$ der Fläche mit Wohnhäusern, $\frac{1}{24}$ mit öffentlichen Gebäuden und $\frac{1}{5}$ mit Scheunen und Ställen bebaut. Gärten und Wiesen nehmen den Anteil $\frac{7}{12}$ ein. Der Rest, das ist der Anteil $\frac{1}{10}$, wird von Straßen, Wegen und Plätzen beansprucht."

Die Zeitung hat eine einzige Ziffer falsch gedruckt. Wo steckt der Fehler?

16
Berechne vorteilhaft.

a) $\frac{2}{3} + \frac{9}{11} + \frac{1}{3}$
b) $\frac{5}{7} + \frac{5}{9} + \frac{2}{7}$
c) $\frac{4}{5} + \frac{7}{8} + \frac{6}{5}$
d) $\frac{4}{21} + \frac{8}{9} + \frac{10}{9}$
e) $\frac{13}{24} + \frac{10}{11} + \frac{11}{24}$
f) $\frac{3}{8} + \frac{5}{13} + \frac{29}{8}$
g) $\frac{3}{7} + \frac{11}{14} + \frac{3}{14}$
h) $\frac{5}{17} + \frac{3}{8} + \frac{12}{17}$

17
Fasse geschickt zusammen.

a) $\frac{2}{3} + 1\frac{1}{2} + \frac{5}{6} - \frac{1}{2} + \frac{7}{12}$
b) $2\frac{4}{5} + \frac{7}{10} - \frac{13}{15} + \frac{17}{20} - 1\frac{3}{10}$
c) $5\frac{3}{8} - \frac{7}{24} + \frac{5}{16} - 3\frac{3}{4} + \frac{5}{4}$
d) $3\frac{7}{100} + 1\frac{1}{10} - \frac{17}{100} + 2\frac{3}{50} - \frac{13}{20}$

18
Berechne.

a) $7\frac{1}{9} - (2\frac{1}{2} - 1\frac{1}{3}) - (5\frac{5}{6} - 3\frac{1}{4})$
b) $11\frac{1}{4} - (6\frac{1}{3} - 2\frac{1}{2} + 5\frac{1}{6})$
c) $12\frac{4}{5} - 4\frac{1}{3} + 5\frac{1}{6} - (2\frac{1}{4} + 3\frac{3}{4})$
d) $8\frac{1}{6} - (6\frac{1}{4} - (4\frac{1}{5} - 2\frac{1}{3}))$
e) $13\frac{1}{2} - (12\frac{1}{3} - (10\frac{1}{5} - 8\frac{1}{4}))$

19
Gib das Ergebnis in gekürzter Form an.

a) $\frac{2}{3} - \frac{1}{7} - \frac{2}{9}$
b) $\frac{13}{100} + \frac{25}{12} - \frac{7}{30}$
c) $\frac{1}{11} + \frac{1}{13} + \frac{1}{17}$
d) $\frac{9}{77} + \frac{13}{33} - \frac{10}{77}$
e) $\frac{17}{111} + \frac{15}{37} - \frac{23}{222}$
f) $\frac{1}{9} + \frac{2}{45} - \frac{4}{735}$

20
Babylonische Bruchrechnung.
Im alten Babylon rechnete man mit Brüchen, deren Nenner Potenzen von 60 waren, also 60, 3 600 usw.

Man schrieb 2. 12. 25 und meinte damit $2 + \frac{12}{60} + \frac{25}{3600}$, also den Bruch $\frac{7945}{3600}$ oder $2\frac{149}{720}$.

Schreibe die „babylonischen Zahlen" als Brüche mit dem Nenner 3 600:

a) 1.7.25
b) 1.6.10
c) 4.40.15
d) 0.7.50
e) 6.30.00
f) 0.1.00
g) 0.00.01
h) 3.05.02
i) 2.22.22

Vermischte Aufgaben

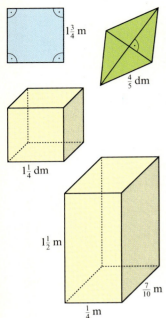

21
a) Berechne den Umfang eines Quadrates mit der Seitenlänge $1\frac{3}{4}$ m.
b) Die Figur auf dem Rand, die du nicht kennst, heißt Raute, alle Seiten sind gleich lang, nämlich $\frac{4}{5}$ dm. Wie groß ist der Umfang?
c) Wie groß ist die Summe aller Kanten eines Würfels mit der Kantenlänge $1\frac{1}{4}$ dm?
d) Berechne ebenso die Summe aller Kanten eines Quaders mit $\frac{1}{4}$ m Breite, $\frac{7}{10}$ m Länge und $1\frac{1}{2}$ m Höhe.

22
Zwei Würfel mit den Kantenlängen $1\frac{7}{10}$ dm werden übereinander gesetzt. Wie groß ist die Summe aller Kantenlängen der neu entstandenen Figur?

23
Multipliziere.

a) $\frac{2}{5} \cdot \frac{4}{3}$
$\frac{9}{10} \cdot \frac{7}{50}$
$\frac{5}{9} \cdot \frac{8}{11}$

b) $\frac{3}{5} \cdot \frac{4}{3}$
$\frac{5}{7} \cdot \frac{4}{5}$
$\frac{8}{9} \cdot \frac{3}{2}$

c) $\frac{14}{25} \cdot \frac{35}{56}$
$\frac{72}{91} \cdot \frac{39}{108}$
$\frac{102}{65} \cdot \frac{10}{68}$

d) $4 \cdot \frac{1}{12}$
$10 \cdot \frac{13}{25}$
$12 \cdot \frac{6}{17}$

e) $4 \cdot 2\frac{3}{8}$
$6 \cdot 5\frac{7}{9}$
$10 \cdot 8\frac{3}{5}$

f) $2\frac{1}{4} \cdot 5$
$5\frac{3}{4} \cdot 3$
$4\frac{3}{10} \cdot 8$

g) $3\frac{7}{16} \cdot \frac{12}{11}$
$5\frac{9}{11} \cdot \frac{7}{8}$
$3\frac{3}{14} \cdot \frac{28}{15}$

h) $4\frac{2}{7} \cdot 2\frac{4}{5}$
$9\frac{1}{6} \cdot 3\frac{5}{11}$
$3\frac{1}{3} \cdot 7\frac{2}{5}$

i) $1\frac{5}{8} \cdot 2\frac{3}{5}$
$2\frac{1}{5} \cdot 3\frac{2}{3}$
$4\frac{4}{9} \cdot 2\frac{9}{10}$

24
Wie viel sind
a) $\frac{3}{4}$ von $\frac{1}{2}$ kg
b) $\frac{1}{2}$ von $\frac{3}{4}$ kg
c) $\frac{8}{9}$ von $1\frac{1}{4}$ m
d) $\frac{1}{3}$ von 2 t
e) $\frac{4}{5}$ von $3\frac{1}{2}$ km
f) $\frac{5}{2}$ von $\frac{3}{10}$ m³?

25
Berechne.
a) 10% von 360 €
b) 30% von 150 kg
c) 75% von 264 m
d) 18% von 700 t

26
Gib einen passenden Bruch an.
a) $\frac{3}{7} \cdot \square = \frac{6}{35}$
b) $\frac{11}{9} \cdot \square = \frac{44}{45}$
c) $\square \cdot \frac{2}{3} = \frac{16}{15}$
d) $\square \cdot \frac{5}{6} = \frac{55}{42}$
e) $\frac{1}{4} \cdot \square = \frac{1}{3}$
f) $\frac{2}{3} \cdot \square = \frac{1}{2}$

27
Gib einen passenden Bruch an.
a) $\square \cdot \frac{1}{2} = \frac{6}{11}$
b) $\frac{3}{4} \cdot \square = 2$
c) $\frac{4}{5} \cdot \square = \frac{14}{15}$
d) $\square \cdot \frac{16}{27} = \frac{8}{15}$
e) $3 \cdot \square = \frac{6}{5}$
f) $\square \cdot \frac{22}{3} = \frac{11}{20}$
g) $\square \cdot 4\frac{4}{7} = 4$
h) $\frac{17}{20} \cdot \square = \frac{1}{4}$

28
Dividiere.

a) $\frac{7}{12} : \frac{8}{9}$
$\frac{9}{10} : \frac{3}{5}$
$\frac{3}{4} : \frac{7}{6}$

b) $\frac{9}{14} : \frac{6}{7}$
$\frac{1}{4} : \frac{7}{16}$
$\frac{7}{12} : \frac{14}{15}$

c) $\frac{9}{13} : 12$
$\frac{8}{11} : 16$
$\frac{4}{15} : 18$

d) $\frac{5}{6} : 6\frac{2}{3}$
$\frac{5}{9} : 3\frac{1}{8}$
$\frac{3}{7} : 2\frac{1}{4}$

e) $5\frac{5}{6} : 7$
$2\frac{4}{11} : 6$
$3\frac{3}{5} : 10$

f) $2\frac{3}{8} : \frac{3}{4}$
$4\frac{1}{2} \cdot \frac{3}{5}$
$3\frac{1}{7} : \frac{2}{7}$

g) $4\frac{1}{3} : \frac{8}{9}$
$6\frac{2}{3} : \frac{10}{21}$
$8\frac{4}{5} : \frac{11}{30}$

h) $1\frac{1}{4} : 1\frac{1}{6}$
$2\frac{2}{3} : 2\frac{3}{4}$
$3\frac{2}{5} : 5\frac{1}{10}$

i) $4\frac{1}{6} : 13\frac{3}{4}$
$7\frac{11}{12} : 15\frac{5}{6}$
$8\frac{8}{15} : 10\frac{2}{3}$

29
Setze das „vergessene" Rechenzeichen ein und schreibe die richtige Rechnung in dein Heft.
a) $\frac{13}{4} \square \frac{13}{9} = \frac{169}{36}$
b) $\frac{3}{5} \square \frac{3}{8} = \frac{9}{40}$
c) $\frac{169}{30} \square \frac{13}{15} = \frac{13}{2}$
d) $\frac{121}{28} \square \frac{11}{7} = \frac{11}{4}$
e) $\frac{3}{7} \square \frac{5}{14} = \frac{11}{14}$
f) $\frac{11}{4} \square \frac{7}{8} = \frac{15}{8}$
g) $\frac{8}{3} \square \frac{3}{2} = \frac{7}{6}$
h) $\frac{7}{10} \square \frac{7}{3} = \frac{91}{30}$

30
a) Der Umfang eines Quadrates beträgt $4\frac{4}{5}$ dm. Berechne die Seitenlänge.
b) Die Summe aller Kanten eines Würfels beträgt $8\frac{1}{2}$ m. Wie lang ist eine Kante?

Vermischte Aufgaben

31
Berechne vorteilhaft, indem du Klammern setzt.

a) $\frac{1}{3} \cdot 3 \cdot \frac{5}{6}$
b) $\frac{2}{3} \cdot \frac{3}{4} \cdot \frac{1}{2}$
c) $4 \cdot \frac{6}{7} \cdot \frac{14}{3}$
d) $1\frac{3}{5} \cdot \frac{3}{4} \cdot 2$
e) $1\frac{1}{3} \cdot \frac{9}{10} \cdot \frac{5}{27}$
f) $\frac{2}{5} \cdot 2\frac{1}{2} \cdot \frac{1}{4}$

32
Rechne und achte auf das Kürzen.

a) $\frac{32}{35} \cdot 1\frac{5}{16} \cdot 4\frac{2}{3} \cdot \frac{5}{28}$
b) $\frac{36}{49} \cdot 2\frac{1}{5} \cdot \frac{21}{22} \cdot 1\frac{8}{27}$
c) $1\frac{1}{2} \cdot 1\frac{1}{3} \cdot 1\frac{1}{4} \cdot 1\frac{1}{5}$
d) $1\frac{1}{5} \cdot \frac{21}{25} \cdot 6\frac{2}{3} \cdot \frac{25}{42}$
e) $4\frac{2}{3} \cdot \frac{5}{28} \cdot \frac{12}{19} \cdot 3\frac{1}{6}$
f) $10\frac{2}{3} \cdot 1\frac{7}{18} \cdot 14\frac{2}{5} \cdot \frac{9}{16}$

33
Berechne.

a) $(\frac{2}{3} + \frac{1}{6}) \cdot 12$
b) $\frac{1}{2} \cdot (18 - \frac{8}{3})$
c) $15 \cdot (\frac{2}{5} - \frac{1}{30})$
d) $(\frac{35}{8} - \frac{15}{4}) : 5$
e) $(\frac{7}{8} - \frac{5}{6}) \cdot 48$
f) $(\frac{27}{16} + \frac{3}{8}) : \frac{3}{2}$
g) $(3 + 1\frac{1}{3}) : 13$
h) $(2\frac{3}{4} - 1\frac{1}{2}) : 1\frac{1}{4}$

34
Berechne. Beachte die „Vorfahrtsregeln".

a) $\frac{5}{6} \cdot \frac{8}{15} + \frac{2}{9} : \frac{1}{7} - \frac{2}{5} : \frac{2}{7}$
b) $\frac{1}{2} : \frac{1}{3} + 3\frac{1}{3} \cdot \frac{1}{4} - \frac{2}{3} \cdot 20\frac{3}{4}$
c) $\frac{6}{7} : \frac{11}{14} + \frac{4}{5} \cdot \frac{21}{22} - \frac{1}{5} \cdot \frac{4}{11} - \frac{2}{11} \cdot \frac{10}{43}$
d) $3\frac{1}{6} : 4\frac{1}{5} - \frac{1}{5} : 8\frac{2}{5} + \frac{2}{3} : 2\frac{8}{17}$

35
Subtrahiere die Summe der Zahlen $\frac{3}{4}$ und $\frac{5}{6}$

a) von der Summe der Zahlen $\frac{7}{4}$ und $\frac{5}{9}$.
b) von der Differenz der Zahlen $\frac{17}{3}$ und $\frac{7}{5}$.
c) von der Summe der Zahlen $\frac{1}{2}, \frac{4}{5}$ und $\frac{13}{6}$.
d) von der Differenz der Zahlen $\frac{46}{24}$ und $\frac{9}{60}$.
e) vom Produkt der Zahlen $\frac{2}{3}$ und $\frac{11}{4}$.

36

$\frac{1}{2}$ kg Rindfleisch
$\frac{1}{4}$ kg Kartoffeln
$\frac{3}{4}$ kg Gemüse
50 g Fett
25 g Mehl
$\frac{1}{2}$ l Brühe
$\frac{1}{8}$ l saure Sahne

Das Rezept ist für 4 Personen gedacht, es sollen aber 6 Personen satt werden. Welche Mengen sind nötig?

37
a) Der Flächeninhalt eines Rechtecks ist $15\frac{5}{8}$ m². Es ist $2\frac{1}{2}$ m lang. Wie breit ist es?
b) Ein Quadrat hat einen Umfang von 66 dm. Wie lang ist eine Seite?
c) Ein Quadrat hat einen Umfang von $35\frac{1}{5}$ cm. Welchen Flächeninhalt hat es?

38
Ein Quader ist 5 dm lang, $4\frac{1}{2}$ dm breit und $1\frac{3}{4}$ dm hoch. Berechne Volumen und Oberfläche.

39
Berechne Oberfläche und Volumen eines Würfels, der eine Kantenlänge von $3\frac{1}{4}$ cm hat.

40
Seewege werden immer in Meilen angegeben. Eine Seemeile entspricht einer Entfernung von $1\frac{17}{20}$ km.
Berechne die Entfernungen in Kilometern für folgende Häfen:
Hamburg – Tokio   11 675 Seemeilen
Rotterdam – New York   3 475 Seemeilen
Antwerpen – Buenos Aires   6 400 Seemeilen

Vermischte Aufgaben

41
Von 980 Schülerinnen und Schülern einer Schule kommen $\frac{2}{7}$ mit dem Bus oder mit der Bahn in die Schule. $\frac{1}{4}$ der Schülerinnen und Schüler kommt mit dem Fahrrad, die übrigen kommen zu Fuß.
Wie viele Schülerinnen und Schüler sind das jeweils?

42
Bei der Gemeinderatswahl haben 1 200 Bürgerinnen und Bürger ihre Stimme abgegeben. Für Partei A haben $\frac{47}{100}$ gestimmt, für Partei B $\frac{34}{100}$, die übrigen haben für Partei C gestimmt. Wie viele Stimmen hat jede Partei bekommen?

43
Für eine Theateraufführung stehen 600 Karten zur Verfügung. 45 % der Karten werden im Vorverkauf veräußert. Wie viele Karten können noch erworben werden?

44
Familie Schulz kauft für 8 600 € neue Wohnzimmermöbel. Bei Barzahlung erhält sie 3 % Rabatt, bei Ratenzahlung ist ein Aufschlag von 5 % zu zahlen. Wie viel Euro beträgt der Unterschied zwischen Barzahlung und Ratenzahlung?

45
Britta und Uwe vergleichen die Anteile von Jungen und Mädchen an ihren Schulen. Der Anteil der Mädchen an Brittas Schule beträgt 60 %. Uwes Schule wird von 700 Schülern und Schülerinnen besucht, davon sind 315 Jungen. Welche Schule wird prozentual von mehr Mädchen besucht?

46
Aus einem Tank werden nacheinander $\frac{1}{4}, \frac{1}{5}, \frac{1}{8}$ und $\frac{1}{10}$ des ursprünglichen Inhalts abgepumpt.
a) Welcher Anteil bleibt übrig?
b) Wie viel l wurden insgesamt abgepumpt, wenn der Tank anfangs 3 400 l enthielt?
c) Wie viel Liter wurden jeweils abgepumpt, wenn der Tank anfangs 8 320 l enthielt?

47
Eine Weinflasche enthält $\frac{7}{10}$ Liter, eine Sektflasche $\frac{3}{4}$ Liter.
a) Welche Flasche enthält mehr? Wie groß ist der Unterschied?
b) Wie viele Gläser mit $\frac{1}{10}$ Liter Inhalt kann man mit jeder der Flaschen füllen?

48
Die Neubaustrecke der Bundesbahn zwischen Mannheim und Stuttgart ist etwa 100 km lang. Sie besteht zu einem großen Teil aus Tunneln, Geländeeinschnitten und Dämmen.

Tunnel   freie Strecke   Einschnitt   Dammlage   Brücken

Vervollständige die Tabelle.

	Tunnel	freie Strecken	Geländeeinschnitte	Dämme	Brücken
Länge in km	☐	☐	☐	24	☐
Anteil	$\frac{13}{50}$	☐	$\frac{2}{5}$	☐	$\frac{3}{50}$
Prozentanteil	☐	☐	☐	☐	☐

BRUCHRECHNEN FRÜHER

In alten Mathematikbüchern findest du viele Aufgaben, bei denen Zeiten in Bruchform angegeben werden. Die Minuten schreibt man als Bruch hinter die Anzahl der Stunden. Eine Minute entspricht dem sechzigsten Teil einer Stunde.

- Ein D-Zug, der morgens 6 Uhr 44 Minuten von Wesermünde abfährt, gebraucht bis Bremen $\frac{4}{5}$ Std., von Bremen bis Hannover $2\frac{1}{3}$ Std., von Hannover bis Kassel $2\frac{3}{4}$ Std. und von Kassel bis Frankfurt a. M. $3\frac{1}{6}$ Std. Wann wird dieser Zug in Frankfurt a. M. eintreffen?

1
a) Bestimme die Fahrzeit des Zuges auf der Strecke Wesermünde – Frankfurt.
b) Erstelle einen Fahrplan mit den Zeiten für die Ankunft und Abfahrt in den Städten Wesermünde, Bremen, Hannover, Kassel und Frankfurt.

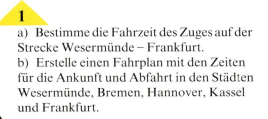

- Ein Radfahrer legt in 1 Sekunde durchschnittlich $4\frac{3}{4}$ m zurück. Welche Strecke kann er a) in 25 Min., b) in $\frac{3}{4}$ Std., c) in $1\frac{2}{3}$ Std. zurücklegen?
- Ein Flugzeug legte in $2\frac{1}{4}$ Std. 765 km, ein Luftschiff in $4\frac{4}{5}$ Std. 576 km zurück. Wie groß ist die Stundengeschwindigkeit?

- $7\frac{3}{4}$ Uhr marschieren wir ab, $9\frac{1}{4}$ Uhr machen wir $\frac{3}{4}$ Stunde Rast. Wie lange sind wir a) bei Beginn, b) am Ende der Rast unterwegs?
- Um 12 Uhr langen wir am Ziele an und spielen $1\frac{3}{4}$ Std. Ball. Wieviel Stunden hat unsere Wanderung bisher beansprucht?
- Um $14\frac{1}{2}$ Uhr brechen wir auf. Wir brauchen für den Heimweg 2 Std. 15 Min. Marschzeit und sind um 17.15 Uhr zu Hause.
a) Wie lange war die Pause, die wir einlegten?
b) Wie lange waren wir im ganzen unterwegs?

2
Berechne die in der Aufgabe gesuchten Zeiten.

Lenkbares Luftschiff.

Rückspiegel

1
Addiere und subtrahiere.

a) $\frac{1}{3}+\frac{1}{4}$ b) $\frac{2}{3}+\frac{1}{4}$ c) $\frac{4}{5}+\frac{1}{7}$

d) $\frac{2}{3}+\frac{7}{12}$ e) $\frac{6}{7}+\frac{4}{21}$ f) $\frac{15}{24}+\frac{13}{20}$

g) $\frac{4}{7}-\frac{1}{5}$ h) $\frac{7}{10}-\frac{2}{7}$ i) $\frac{4}{9}-\frac{4}{11}$

k) $\frac{11}{15}-\frac{22}{75}$ l) $\frac{5}{21}-\frac{3}{28}$ m) $\frac{7}{18}-\frac{7}{30}$

2
Berechne.

a) $6-\frac{6}{7}$ b) $8+2\frac{3}{4}$ c) $9-2\frac{9}{14}$

d) $7\frac{2}{9}+6\frac{1}{2}$ e) $3\frac{3}{4}-2\frac{5}{8}$ f) $4\frac{5}{12}-3\frac{5}{6}$

g) $5\frac{1}{17}-2\frac{16}{85}$ h) $6\frac{7}{20}-4\frac{7}{12}$ i) $8\frac{8}{21}-5\frac{14}{35}$

3
Berechne.

a) $\frac{1}{2}+\frac{1}{4}+\frac{1}{8}+\frac{1}{16}+\frac{1}{32}$

b) $\frac{1}{3}+\frac{1}{6}+\frac{2}{9}+\frac{1}{12}+\frac{1}{18}$

c) $1+\frac{1}{2}+\frac{1}{3}+\frac{1}{4}+\frac{1}{5}+\frac{1}{6}$

d) $1-\frac{1}{10}+\frac{1}{100}-\frac{1}{1000}+\frac{1}{10000}$

4
Gib das Ergebnis in gekürzter Form an.

a) $\frac{9}{11}+\frac{11}{9}-1$ b) $\frac{3}{4}+\frac{7}{9}+3$

c) $\frac{7}{24}-\frac{3}{16}-\frac{1}{48}$ d) $\frac{11}{12}-\frac{7}{30}-\frac{2}{15}$

e) $\frac{4}{5}+\frac{2}{9}-\frac{3}{20}$ f) $\frac{3}{2}+\frac{116}{125}+\frac{3}{50}$

5
Rechne vorteilhaft.

a) $\frac{5}{7}+\frac{3}{4}+\frac{9}{7}$ b) $\frac{5}{9}+1\frac{1}{2}+\frac{4}{9}$

c) $\frac{4}{5}+\frac{5}{12}-\frac{3}{10}$ d) $\frac{3}{8}-\frac{5}{16}+\frac{2}{3}$

e) $(\frac{7}{15}-\frac{5}{18})+\frac{11}{30}$ f) $\frac{7}{24}+(\frac{9}{10}+\frac{4}{15})$

g) $\frac{3}{7}\cdot\frac{13}{15}+\frac{4}{7}\cdot\frac{13}{15}$ h) $\frac{4}{7}\cdot\frac{29}{5}-\frac{14}{5}\cdot\frac{4}{7}$

6
Kürze vor dem Ausrechnen.

a) $\frac{9}{10}\cdot\frac{5}{2}$ b) $12\cdot\frac{17}{4}$ c) $\frac{36}{25}\cdot\frac{5}{9}$

d) $\frac{26}{19}\cdot\frac{38}{39}$ e) $\frac{25}{36}\cdot\frac{63}{40}$ f) $\frac{45}{49}\cdot\frac{42}{25}$

g) $\frac{27}{68}\cdot\frac{85}{36}$ h) $\frac{99}{69}\cdot\frac{46}{77}$ i) $\frac{72}{86}\cdot\frac{43}{36}$

7
Schreibe auf einen Bruchstrich und kürze vor dem Ausrechnen.

a) $\frac{1}{2}\cdot\frac{4}{9}\cdot 2\frac{2}{5}$ b) $1\frac{1}{3}\cdot\frac{5}{8}\cdot 1\frac{4}{5}$

c) $\frac{3}{4}\cdot 3\frac{1}{7}\cdot\frac{14}{15}$ d) $1\frac{2}{3}\cdot 2\frac{3}{4}\cdot 1\frac{9}{11}$

8
Wie oft passt

a) $\frac{4}{5}$ in 1 b) $\frac{3}{2}$ in 2 c) $\frac{5}{8}$ in $\frac{1}{4}$

d) $4\frac{1}{2}$ in $\frac{1}{2}$ e) $\frac{1}{12}$ in $3\frac{1}{6}$ f) $\frac{7}{25}$ in $4\frac{9}{10}$?

9
Dividiere.

a) $\frac{3}{4}:\frac{5}{2}$ b) $\frac{3}{4}:1\frac{2}{3}$ c) $2:1\frac{8}{9}$

$\frac{4}{5}:\frac{8}{15}$ $1\frac{7}{9}:\frac{8}{9}$ $\frac{3}{5}:2\frac{7}{15}$

$\frac{18}{35}:\frac{9}{70}$ $\frac{7}{4}:2\frac{5}{8}$ $3\frac{1}{6}:\frac{7}{12}$

10
Fülle die Leerstellen durch Dividieren aus.

a) $\frac{7}{5}\cdot\square=\frac{14}{15}$ b) $\frac{7}{15}\cdot\square=\frac{28}{55}$

c) $\square\cdot\frac{9}{14}=\frac{2}{3}$ d) $\square\cdot\frac{21}{44}=\frac{12}{55}$

e) $4\frac{4}{5}\cdot\square=6\frac{2}{3}$ f) $\square\cdot 7\frac{1}{3}=1\frac{2}{9}$

11
Rechne vorteilhaft.

a) $(\frac{5}{11}+\frac{4}{11}):\frac{3}{4}$ b) $(\frac{5}{8}-\frac{3}{16}):\frac{21}{32}$

c) $(\frac{7}{12}+\frac{9}{8}):\frac{7}{12}$ d) $(\frac{3}{11}+\frac{3}{16}):3$

e) $(5-\frac{2}{3}):\frac{2}{3}$ f) $(\frac{4}{9}+\frac{7}{18}):\frac{25}{24}$

12
In der Technik benutzt man oft die Längeneinheit Zoll (1″ = $2\frac{2}{5}$ cm).

a) Welchen Durchmesser in cm hat ein 26-Zoll-Rad?

b) Berechne den Durchmesser einer $3\frac{1}{2}″$-Diskette und einer $5\frac{1}{4}″$-Diskette.

$\frac{7}{16}$-Zoll-Schraube

c) Rechne folgende Angaben in cm um:
$\frac{1}{2}$ Zoll, $\frac{3}{4}$ Zoll, $\frac{7}{16}$ Zoll, 16 Zoll und 28 Zoll.

V Geometrische Figuren zeichnen

Residenz des Fürstbischofs in Münster

Im täglichen Leben begleiten uns geometrische Formen und Muster aller Art. So baut man symmetrische Gebäude, wie das Brandenburger Tor oder die Residenz des Fürstbischofs von Münster, die heute als Hauptgebäude der Universität dient.
Auch in der Natur gibt es Beispiele für geometrische Formen: Viele Pflanzen zeigen Regelmäßigkeiten auf; die Spur einer Zwergpuffotter (Südafrika) zeigt seltsam regelmäßige Abdrücke, da sie nicht wie unsere einheimischen Schlangen kriecht, sondern ihren Körper vorwärts schwingt, wie auf dem Foto zu sehen ist.
Mit recht einfachen Mitteln kann man selbständig geometrische Formen entwerfen, so wie hier aus einem Turner eine ganze Turnerriege entsteht.

Zwergpuffotter (Südafrika)

Angeblich gibt es Spiegel, die blau geschriebene Buchstaben spiegeln, für rot geschriebene aber durchsichtig sind.

115

1 Spiegeln mit dem Geodreieck

1
Stelle einen Spiegel auf das Geodreieck. Wie muss er stehen, wenn das Spiegelbild mit dem verdeckten Teil des Dreiecks übereinstimmen soll?

2
Zeichne auf Papier ohne Quadratgitter eine Gerade und die linke Hälfte eines Schmetterlings. Ergänze dann mit freier Hand die Hälfte zum ganzen Schmetterling. Prüfe mit dem Geodreieck, ob du genau gezeichnet hast.

Wenn man beim **Spiegeln** das Quadratgitter nicht zu Hilfe nehmen kann, benutzt man das Geodreieck. Die Mittellinie des Dreiecks liegt auf der Spiegelachse, und spiegelbildliche Punkte liegen links und rechts von der Achse in gleichem Abstand.

Spiegeln des Punktes P an der Geraden g
mit Hilfe des Geodreiecks:
Lege dazu das Geodreieck mit der Mittellinie
auf die Gerade g. Markiere den Spiegelpunkt
P' im selben Abstand wie P auf der anderen
Seite von g.

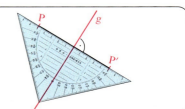

Durchführung:
Ein Dreieck ABC wird gespiegelt, indem die
Eckpunkte A, B und C gespiegelt werden.

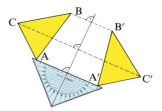

Bemerkung: Wir nennen einen Punkt, der gespiegelt wird, auch den **Originalpunkt.** Der gespiegelte Punkt heißt **Bildpunkt.**
Ebenso sprechen wir von der **Originalfigur** und der **Bildfigur.**

Beispiele
a) Das Dreieck ABC wird an der Spiegelachse g gespiegelt.
Die Seite $\overline{AB}$ schneidet die spiegelbildliche Seite $\overline{A'B'}$ auf der Achse g. Der Schnittpunkt von $\overline{AB}$ und g ist nämlich sein eigenes Spiegelbild.

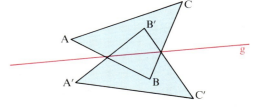

b) In der Abbildung werden vier Kreise gespiegelt.
Wenn ein Kreis die Spiegelachse schneidet, überlappen sich Original und Bild.
Wenn der Mittelpunkt des Kreises auf der Spiegelachse liegt, liegen Original und Bild übereinander. Beachte aber, dass spiegelbildlich liegende Punkte vertauscht werden.

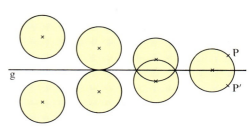

116

Spiegeln mit dem Geodreieck

Aufgaben

3
Zeichne Original, Spiegelachse und Spiegelbild mit freier Hand.

a) b) c)

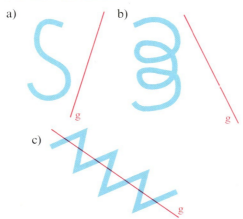

4
Zeichne jeweils die Figur und die Spiegelachse in dein Heft. Zeichne dann das Spiegelbild mit Hilfe des Geodreiecks. (Spiegelpunkte sind meist keine Gitterpunkte!)

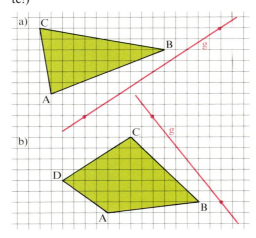

5
Lege im Quadratgitter die Spiegelachse g durch die Punkte (10|0) und (6|10). Spiegle dann das Viereck
a) A(1|1), B(8|1), C(5|10), D(1|10)
b) A(8|5), B(2|10), C(3|1), D(7|2)
c) A(2|5), B(10|4), C(9|12), D(1|11).

6
Spiegle jeweils das Dreieck an der Spiegelachse g.

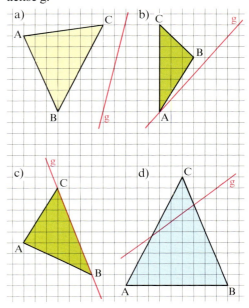

7
Spiegle im Heft die „Quadratfamilie" und die „Kreisfamilie" an g.

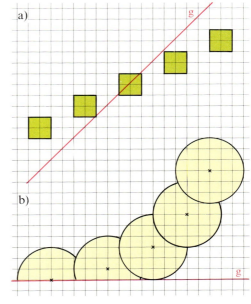

Spiegeln mit dem Geodreieck

8
Spiegle die Kreise an der Geraden g.

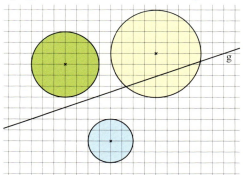

9
Zeichne die Hausfassade in doppelter Größe in dein Heft und ergänze sie zu einem Doppelhaus.

10
Unten siehst du den Grundriss vom 1. Stock einer Doppelhaushälfte. Er ist im Maßstab 1 : 200 gezeichnet. Zeichne ihn im Maßstab 1 : 100 in dein Heft und ergänze den Plan durch die zweite spiegelbildliche Doppelhaushälfte.

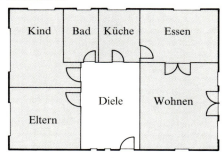

Auch die Natur bietet eine Fülle von Beispielen für achsensymmetrische Figuren. Findest du weitere Beispiele? Oft haben sie allerdings kleine Fehler. Entdeckst du sie?

11
Zeichne ein Rechteck ABCD mit den Seitenlängen 5 cm und 3 cm. Seine Seiten dürfen aber nicht parallel zu den Gitterlinien liegen.
Spiegle das Rechteck jeweils an der Spiegelachse, die
a) durch die Eckpunkte A und B geht,
b) durch die Eckpunkte A und C geht,
c) durch den Eckpunkt A geht und zur Diagonalen $\overline{BD}$ parallel ist.

12
Spiegle die Figur an der Spiegelachse g. Was erkennst du, wenn du Original- und Bildfigur zusammen betrachtest?

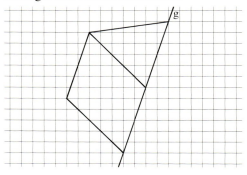

13
Suche unter den fünf hier abgebildeten Figuren zueinander spiegelbildlich liegende Figuren.

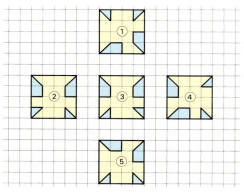

14
Spiegle das Dreieck so an einer geeigneten Geraden, dass Originalfigur und Bildfigur zusammen ein
a) Viereck
b) Dreieck
c) Fünfeck
d) Sechseck   bilden.

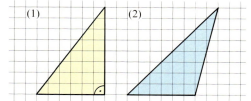

2 Verschieben mit dem Geodreieck

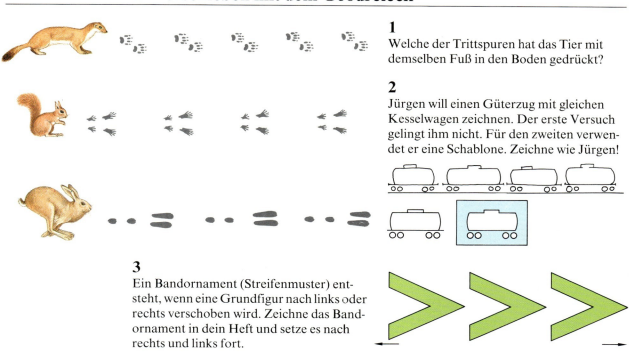

1 Welche der Trittspuren hat das Tier mit demselben Fuß in den Boden gedrückt?

2 Jürgen will einen Güterzug mit gleichen Kesselwagen zeichnen. Der erste Versuch gelingt ihm nicht. Für den zweiten verwendet er eine Schablone. Zeichne wie Jürgen!

3 Ein Bandornament (Streifenmuster) entsteht, wenn eine Grundfigur nach links oder rechts verschoben wird. Zeichne das Bandornament in dein Heft und setze es nach rechts und links fort.

Das Verschieben von Figuren lässt sich auch mit Hilfe des Geodreiecks durchführen. Dazu muss lediglich ein Pfeil die Richtung und die Länge der Verschiebung angeben.

Verschieben des Punktes P längs dem **Verschiebungspfeil** $\overrightarrow{AA'}$ mit Hilfe des Geodreiecks:
Zeichne die Gerade g durch A und A'.
Zeichne durch P eine parallele Gerade zu g.
Miss die Strecke $\overline{AA'}$ und trage sie von P aus auf der Parallelen ab. Achte dabei auf die Richtung.

Bemerkung: Von der Originalfigur zur verschobenen Bildfigur gelangt man, indem jeder Eckpunkt der gegebenen Figur durch parallele und gleich lange Pfeile verschoben wird.

Beispiel:
a) Ein **Bandornament** (Streifenmuster) entsteht, wenn eine Grundfigur nach links und rechts immer weiter in gleicher Weise verschoben wird.

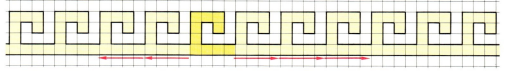

Verschieben mit dem Geodreieck

Beispiele

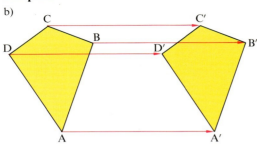

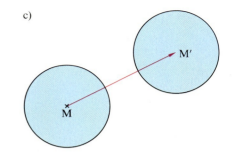

Aufgaben

4
Stelle selbst Bandornamente aus diesen Figuren her.

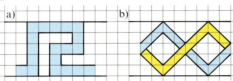

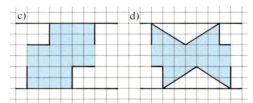

5
Der Fensterstreifen hilft dir, aus der Buchstabenkette die Namen zweier Tiere herauszulesen, die während der Eiszeit in unserem Gebiet lebten.

6
Der Schrank wird in die Ecke des Zimmers geschoben. Wo liegt dann der Eckpunkt A? Musst du, um das herauszufinden, den ganzen Schrank in seiner neuen Lage zeichnen?

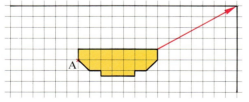

7
Übertrage die Dreiecke ins Heft und verschiebe sie mit den eingezeichneten Pfeilen.

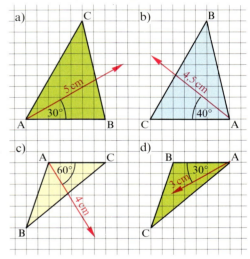

8
Durch die Verschiebung entsteht ein X-Balken im Schrägbild.
Ziehe die sichtbaren Linien deutlich nach.

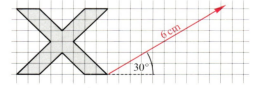

9
Schreibe deinen Vornamen in Schattenschrift wie auf dem Rand.

3 Drehsymmetrische Figuren

1
Zeichne die Figur ab und schneide sie aus. Stecke eine Nadel durch den Mittelpunkt. Was fällt dir auf, wenn du die Figur um 45°, 90°, 135°, ... drehst?

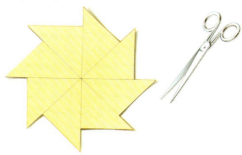

Schiffspropeller warten auf dem Werftgelände auf ihren Einsatz. Sie wiegen bei einem Durchmesser von etwa fünf Metern zehn bis zwölf Tonnen.

Viele Figuren können durch Drehen mit sich selbst zur Deckung gebracht werden.

> Eine **drehsymmetrische Figur** kommt mit ihrem Bild zur Deckung, wenn sie um ihren Mittelpunkt und um einen passenden Winkel zwischen 0° und 360° gedreht wird. Solche Winkel heißen **Symmetriewinkel**.

Bemerkung: Der Vollwinkel mit 360° zählt immer als Symmetriewinkel.

Beispiel
Das linke Windrad hat sechs Symmetriewinkel: 60°, 120°, 180°, 240°, 300° und 360°. Wird aber jede zweite Fläche gefärbt, bleiben nur drei Symmetriewinkel: 120°, 240° und 360°.
Die Anzahl der Symmetriewinkel kannst du berechnen, indem du 360° durch den kleinsten Winkel teilst:
360° : 60° = 6;   360° : 120° = 3.

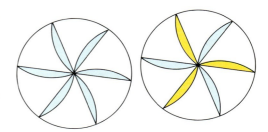

Aufgaben

2
Wo siehst du drehsymmetrische Figuren? Welche Symmetriewinkel kommen vor?

3
Schneide einen großen Kreis aus, falte ihn zu einem Achtel-Kreisausschnitt, schneide geradlinig ab. Was erhältst du nach dem Auffalten?

Drehsymmetrische Figuren

Das Hasenfenster im Dom zu Paderborn

4
Zeichne die Figuren ab.
a)   b)

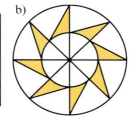

5
Zeichne die Figuren in doppelter Größe, schneide sie aus und drehe sie so, dass du die Symmetriewinkel erkennst.
a)   b)

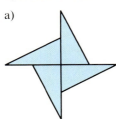 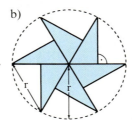

6
Teile einen Kreis
a) in 12   b) in 10   c) in 15
gleiche Teile. Verbinde die Teilpunkte. Welche Symmetriewinkel haben die entstehenden Vielecke?

7
Der kleinste Symmetriewinkel einer Figur beträgt
a) 45°   b) 30°   c) 24°
d) 20°   e) 15°   f) 10°.
Wie viele Symmetriewinkel hat die Figur?

8
Die Anzahl der Symmetriewinkel einer Figur beträgt
a) 2   b) 5   c) 10
d) 16   e) 20   f) 30.
Wie groß ist der kleinste Symmetriewinkel?

9
Zeichne eine drehsymmetrische Figur mit
a) 6   b) 8   c) 15
d) 3   e) 12   f) 1
Symmetriewinkeln.

10
Schreibe alle Symmetriewinkel auf.
a)   b)

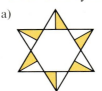

c)   d)

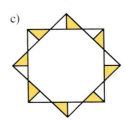 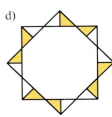

11
Zeichne die Figur viermal ab. Färbe sie so, dass eine Figur mit nur
a) sechs   b) vier   c) drei   d) zwei
Symmetriewinkeln entsteht.

r = 3 cm

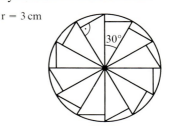

12
Manche drehsymmetrischen Figuren haben auch Symmetrieachsen. Nenne alle Symmetriewinkel und beschreibe die Lage der Symmetrieachsen.
a)   b)

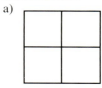 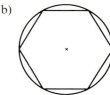

c)   d)

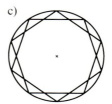 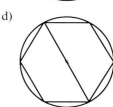

4 Vermischte Aufgaben

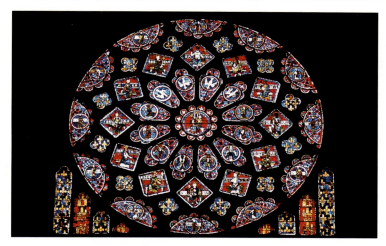

Fensterrosette der Kathedrale in Chartres, Frankreich

1
Viele Kirchen haben sehr regelmäßige Fensterrosetten.
Beschreibe die Symmetrien.

2
Spiegle das Viereck ABCD zunächst an g und das Bild A'B'C'D' dann an h. Was stellst du fest?
Vergleiche die Originalfigur ABCD mit der Bildfigur A"B"C"D".
Könnte man das Bildviereck A"B"C"D" auf eine andere Weise auch direkt zeichnen?

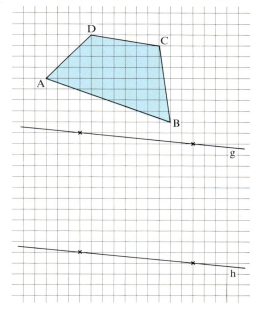

3
Claudia und Rolf beobachten am Meer eine Kette von Wildgänsen. Alle Vögel fliegen gleich schnell genau nach Norden. Der Westwind treibt sie zur Seite. Im Bild siehst du unten die Vögel, wie sie die Kinder anfangs beobachten, und oben die links außen fliegende Gans etwas später.
Zeichne mit freier Hand oder mit einer Schablone die Kette zu beiden Zeitpunkten.

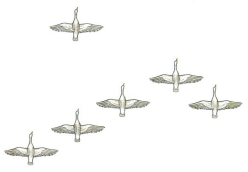

4
Die drei Platten sind auf ihrer Unterlage in Richtung der Schlitze verschiebbar. Was geschieht, wenn die linke Platte nach oben geschoben wird?

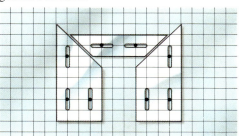

5
Das Klavier wird in Utes Dachzimmer so weit wie möglich nach links geschoben.

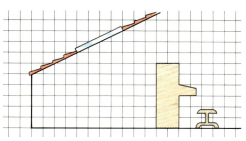

Vermischte Aufgaben

6
Beim Bau braucht man L-, U- und T-Träger.
Ergänze die Profile zu Schrägbildern.

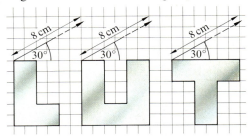

7
Zeichne die Häuserzeile aus vier Häusern.

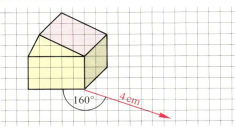

8
Verschiebe das Grundmuster mehrfach so,
wie es die zwei Pfeile zeigen. Du bekommst
dann ein Ornament. Die Wellenlinien in b)
zeichnest du mit freier Hand.

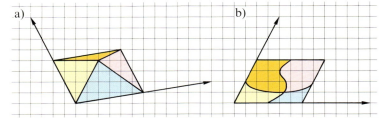

9
An einem Elektroherd gibt es neun Schalt-
stufen. Um wie viel Grad muss der Schalter
mindestens jeweils gedreht werden?
Gib auch die Drehrichtung an. Übertrage
die Tabelle in dein Heft und fülle sie aus.

von	0	4	3	1	3	5	7	1
nach	4	6	9	8	2	8	2	9
Winkel								
Richtung								

10
Spiegle so oft, dass jede Teilfigur achtmal
vorkommt. Welche Symmetriewinkel hat
das entstandene Muster?

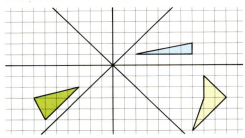

11
Eine Karussellfabrik soll ein Kettenkarussell herstellen, in dem 54 Personen Platz finden, mit drei Fahrgästen pro Reihe.
Der Mechaniker rechnet aus, unter welchem Winkel, vom Drehpunkt aus gemessen, er die vorderen Ketten der Sessel an-
bringen muss.
Rechne dies auch für ein Karussell mit 96
Fahrgästen und 4 Personen pro Reihe.

12
Nach welcher Regel ist das Muster angelegt? Zeichne es im Heft nach und setze es
nach allen Seiten fort.

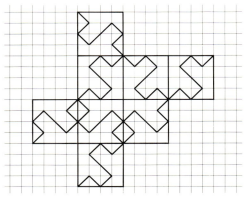

BAND-ORNAMENTE

Der Mensch hat schon seit jeher Gebrauchsgegenstände und Gebäude künstlerisch verziert.
Dabei werden häufig Ornamente verwendet, da sie die Formen, die sie schmücken, betonen oder gliedern.
Rechts siehst du eine Verzierung, wie sie am Reliquienschrein des heiligen Maurinus aus dem 12. Jahrhundert (zz. in der Schatzkammer des St. Pantaleon) zu sehen ist.
Besonders bekannt sind auch die „Mäander", benannt nach dem gewundenen Lauf des Flusses Büyük Menderes in West-Anatolien. Sie findet man bereits in der griechischen Antike auf Vasen und an Gebäuden.

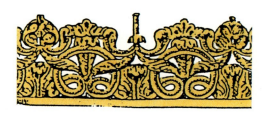

3
Falte ein Blatt Papier in Ziehharmonikaform und schneide eine Figur, ähnlich wie unten abgebildet, in das gefaltete Papier. Ziehe es wieder auseinander. Lass dir andere Schnittmuster einfallen!

1
Zähle Gegenstände auf, die mit Bandornamenten versehen sind. Unterscheide dabei die Mäander von anderen Bandornamenten.

2
Zeichne die folgenden Bandornamente in dein Heft und führe sie fort. Entwirf selbst solche Muster.

4
Bandornamente können auch mit Hilfsmitteln, wie z. B. Schablonen, Rollen, Stempeln usw., hergestellt werden. Fertige dir Schablonen aus Pappe oder Kartoffelstempel an und stelle damit verschiedene Bandornamente her. Beachte, dass man Schablonen dabei verschieben, drehen oder klappen (spiegeln) kann.

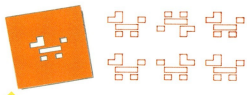

5
Zeichne Gegenstände aus deiner Umgebung und verziere sie mit Mäandern oder anderen Bandornamenten.

Rückspiegel

1
Zeichne das Quadrat und alle vier Spiegelachsen in dein Heft. Spiegle das Quadrat an allen vier Achsen.

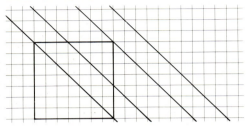

2
Spiegle die Vierecke ABCD an den Achsen, die durch die Punkte P und Q gehen. Hier überlappen sich Original- und Bildfigur!
a) A(12|2), B(6|5), C(9|5), D(13|12); P(3|7), Q(15|12)
b) A(5|15), B(11|8), C(15|9), D(13|16); P(3|15), Q(17|8)

3
Verschiebe die Figuren mit den angegebenen Pfeilen.

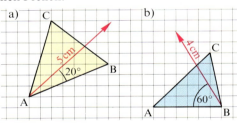

4
Die Kommode wird so in die Zimmerecke geschoben, dass sie an beiden Wänden anliegt. Sie wird nicht gedreht. Zeichne die Anfangslage, die Endlage der Kommode und die Verschiebungspfeile der Eckpunkte.

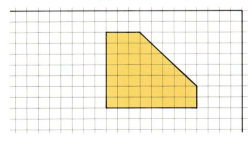

5
Verschiebe das Viereck ABCD so, dass der Eckpunkt A auf dem Punkt A′ zu liegen kommt.
a) A(1|1), B(6|4), C(1|7), D(3|4) und A′(7|3)
b) A(2|1), B(8|1), C(6|5), D(4|5) und A′(2|5)
c) A(2|1), B(6|1), C(10|7), D(6|7) und A′(6|4)

6
Ein Maler benutzt eine Rolle, um ein Bandornament herzustellen.
a) Warum erscheint das Muster in gleichen Abständen?
b) Zeichne die Grundfigur, die auf der Rolle zu sehen sein müsste.

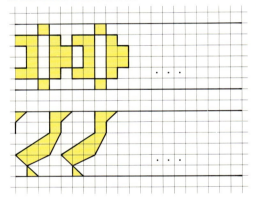

7
Nenne alle Symmetriewinkel, die du finden kannst.

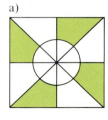

8
Ein Kettenkarussell hat 12° als kleinsten Symmetriewinkel. Es hängen jeweils 3 Sitzkörbe nebeneinander.
Wie viele Personen können höchstens mitfahren?

VII Dezimalbrüche

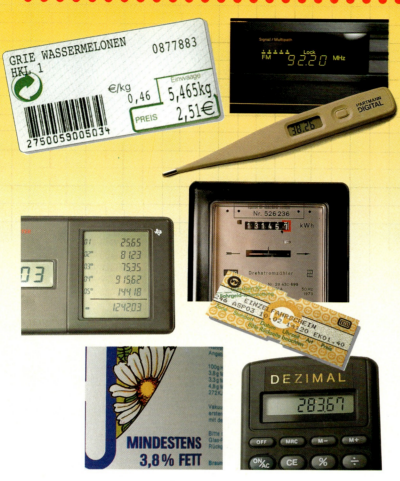

Zur Geschichte

Zahlen mit Komma begegnen uns vielfach im Alltag. Im Zusammenhang mit Geld, Länge und Gewicht gehen wir ganz selbstverständlich mit ihnen um.
Aber woher kommt diese Schreibweise? Die Vorsilbe „*dezi*" kennen wir von Dezimeter. Aber auch in dem Monatsnamen Dezember ist sie enthalten. Dezember war ursprünglich der 10. Monat im römischen Kalender. Mit einer Dekade wird ein Abschnitt von 10 Jahren beschrieben. Ein Dekan war im Mittelalter ein Führer von 10 Mann. Für den Musiker ist eine Dezime ein Intervall von 10 Tonstufen.

Die Dezimalschreibweise für Bruchzahlen hat der Holländer Simon Stevin (1548–1620) 1585 erstmals systematisch behandelt; gleichzeitig forderte er einheitliche dezimale Münz- und Maßsysteme. Allerdings verwendete er noch kein Komma, dieses wurde 1617 von dem Schotten John Neper eingeführt. Großen Einfluss übte das Rechenbuch „Arithmetica integra" (Gesamte Arithmetik, 1544) von Michael Stifel auf die Entwicklung der europäischen Rechenkunst aus. In dieser Zeit setzten sich die noch heute üblichen mathematischen Symbole durch wie etwa die Zeichen $+$, $-$, $=$, der Bruchstrich und die Schreibweise für die Dezimalbrüche. Michael Stifel wurde 1487 in Esslingen geboren, er lebte also zu Zeiten von Martin Luther.

Simon Stevin
1548–1620

Am Zahlwort für 10 zeigt sich die Verwandtschaft vieler Sprachen:	althochdeutsch	zehan	italienisch	dieci
	altirisch	deich	lateinisch	decem
	dänisch	ti	niederländisch	tien
	englisch	ten	russisch	desatj
	französisch	dix	schwedisch	tio
	gotisch	taihun	spanisch	diez
	griechisch	deka	tschechisch	deset

1 Dezimalschreibweise

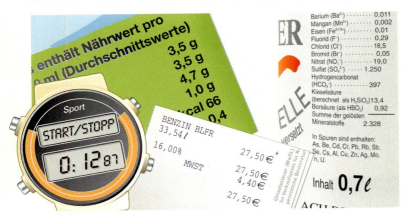

1 Auf vielen Packungen oder Anzeigefeldern von Messgeräten finden wir „Kommazahlen". Suche selbst weitere Beispiele und schreibe die Größenangaben ohne Komma.

2 Die Spurweite der Eisenbahn beträgt 1,435 m. Rechne die verschiedenen Stellen rechts vom Komma in die entsprechenden Maßeinheiten um.

Die **Dezimalschreibweise** oder **Kommaschreibweise** ist eine einfachere Schreibweise für Brüche mit einer 10, 100, 1 000, . . ., also einer Zehnerpotenz, im Nenner:

0,4 m sind 4 dm oder $\frac{4}{10}$ m; die erste Stelle nach dem Komma gibt Zehntel (dezi) an.

0,08 € sind 8 ct oder $\frac{8}{100}$ €; die zweite Stelle sind Hundertstel (zenti).

0,009 kg sind 9 g oder $\frac{9}{1000}$ kg; die dritte Stelle sind Tausendstel (milli).

An der Stellenwerttafel kannst du die Bedeutung der Stellen nach dem Komma erkennen:

Hunderter H	Zehner Z	Einer E	,	Zehntel z	Hundertstel h	Tausendstel t
4	3	6	,	7	8	5
400 +	30 +	6	+	$\frac{7}{10}$ +	$\frac{8}{100}$ +	$\frac{5}{1000}$
		436	,	785		

Lies: vierhundertsechsunddreißig Komma sieben acht fünf

Von links nach rechts erhalten wir den Wert der nächsten Stelle jeweils durch Division mit 10:

$$100 \xrightarrow{:10} 10 \xrightarrow{:10} 1 \xrightarrow{:10} \frac{1}{10} \xrightarrow{:10} \frac{1}{100} \xrightarrow{:10} \frac{1}{1000}$$

$$100 \xrightarrow{:10} 10 \xrightarrow{:10} 1 \xrightarrow{:10} 0{,}1 \xrightarrow{:10} 0{,}01 \xrightarrow{:10} 0{,}001$$

> Bei der **Dezimalschreibweise** (Kommaschreibweise) stehen nach dem Komma Zehntel, Hundertstel, Tausendstel, . . .
> Die Ziffern hinter dem Komma heißen **Nachkommaziffern** oder **Dezimalen**.

Beispiele

a) $0{,}7 = \frac{7}{10}$; $\quad 0{,}76 = \frac{7}{10} + \frac{6}{100} = \frac{70}{100} + \frac{6}{100} = \frac{76}{100}$

b) $0{,}45 \text{ m} = \frac{4}{10} \text{ m} + \frac{5}{100} \text{ m} = \frac{40}{100} \text{ m} + \frac{5}{100} \text{ m} = \frac{45}{100} \text{ m} = 45 \text{ cm}$

c) $2{,}3 = 2 + \frac{3}{10} = 2\frac{3}{10}$; $\quad 13{,}27 = 13 + \frac{2}{10} + \frac{7}{100} = 13 + \frac{27}{100} = 13\frac{27}{100}$

d) $0{,}07 = \frac{0}{10} + \frac{7}{100} = \frac{7}{100}$; $\quad 3{,}091 = 3 + \frac{0}{10} + \frac{9}{100} + \frac{1}{1000} = 3\frac{91}{1000}$

e) $0{,}3 = \frac{3}{10} = \frac{30}{100} = 0{,}30 = \frac{300}{1000} = 0{,}300$

Beachte: Anhängen oder Weglassen von Nullen nach der letzten von Null verschiedenen Ziffer ändert den Wert des Dezimalbruchs nicht.

Dezimalschreibweise

Aufgaben

Wandle um in Dezimalschreibweise

$\frac{4}{10}$; $\frac{40}{100}$; $\frac{400}{1\,000}$; $\frac{4\,000}{10\,000}$

$\frac{5}{10}$; $\frac{5}{100}$; $\frac{5}{1\,000}$; $\frac{5}{10\,000}$

$\frac{660}{1\,000}$; $\frac{606}{1\,000}$; $\frac{66}{1\,000}$; $\frac{666}{1\,000}$

$\frac{7}{100}$; $\frac{77}{100}$; $\frac{777}{100}$; $\frac{7777}{100}$

$\frac{88}{1\,000}$; $\frac{8080}{1\,000}$; $\frac{8800}{1\,000}$; $\frac{8808}{1\,000}$

3
Schreibe die Zahlen in der Stellenwerttafel in der Dezimalschreibweise auf.

	ZT	T	H	Z	E	z	h	t	zt
a)			5	7	1	5			
b)			3	3	4	0	9		
c)					4	1	6		
d)		7	7	0	7	7	0	7	7
e)	1	2	2	1	0	0	4		
f)	3	8	0	0	0	0	0	0	1
g)	1	2	3	4	5	6	7	8	9

4
Zeichne eine Stellenwerttafel und trage folgende Dezimalzahlen ein.
a) 39,86   b) 526
c) 412,541   d) 0,0781
e) 9,725   f) 0,906
g) 23,01   h) 30,303
i) 0,345   k) 78,9987

5
Schreibe in der Dezimalschreibweise.
a) $4\,H + 3\,Z + 5\,E + 7\,z + 3\,h$
b) $7\,Z + 3\,E + 8\,z + 6\,h + 9\,t$
c) $1\,E + 1\,z + 9\,h + 9\,t$
d) $7\,E + 7\,h + 3\,t + 4\,zt$
e) $6\,H + 3\,E + 4\,z + 3\,t$
f) $9\,Z + 9\,z + 6\,h + 1\,zt$

6
Zerlege den Dezimalbruch in eine Summe wie in Aufgabe 5.
a) 436,852   b) 99,841
c) 0,3456   d) 2,047
e) 0,208   f) 0,10101
g) 4,04004   h) 0,00330

7
Schreibe als Bruch und in der Kommaschreibweise.
a) 25 Hundertstel   b) 786 Tausendstel
c) 909 Tausendstel   d) 7 Hundertstel
e) 33 Tausendstel   f) 632 Hundertstel
g) 4325 Tausendstel   h) 85 Zehntel

8
Schreibe die Brüche als Dezimalbruch und als Prozentangabe.
a) $\frac{5}{10}$; $\frac{8}{100}$; $\frac{4}{1\,000}$; $\frac{14}{100}$; $\frac{275}{1\,000}$; $\frac{13}{1\,000}$
b) $\frac{44}{1\,000}$; $\frac{157}{1\,000}$; $\frac{170}{10\,000}$; $\frac{3}{100} + \frac{4}{1\,000} + \frac{5}{10\,000}$

9
Schreibe als Bruch.
a) 0,9   b) 0,38   c) 3,5
   0,07   0,472   4,82
   0,004   0,028   15,9
   0,0005   0,0101   23,072

10
Schreibe als Bruch und kürze, wenn es möglich ist.
a) 0,6   b) 0,25   c) 2,5
   0,04   0,125   4,9
   0,37   0,75   12,25
   0,45   0,375   1,625

11
Wandle jeweils in einen Bruch um und vergleiche. Welche Nullen kann man weglassen, ohne dass sich am Wert des Dezimalbruchs etwas ändert?
a) 0,40   b) 0,3   c) 1,01
   0,404   0,303   1,100
   0,040   0,300   1,10
   0,04   0,330   1,011

12
Suche die Fehler und verbessere sie.
a) $\frac{101}{1\,000} = 0{,}0101$ b) $\frac{2222}{1\,000} = 0{,}2222$
c) $\frac{45}{100} = 0{,}45$ d) $0{,}808 = \frac{808}{1\,000}$
e) $3\frac{4}{100} = 3{,}4$ f) $6{,}50 = 6\frac{5}{10}$

13
Schreibe die Größen ohne Komma in einer anderen Maßeinheit.
a) 2,52 €   b) 3,2 €   c) 26,4 m
   17,86 €   0,75 €   13,8 cm
d) 0,45 m   e) 2,456 kg   f) 7,007 t
   17,638 km   3,09 kg   3,50 t

Dezimalschreibweise

14
Bei Größenangaben haben die Dezimalen verschiedene Bedeutung. So gibt bei 2,46 dm die zweite Dezimale mm an. Was gibt die zweite Nachkommaziffer an bei
a) 5,43 m; 7,755 km; 5,75 m²; 99,08 cm²
b) 6,875 dm³; 1,25 l; 6,250 kg; 50,33 g?

15
Wenn bei Dezimalbrüchen Endnullen angehängt oder weggelassen werden, so wird mit Zehnerpotenzen erweitert oder gekürzt.
Beispiel: $0{,}9 = \frac{9}{10} = \frac{90}{100} = 0{,}90$.
a) Erweitere mit 100.
   8,3   0,62   12,3 kg
   0,71   1,04   0,4 km
b) Kürze so weit wie möglich.
   0,360   3,4040   27,600 m
   40,100   12,20   74,040 ha

16
Bei Flächenmaßen sind für jede Einheit jeweils zwei Stellen vorgesehen.
Beispiel: 7,85 m² = 7 m² 85 dm².
Schreibe die Größen ohne Komma.
a) 26,35 m²   b) 576,5 ha   c) 1,462 dm²
   317,98 dm²   19,7 cm²   4,981 m²
   2,45 a   0,9 km²   0,048 a
   79,02 km²   71,2 m²   0,007 dm²

17
Bei Raummaßen entsprechen einer Einheit jeweils drei Stellen.
Beispiel: 15,372 dm³ = 15 dm³ 372 cm³.
Schreibe ohne Komma.
a) 6,954 dm³   b) 7,111 m³   c) 12,482 cm³
   2,048 cm³   0,202 dm³   0,384 cm³
   36,84 m³   7,95 cm³   19,31 dm³
   9,8 cm³   4,052 l   38,04 m³

18
Schreibe ohne Komma in benachbarten Einheiten.
Beispiel: 3,46 m = 3 m 4 dm 6 cm.
a) 1,36 m   b) 1,05 dm²   c) 3,0492 ha
   12,47 dm   5,384 m³   237,63 m²
   23,84 m²   312,46 t   5,389 l
   6,91 a   10,7 kg   0,2 hl

Gas in m³
4	8	3	7	5 ,	9	7	2
4	9	1	8	2 ,	2	0	7
4	9	5	7	0 ,	6	6	3
4	8	7	6	7 ,	8	3	9

19
Schreibe ohne Komma.
a) 1,234 m   b) 0,111 m   c) 1,234 kg
   1,234 m²   0,011 m²   12,34 kg
   1,234 m³   0,001 m³   123,4 kg
d) 1,111 t   e) 1,234 l   f) 1,111 m³
   10,01 t   12,34 l   11,11 m³
   1,001 t   123,4 l   111,1 m³

20
Schreibe die Maßzahlen in der größten Einheit mit einem Komma.
a) 6 cm 4 mm   3 m 6 dm 5 cm
b) 11 m 8 cm   4 m 6 cm 8 mm
c) 72 ha 25 a   12 km² 45 ha 12 a
d) 9 ha 54 m²   5 km² 77 a 12 m²
e) 6 kg 470 g   50 t 700 kg 875 g
f) 5 m³ 738 dm³   3 l 536 ml
g) 6 dm³ 77 cm³   126 l 58 ml
h) 20 ha 2 a 20 m²   30 m³ 30 dm³
i) 1 t 1 kg 1 g   1 km 1 m 1 cm
k) 3 m³ 30 dm³ 300 cm³   5 a 5 m² 5 dm²

21
Durch Umwandeln der Größenangaben lassen sich die Sätze sinnvoll schreiben.
a) Die Straße von Anhausen nach Beerdorf ist 6 500 000 mm lang.
b) Das Haus ist 1 200 cm lang, 8 000 mm breit und 0,007 km hoch.
c) Das Grundstück hat eine Fläche von 0,000450 km².
d) Der Lastwagen hat 4 500 000 g Sand geladen.
e) Im Kuchenteig sind 0,0005 t Mehl und 150 000 mg Zucker enthalten.
f) Peter ist 0,075 km in $\frac{1}{5}$ min gelaufen.
Suche selbst noch mehr solcher Sätze.

22
Schreibe mit Komma in der in Klammern angegebenen Einheit.
Breite des Fußballtores	732 cm (m)
Höhe des Fußballtores	244 cm (m)
Gewicht des Fußballs	453 g (kg)
Umfang des Fußballs	71 cm (dm)
Länge der Marathonstrecke	42 195 m (km)
Gewicht einer Männerkugel	7 257 g (kg)
Gewicht eines Frauenspeers	600 g (kg)

2 Vergleichen und Ordnen von Dezimalbrüchen

1
Bei den Bundesjugendspielen wurden folgende Zeiten beim 50-m-Lauf erzielt:
Susanne 8,97 s   Erwin 9,03 s
Peter 8,79 s   Britta 9,13 s
Evelyn 8,58 s   Roman 8,77 s
Wer war am schnellsten? Ordne die Zeitangaben.

2
Suche folgende Längen auf einem Meterstab und gib an, in welcher Reihenfolge sie von links nach rechts zu finden sind.
1,3 m   0,98 m   12,99 dm
0,745 m   131,2 cm

Dezimalbrüche wie 0,42 und 0,427 lassen sich leicht nach ihrer Größe vergleichen:
Auf dem Zahlenstrahl steht die kleinere Zahl links von der größeren Zahl.

Zum Vergleichen der Nachkommaziffern können wir die Einteilung auf dem Zahlenstrahl immer mehr verfeinern. Dazu muss die Unterteilung so fein gemacht werden, dass wir auch die letzte Dezimale noch ablesen können. Beispiel für 0,427:

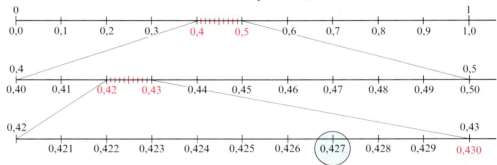

Dezimalbrüche kannst du für einen Größenvergleich so untereinander schreiben, dass Ziffern mit gleichem Stellenwert untereinander stehen. Es wird dann **von links nach rechts** verglichen. Es entscheidet die erste Stelle, an der die Ziffern verschieden sind.

     0,32|5|71
     0,32|6|4   also   0,32571 < 0,3264

Beispiele

a) 4,6|3|4
    4,6|4|3   also 4,634 < 4,643

b) 428,|8|24
    428,|9|24   also 428,824 < 428,924

c) 0,763|1|
    0,763|0| also 0,7630 < 0,7631

d) 0,00|1|
    0,00|0|99   also 0,00099 < 0,001

e) | |91,98
     |1|00,02   also 91,98 < 100,02

f) |1|0,01
   | |0,1   also 0,1 < 10,01

g) Ordnest du die Dezimalbrüche 2,64; 2,46 und 12,04, ergibt sich: 2,46 < 2,64 < 12,04.

Vergleichen und Ordnen von Dezimalbrüchen

Bemerkung: Aus der fortschreitend feineren Unterteilung des Zahlenstrahls erkennst du, dass es zwischen zwei Dezimalbrüchen stets weitere Dezimalbrüche gibt. Zwischen 4,8 und 4,9 liegen neun weitere Dezimalbrüche mit **zwei** Dezimalen (4,81; 4,82; ...; 4,89). Zwischen 4,81 und 4,82 liegen dann neun Dezimalbrüche mit **drei** Dezimalen (4,811; 4,812; ...; 4,819).

Da zwischen zwei verschiedenen Dezimalbrüchen stets weitere Dezimalbrüche liegen, sagt man, die Dezimalbrüche liegen **dicht**.

Beispiele
h) Zwischen 1,8 und 1,9 liegen 9 Dezimalbrüche mit 2 Dezimalen (1,81; 1,82; ...; 1,89).
i) In der Mitte von 0,43 und 0,44 liegt auf dem Zahlenstrahl 0,435.

Aufgaben

3
Setze das Zeichen < oder > ein.
a) 4,96 □ 21,87   b) 3,94 □ 2,987
c) 20,4 □ 20,3   d) 10,767 □ 10,77
e) 7,98 □ 7,899   f) 0,321 □ 0,312
g) 0,05 □ 0,006   h) 3,701 □ 3,71

Beispiel:
4,3* < 4,34

4,3 0
4,3 1
4,3 2
4,3 3
―――
  6

4
Welche Ziffern kannst du für das Sternchen einsetzen? Dein Ergebnis kannst du mit der angegebenen Prüfsumme kontrollieren.
a) 9,78* < 9,789 (36)
b) 14,3*5 > 14,325 (42)
c) 0,73*9 < 0,7345 (6)
d) 126,*5 < 126,5 (10)

5
Was ist größer?
a) 4,55 m oder 4,555 m
b) 17,86 l oder 17,688 l
c) 7,03 kg oder 7,3 kg
d) 21,88 a oder 21,879 a

6
3 4 0 5 ,
a) Lege aus diesen fünf Kärtchen fünf Zahlen, die kleiner als 0,6 sind.
b) Lege mindestens fünf Zahlen, die zwischen 0,3 und 4,5 liegen.
c) Lege alle Zahlen, die größer als 5 sind und ordne sie nach der Größe.

7
□ □ , □
Wie viele Zahlen kannst du in die Kästchen eintragen, die zwischen 1,0 und 1,1 liegen?

8
Welche Zahlen müssen an den roten Teilstrichen stehen?

a)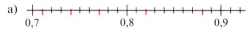

b)

c)

d)

e)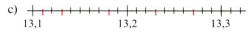

9
Zeichne einen geeigneten Ausschnitt aus dem Zahlenstrahl und trage die Dezimalbrüche ein. (Achte darauf, dass die Unterteilung fein genug ist.)
a) 1,01; 1,10; 1,05
b) 0,762; 0,758; 0,76
c) 4,1; 4,111; 4,098
d) 3,05; 3,02; 3
e) 7,99; 8,01; 8,05

10
Markiere die beiden Dezimalbrüche jeweils auf einem Ausschnitt des Zahlenstrahls und lies den Dezimalbruch ab, der genau in der Mitte liegt.
a) 3,48 und 3,51   b) 0,43 und 0,444
c) 6,08 und 6,80   d) 0,02 und 0,032

Vergleichen und Ordnen von Dezimalbrüchen

11 Ordne die Dezimalbrüche nach steigender Größe.
a) 23,847; 795,4; 459,87; 238,26
b) 6,849; 6,871; 6,85; 6,865
c) 8,0981; 8,0109; 8,0389; 8,072
d) 459,8; 45,98; 49,58; 458,9
e) 0,09; 0,0901; 0,0899; 0,0980
f) 0,80808; 0,80088; 0,88008; 0,8008

12 Ordne nach der Größe.
a) 81,57 m; 81,75 m; 8,175 m; 8,71 m
b) 2,22 kg; 2,2 kg; 2,202 kg; 2,02 kg
c) 99,9 €; 99,09 €; 99,99 €
d) 336,6 cm³; 363,6 cm³; 366,3 cm³

13 Ordne nach der Größe. Achte dabei auf die verschiedenen Maßeinheiten.
a) 333,3 g; 0,3 kg; 0,00003 t
b) 1,23 a; 12,3 m²; 1234,5 dm²
c) 99,9 dm³; 9,99 l; 9999,9 cm³
d) 0,75 ml; 0,075 l; 0,075 cm³

14 Beim Sportfest erzielten die Mädchen der Klasse 6 b folgende 50-m-Zeiten. Stelle die Platzierungen fest.

Anita	8,93 s	Franca	9,02 s
Barbara	9,21 s	Lisa	8,88 s
Doris	8,99 s	Mechthild	8,98 s
Eleni	9,00 s	Marja	9,20 s
Sabine	8,78 s	Petra	9,03 s
Fatma	8,96 s	Annegret	9,04 s

15
a) Ordne die beiden oberen Listen ① und ② jeweils der Größe nach.
b) Die beiden Listen ③ und ④ sollen zu einer geordneten Liste vereinigt werden.

16
a) Wie viele Dezimalbrüche mit einer Dezimalen liegen zwischen 3,3 und 3,9?
b) Wie viele Zahlen mit zwei Nachkommaziffern liegen zwischen 3,03 und 3,09?
c) Wie viele Dezimalbrüche mit drei Dezimalen liegen zwischen 3,003 und 3,009?

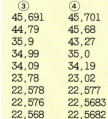

①	②
3466,98	1991,19
298,098	991,91
281,99	9911,9
980,6	999,91
76,09	9,91
2,98	9191,91
3,98	191,99
14,9	991,9
348,001	99,1
298,089	9,9911
2,9801	91,1
15,1	1119,91
4921,109	1919,11
300,01	999,991
281,991	919,191

③	④
45,691	45,701
44,79	45,68
35,9	43,27
34,99	35,0
34,09	34,19
23,78	23,02
22,578	22,577
22,576	22,5683
22,568	22,5682
22,557	22,55

17 Lege aus den Kärtchen

  [0] [1] [2] [,]

alle möglichen Zahlen und ordne sie nach der Größe.
Wie viele verschiedene Möglichkeiten erhältst du mehr, wenn du noch ein Kärtchen mit einer [0] dazunimmst?

18
a) Durch Herausnehmen von 1 (2; 3; 4; 5) Dezimalen aus der Zahl 1,36254017 soll jeweils eine möglichst große Zahl gebildet werden. Die entstehenden Zahlen ordnest du nach der Größe (vgl. Rand).
b) Durch Vertauschen von 2 (4; 6; 8) Dezimalen der Zahl 3,12048763 soll jeweils eine möglichst kleine Zahl gebildet werden. Ordne die neuen Zahlen.

19 Welche Ziffern kannst du für das Sternchen setzen? Nenne jeweils drei Möglichkeiten.
a) 10,5*   < 10,6   < 10,*5
b) 0,3*6   < 0,356 < 0,35*
c) 8,*7   < 8,66   < 8,6*
d) 5,*12   < 5,213 < 5,21*
e) 5,4*2   < 5,432 < 5,*32

20

Die Preisschilder der Beutel mit Äpfeln einer Sorte sind durcheinander geraten.
Auf den Schildern stehen folgende Preise:
1,41 €;   1,63 €;   1,95 €;
1,25 €;   1,83 €;   1,37 €
Die Beutel wiegen:
0,95 kg; 1,32 kg; 1,235 kg
1,1 kg;   0,845 kg; 0,925 kg
Ordne in einer Tabelle den Beuteln die richtigen Preise zu.

3 Runden von Dezimalbrüchen

1
Aus einem 1,90 m langen Holzstab sollen 7 gleich lange Teilstücke gemacht werden. Mutter nimmt Peters Taschenrechner und erhält als Ergebnis 0,2714286. Auf welche Länge muss ein Teil gesägt werden?

2
Zum letzten Schulkonzert kamen fast 400 Zuhörer. Kannst du sagen, wie viele Besucher mindestens bei dieser Veranstaltung waren?

Die im täglichen Leben verwendeten Zahlen sind häufig Näherungswerte. So entstehen beim Messen fast immer gerundete Größen. Die Genauigkeit ist abhängig von den verwendeten Messinstrumenten (z. B. Küchenwaage, Briefwaage, Apothekerwaage).
Wenn du auf der Personenwaage mit Digitalanzeige stehst und 49,7 kg abliest, so ist auch diese Maßzahl eine gerundete Zahl. Die Waage zeigt auf 100 g genau an.

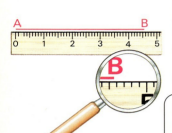

Für das **Runden** von Dezimalbrüchen gelten dieselben Regeln wie für natürliche Zahlen.

> Mit der auf die Rundungsstelle folgenden Ziffer entscheidest du, ob aufgerundet oder abgerundet wird.
> Die Ziffer an der Rundungsstelle bleibt unverändert, wenn eine der Ziffern 0, 1, 2, 3 oder 4 folgt. Wir runden dann ab.
> Die Ziffer an der Rundungsstelle wird um 1 erhöht, wenn eine der Ziffern 5, 6, 7, 8 oder 9 folgt. Wir runden dann auf.

Bemerkung: Abrunden verkleinert, Aufrunden vergrößert die Zahl.

Beispiele
a) 3,654 gerundet auf eine Nachkommaziffer ergibt 3,7, weil auf die Rundungsstelle die Ziffer 5 folgt; es wird also aufgerundet.
b) 3,654 gerundet auf zwei Nachkommaziffern ergibt 3,65, weil auf die Rundungsstelle die Ziffer 4 folgt; es wird also abgerundet.
c) Die Zahl   436,545   soll gerundet werden
    auf Ganze: 436,545 ≈ 437
    auf Zehntel: 436,545 ≈ 436,5
    auf Hundertstel: 436,545 ≈ 436,55
d) Wenn du errechnet hast, dass man 4,3 Rollen zum Tapezieren des Zimmers benötigt, musst du 5 Rollen statt 4 kaufen.

Beachte: Beim Runden von Größen musst du überlegen, ob das Anwenden der Rundungsregeln sinnvoll ist.

Aufgaben

3
Runde auf eine Nachkommaziffer.

a) 23,46	b) 4,853	c) 0,451
7,33	19,445	0,926
0,05	212,391	0,962
16,61	48,285	0,893

4
Runde auf die Einerstelle.

a) 55,8	b) 0,96	c) 99,52
112,4	7,45	990,84
944,5	46,41	999,99
146,6	34,59	789,98

Runden von Dezimalbrüchen

5
a) Runde auf Zehntel:
2,46; 18,25; 7,43; 100,05; 0,34.
b) Runde auf Hundertstel:
76,362; 12,644; 9,8765; 1,045.
c) Runde auf drei Stellen:
1,4444; 45,5555; 0,66666; 3,3333.
d) Runde auf zwei Dezimalen:
6,368; 24,3545; 0,5353; 9,898.

6
a) Runde auf volle Euro:
3,40 €; 12,85 €; 7,45 €; 99,50 €.
b) Runde auf Cent:
112,665 €; 0,7638 €; 99,0729 €.

7
a) Runde auf volle Meter:
76 cm; 27 dm; 5 488 mm; 6,55 m.
b) Runde auf volle Quadratmeter:
46,5 m²; 0,254 a; 1 450 dm²; 15 000 cm².
c) Runde auf volle Liter:
7,5 l; 3,75 hl; 625 ml; 5,7 dm³; 1250 cm³.

8
Runde auf die angegebene Maßeinheit.
Beispiel: 45,6 dm (dm) ergibt 46 dm.
a) 27,4 kg (kg); 105,6 g (g); 9,5 m (m)
b) 7,68 m (m); 2,35 s (s); 34,45 m² (m²)
c) 9 436 m (km); 455 l (hl); 327 600 kg (t)
d) 4,96 cm (mm); 0,6855 kg (g)

9
Runde auf die nächstgrößere Maßeinheit.
a) 278 cm; 1 240 m; 748 mm; 77 840 g
b) 312,3 mm; 19,38 a; 399,48 cm³
c) 955 ct; 658,5 ha; 4 545,45 kg; 72,5 l

10
Runde die Angaben sinnvoll.
a) Jeder Schüler müsste einen Anteil von 15,3333 € bezahlen.
b) Die Rundwanderung beim letzten Schulausflug war 17,462 km lang.
c) Vater hat ausgerechnet, dass das Auto durchschnittlich 8,162 Liter pro 100 km verbraucht hat.
d) Die Essensvorräte der Expedition reichen noch für 13,157 Tage.

11
In einer Zeitungsnotiz steht:

„Die Kosten für die neue Schule betrugen rund 9,5 Millionen €."

Zwischen welchen Beträgen (in ganzen Euro) lagen dann die genauen Kosten?

12
Zwischen welchen Größen liegen die gerundeten Werte? Beispiel: 4,6 cm liegt zwischen 4,55 cm und 4,65 cm.
a) 5,3 cm; 16,5 cm; 4,9 t; 2,5 l
b) 112 €; 25,8 kg; 1,0 ha; 13,5 s
c) 0,6 t; 2,34 mm; 3,06 m²; 6,8 t

13
Beispiel: 4,05 cm ist der kleinste und 4,14 cm der größte Wert mit zwei Dezimalen, der gerundet 4,1 cm ergibt.
Markiere den Abschnitt der Zahlen auf dem Zahlenstrahl, die gerundet 4 bzw. 7,4 ergeben.

```
        3              4              5
  +++++++++++++++++++++++++++++++++++++++++

       7,3            7,4            7,5
  +++++++++++++++++++++++++++++++++++++++++
```

14
Pint, Quart, Gallon und Barrel sind englische bzw. amerikanische Hohlmaße.

	englisch	amerikanisch
1 Pint	0,5683 l	0,4732 l
1 Quart	1,1365 l	0,9464 l
1 Gallon	4,5461 l	3,7854 l
1 Barrel	159,11 l	158,99 l

Runde die Literangaben auf 1 Dezimale.

15
Runde die Einwohnerzahlen auf Millionen mit einer Nachkommaziffer.
Beispiel: 7 773 000 ≈ 7,8 Millionen.

Hamburg	1 648 000
München	1 299 000
Köln	977 000
Stuttgart	582 000
Leipzig	550 000
Hannover	535 000
Dresden	520 000
Halle	327 000

4 Umwandeln von Brüchen in Dezimalbrüche

1
Heiko soll $\frac{1}{4}$ kg Hackfleisch einkaufen. Die Waage zeigt das Gewicht in der Kommaschreibweise an. Welche Zahl liest er an der Anzeige ab? Was erscheint bei $\frac{1}{2}$ kg und bei $\frac{3}{4}$ kg?

2
Bei Getränken finden wir häufig verschiedene Volumenangaben.
Was ist mehr, $\frac{1}{4}$ l oder 0,3 l, $\frac{1}{8}$ l oder 0,1 l, $\frac{3}{4}$ l oder 0,7 l?

Brüche mit einer 10, 100, 1 000, ... (einer Zehnerpotenz) im Nenner lassen sich bequem in Dezimalbrüche umwandeln.
Andere Brüche können wir häufig so kürzen oder erweitern, dass eine Zehnerpotenz im Nenner entsteht: Aus $\frac{3}{5}$ werden $\frac{6}{10}$, aus $\frac{21}{30}$ werden $\frac{7}{10}$.

> Brüche, die durch Erweitern oder Kürzen den Nenner 10, 100, 1 000, ... erhalten, kannst du sehr einfach in der Dezimalbruchschreibweise darstellen.

Beispiele

a) $\frac{3}{10} = 0{,}3$; $\frac{23}{10} = 2{,}3$; $\frac{4}{100} = 0{,}04$; $\frac{14}{100} = 0{,}14$; $\frac{214}{100} = 2{,}14$

b) $\frac{1}{2} = \frac{5}{10} = 0{,}5$; $\frac{4}{5} = \frac{8}{10} = 0{,}8$; $\frac{3}{20} = \frac{15}{100} = 0{,}15$

c) $\frac{12}{20} = \frac{6}{10} = 0{,}6$; $\frac{42}{30} = \frac{14}{10} = 1{,}4$; $\frac{12}{400} = \frac{3}{100} = 0{,}03$

d) $\frac{5}{8} = \frac{5 \cdot 125}{8 \cdot 125} = \frac{625}{1\,000} = 0{,}625$; $\frac{3}{16} = \frac{3 \cdot 625}{16 \cdot 625} = \frac{1\,875}{10\,000} = 0{,}1875$

Wenn das Erweitern oder Kürzen nicht sofort erkennbar ist, kann die Umwandlung auch dadurch gemacht werden, dass der Bruchstrich als Rechenanweisung für die Division gelesen wird.

$\frac{11}{4} = 11 : 4 = 2 + 3 : 4$ Der Rest kann wieder dividiert werden.

Wichtige Dezimalbrüche

$\frac{1}{2} = 0{,}5$
$\frac{1}{4} = 0{,}25$
$\frac{3}{4} = 0{,}75$
$\frac{1}{8} = 0{,}125$
$\frac{3}{8} = 0{,}375$
$\frac{1}{5} = 0{,}2$
$\frac{1}{20} = 0{,}05$

```
Z|E|z|h|  |E|  |E|z|h|t
1|1|0|0|:4=|2|,|7|5|
-8
 3 0
-2 8
   2 0
  -2 0
     0
```

Wenn der Einerrest dividiert wird, musst du auch im Ergebnis das Komma setzen.
3 Einer sind 30 Zehntel   30 z : 4 = 7 z + 2 z : 4

2 Zehntel sind 20 Hundertstel   20 h : 4 = 5 h

> Auch durch Division des Zählers durch den Nenner lässt sich ein Bruch in einen Dezimalbruch umwandeln.
> Das Komma wird gesetzt, wenn der Einerrest dividiert wird.

e) $\frac{4}{5} = 4{,}0 : 5 = 0{,}8$
```
-0
 40
-40
  0
```

f) $\frac{23}{20} = 23{,}00 : 20 = 1{,}15$
```
-20
 30
-20
 100
-100
   0
```

Umwandeln von Brüchen in Dezimalbrüche

Aufgaben

3
Kürze die Brüche geschickt und schreibe sie als Dezimalbruch.
a) $\frac{6}{20}; \frac{8}{40}; \frac{12}{60}; \frac{16}{80}; \frac{6}{30}; \frac{27}{30}; \frac{144}{120}; \frac{99}{90}$
b) $\frac{4}{200}; \frac{75}{300}; \frac{24}{120}; \frac{8}{400}; \frac{33}{330}; \frac{36}{60}; \frac{56}{80}$

4
Erweitere die Brüche und wandle sie in Dezimalbrüche um.
a) $\frac{7}{20}; \frac{9}{50}; \frac{4}{5}; \frac{2}{500}; \frac{3}{200}$ b) $\frac{3}{4}; \frac{43}{20}; \frac{12}{5}; \frac{91}{50}$
c) $\frac{3}{8}; \frac{4}{25}; \frac{9}{40}; \frac{4}{125}; \frac{7}{16}$ d) $\frac{5}{8}; \frac{7}{4}; \frac{21}{20}; \frac{65}{50}; \frac{17}{8}$

5
Schreibe in reiner Bruchschreibweise und verwandle dann in einen Dezimalbruch.
a) $2\frac{1}{2}; 3\frac{2}{5}; 6\frac{1}{4}$ b) $2\frac{3}{20}; 7\frac{3}{5}; 3\frac{1}{25}$
c) $9\frac{1}{8}; 4\frac{7}{125}; 10\frac{1}{625}$ d) $5\frac{2}{5}; 6\frac{5}{16}; 8\frac{1}{125}$

6
Kürze vollständig und verwandle dann in einen Dezimalbruch.
a) $\frac{4}{8}; \frac{9}{12}; \frac{16}{80}; \frac{21}{70}$ b) $\frac{45}{18}; \frac{48}{32}; \frac{35}{28}; \frac{57}{15}$
c) $\frac{55}{88}; \frac{3}{75}; \frac{9}{1500}; \frac{6}{240}$ d) $\frac{21}{28}; \frac{42}{30}; \frac{39}{75}; \frac{9}{375}$

7
Verwandle, indem du dividierst, in einen Dezimalbruch.
a) $\frac{1}{4}; \frac{3}{5}; \frac{11}{20}; \frac{13}{25}$ b) $\frac{13}{8}; \frac{29}{20}; \frac{110}{25}; \frac{32}{80}$
c) $\frac{3}{25}; \frac{30}{25}; \frac{33}{25}; \frac{303}{25}$ d) $\frac{1000}{125}; \frac{100}{125}; \frac{10}{125}; \frac{1}{125}$

8
In Koch- und Backrezepten kommen oft Brüche als Maßzahlen vor.
a) Schreibe die Angaben des Rezeptes in Dezimalschreibweise.
b) Schreibe in Dezimalschreibweise und in Milliliter: $\frac{1}{8}$l; $\frac{3}{4}$l; $1\frac{1}{2}$l; $\frac{5}{8}$l
c) Schreibe in Dezimalschreibweise und in Gramm: $\frac{1}{2}$ kg; $1\frac{1}{4}$ kg; $\frac{3}{4}$ Pfd.; $\frac{1}{4}$ Pfd.

9
Welche Regelmäßigkeit erkennst du beim Umwandeln der Brüche in Dezimalbrüche?
a) $\frac{1}{2}; \frac{2}{2}; \frac{3}{2}; \frac{4}{2}; \frac{5}{2}; \frac{6}{2}$ b) $\frac{1}{4}; \frac{2}{4}; \frac{3}{4}; \frac{4}{4}; \frac{5}{4}; \frac{6}{4}$
c) $\frac{1}{5}; \frac{2}{5}; \frac{3}{5}; \frac{4}{5}; \frac{5}{5}; \frac{6}{5}$ d) $\frac{1}{8}; \frac{2}{8}; \frac{3}{8}; \frac{4}{8}; \frac{5}{8}; \frac{6}{8}$
e) $\frac{1}{16}; \frac{2}{16}; \frac{3}{16}; \frac{4}{16}; \frac{5}{16}; \frac{6}{16}$

10
Wandle um durch Dividieren und runde auf eine Dezimale.
Beispiel: $5:6 = 0,83\ldots$, $\frac{5}{6} \approx 0,8$.
a) $\frac{7}{8}; \frac{9}{16}; \frac{11}{20}; \frac{27}{40}; \frac{19}{80}$ b) $\frac{1}{7}; \frac{1}{11}; \frac{1}{13}; \frac{1}{17}; \frac{1}{19}$
c) $\frac{2}{3}; \frac{4}{9}; \frac{11}{6}; \frac{6}{11}; \frac{13}{15}$ d) $\frac{5}{9}; \frac{3}{7}; \frac{2}{11}; \frac{7}{15}; \frac{9}{17}$

11
Runde die Dezimalbrüche auf vier Stellen nach dem Komma.
a) $\frac{5}{6}; \frac{6}{7}; \frac{3}{11}; \frac{11}{13}; \frac{13}{15}$ b) $\frac{2}{9}; \frac{20}{99}; \frac{21}{99}; \frac{22}{99}; \frac{200}{99}$

12

Eine Eintrittskarte für das Freibad kostet 1,50 €. Der 12er-Block kostet 15 €. Vergleiche die Preise.

13
a) Für die 400-m-Runde benötigt ein guter Läufer 48 s. Wie viel Sekunden braucht er für 100 m?
b) Für die 800-m-Strecke braucht eine Läuferin 2 min 2 s. Wie viel Sekunden braucht sie für 100 m?
c) Im 10000-m-Lauf wird eine Zeit von 28 min 45 s erzielt. In welcher Zeit wird die Stadionrunde (400 m) durchlaufen?

Rezept
$\frac{1}{8}$ l Sahne
$\frac{1}{4}$ kg Quark
$1\frac{1}{2}$ kg Erdbeeren

5 Periodische Dezimalbrüche

1
Bei einem Weltrekordversuch im Bahnradfahren über 1 000 m sollen genau 3 Runden gefahren werden.
Das Wettkampfgericht will sehr genau die Länge einer Runde berechnen. Was fällt dir bei der Rechnung auf?

2
Versuche die folgenden Brüche in Dezimalbrüche umzuwandeln:
$\frac{1}{2}; \frac{1}{3}; \frac{1}{4}; \frac{1}{5}; \frac{1}{6}$.
Bei welchen Umwandlungen treten Schwierigkeiten auf?

Die Division von Zähler durch Nenner bricht nur bei solchen Brüchen ab, die durch Erweitern oder Kürzen den Nenner 10, 100, 1 000, ... erhalten. Das gelingt nur dann, wenn sich der Nenner des gekürzten Bruches so lange durch 2 oder 5 teilen lässt, bis nur noch eine 1 übrig bleibt. Brüche, bei denen die Division von Zähler durch Nenner nach einer bestimmten Anzahl von Schritten abbricht, bezeichnen wir als **abbrechende Dezimalbrüche**.

Bei allen anderen gekürzten Brüchen bricht die Division nicht ab. Wir erhalten stets einen Rest. Bei der Umwandlung von $\frac{1}{3}$ rechnen wir

$1 : 3 = 0{,}33\ldots$

$\begin{array}{r} -0 \\ \hline 10 \\ -9 \\ \hline 10 \\ -9 \\ \hline 10 \\ \vdots \end{array}$

Der Rest 1 wiederholt sich, also wiederholt sich auch die entsprechende Dezimale 3.

$5 : 11 = 0{,}4545\ldots$

$\begin{array}{r} -0 \\ \hline 50 \\ -44 \\ \hline 60 \\ -55 \\ \hline 50 \\ -44 \\ \hline 60 \\ -55 \\ \hline 5 \\ \vdots \end{array}$

Die Reste 5 und 6 wiederholen sich, also wiederholen sich auch die entsprechenden Dezimalen 4 und 5.

> Wenn sich bei der Division von Zähler durch Nenner eines Bruchs die Reste wiederholen, bezeichnet man den entstehenden Dezimalbruch als **periodischen Dezimalbruch**.
> Die sich wiederholende Ziffer oder Zifferngruppe heißt Periode.
> $\frac{1}{3} = 0{,}333\ldots = 0{,}\overline{3}$ (lies: Null Komma Periode drei.)

Beispiele
a) $\frac{8}{7} = 8 : 7 = 1{,}142857142857\ldots = 1{,}\overline{142857}$
b) $\frac{2}{15} = 2 : 15 = 0{,}1333\ldots = 0{,}1\overline{3}$ (lies: Null Komma eins Periode drei.)

Bemerkung: Dezimalbrüche, deren Periode nicht gleich nach dem Komma beginnt, heißen **gemischt periodische Dezimalbrüche**.

Periodische Dezimalbrüche

Aufgaben

3
Wandle die Brüche in periodische Dezimalbrüche um.
a) $\frac{2}{3}$; $\frac{4}{9}$; $\frac{3}{11}$; $\frac{4}{33}$; $\frac{4}{7}$; $\frac{5}{13}$; $\frac{7}{11}$
b) $\frac{1}{15}$; $\frac{5}{6}$; $\frac{7}{36}$; $\frac{1}{24}$; $\frac{5}{12}$; $\frac{7}{30}$; $\frac{11}{18}$
c) $\frac{13}{6}$; $\frac{22}{15}$; $\frac{23}{22}$; $\frac{37}{30}$; $\frac{11}{9}$; $\frac{15}{11}$; $\frac{50}{33}$

4
Kürze so weit wie möglich. Überprüfe, welche Brüche beim Umwandeln einen periodischen Dezimalbruch ergeben.
Wandle diese Brüche um.
a) $\frac{2}{30}$; $\frac{4}{15}$; $\frac{7}{40}$; $\frac{8}{49}$; $\frac{9}{80}$; $\frac{6}{70}$; $\frac{11}{64}$
b) $\frac{5}{12}$; $\frac{8}{25}$; $\frac{11}{60}$; $\frac{69}{125}$; $\frac{13}{120}$; $\frac{18}{81}$; $\frac{16}{75}$

5
Runde auf die letzte Ziffer der Periode.
a) $0,\overline{3}$; $0,\overline{65}$; $0,\overline{451}$; $0,\overline{35}$; $0,\overline{54}$
b) $0,1\overline{6}$; $1,2\overline{3}$; $3,4\overline{73}$; $2,0\overline{6}$; $8,3\overline{45}$
c) $1,0\overline{50}$; $1,0\overline{5}$; $1,\overline{05}$; $1,05\overline{5}$; $1,50\overline{5}$

6
Verwandle die Brüche in Dezimalbrüche. Wenn du die Ergebnisse innerhalb einer Teilaufgabe vergleichst, kannst du dir Arbeit ersparen.
a) $\frac{1}{9}$; $\frac{2}{9}$; $\frac{3}{9}$; $\frac{4}{9}$; $\frac{5}{9}$; $\frac{6}{9}$; ...
b) $\frac{1}{11}$; $\frac{2}{11}$; $\frac{3}{11}$; $\frac{4}{11}$; $\frac{5}{11}$; $\frac{6}{11}$; ...
c) $\frac{1}{15}$; $\frac{2}{15}$; $\frac{3}{15}$; $\frac{4}{15}$; $\frac{5}{15}$; $\frac{6}{15}$; ...
d) $\frac{1}{18}$; $\frac{2}{18}$; $\frac{3}{18}$; $\frac{4}{18}$; $\frac{5}{18}$; $\frac{6}{18}$; ...

7
Welcher Bruch hat in der Dezimalbruchdarstellung die längste Periode:
$\frac{1}{13}$; $\frac{1}{17}$; $\frac{1}{19}$ oder $\frac{1}{23}$?

8
Setze die Zeichen <, > oder = ein.
a) $0,3 \square 0,\overline{3}$
b) $0,67 \square 0,\overline{6}$
c) $1,45 \square 1,\overline{45}$
d) $0,1\overline{2} \square 0,123$
e) $2,3\overline{4} \square 2,\overline{34}$
f) $4,\overline{52} \square 4,\overline{51}$
g) $0,09 \square 0,\overline{09}$
h) $5,5\overline{6} \square 5,\overline{58}$

9
Hier haben sich Fehler eingeschlichen. Überprüfe und verbessere die Fehler.
a) $\frac{1}{9} = 0,111$
b) $0,027027... = 0,\overline{027}$
c) $0,5333... = 0,5\overline{3}$
d) $\frac{1}{101} = 0,00\overline{9}$

10
Kannst du, ohne zu dividieren, die weiteren Brüche in periodische Dezimalbrüche umformen? Überprüfe deine Vermutung durch Rechnung.
a) $\frac{1}{9} = 0,\overline{1}$
$\frac{1}{99} = 0,\overline{01}$
$\frac{1}{999} = 0,\overline{001}$
⋮
b) $\frac{1}{11} = 0,\overline{09}$
$\frac{1}{101} = 0,\overline{0099}$
$\frac{1}{1001} = 0,\overline{000999}$
⋮

11
Zur genauen Berechnung ist es oft sinnvoll, periodische Dezimalbrüche in Brüche zurückzuverwandeln.
$\frac{1}{3} = 0,\overline{3}$ $\quad \frac{1}{9} = 0,\overline{1}$ $\quad \frac{1}{6} = 0,1\overline{6}$
Verwandle mit Hilfe dieser Angaben die Dezimalbrüche in Brüche.
a) $0,\overline{7}$; $0,\overline{2}$; $0,\overline{5}$; $0,\overline{4}$
b) $1,\overline{3}$; $2,\overline{2}$; $5,1\overline{6}$; $0,\overline{9}$

Zum Knobeln

Die Brüche
$\frac{1}{81} = 0,\overline{012345679}$
$\frac{1}{891} = 0,\overline{001122334455667789}$
$\frac{1}{8991} = 0,\overline{000111222333444555666777889}$
haben sehr lange, aber erstaunliche Perioden.

▶ Welche Periode findest du wohl bei $\frac{1}{89991}$?

▶ Bestimme nacheinander die Periode von
$\frac{1}{17}$; $\frac{10}{17}$; $\frac{15}{17}$; $\frac{14}{17}$; $\frac{4}{17}$; $\frac{6}{17}$; $\frac{9}{17}$; $\frac{5}{17}$; $\frac{16}{17}$; $\frac{7}{17}$.
Für diese Aufgabe brauchst du Ausdauer, aber vielleicht findest du schon sehr bald eine Regel. Schau dir die Perioden genau an.

$\frac{1}{97} = 0,\overline{010309278350515463917525773195876288659793814432989690721649484536082474226804123711340206185567}$

$\frac{1}{61} = 0,\overline{016393442622950819672131147540983606557377049180327868852459}$

6 Vermischte Aufgaben

Wandle um in einen Bruch

0,1	0,51
0,22	0,15
0,333	0,515
0,4444	0,151
1,23	0,2
12,3	0,033
1,234	0,004
12,34	0,0555
11,01	0,303
1,010	0,033
1,001	0,333
1,101	3,003
0,0000007	
0,0007000	

1
Schreibe jede Zahl in der Stellenwerttafel als Dezimalbruch in dein Heft.

T	H	Z	E	z	h	t	zt
0	3	4	6	2	0	0	2
0	0	2	3	6	4	0	3
0	0	0	3	1	0	4	1
0	7	0	6	2	4	0	8
1	0	0	5	6	2	0	5
3	3	3	3	3	3	0	0

2
Wandle die Brüche in Dezimalbrüche um.

a) $\frac{4}{10}$; $\frac{15}{100}$; $\frac{236}{1000}$; $\frac{1234}{10000}$; $\frac{37892}{100000}$

b) $\frac{9}{100}$; $\frac{18}{1000}$; $\frac{471}{10000}$; $\frac{47}{10000}$; $\frac{512}{100000}$

c) $\frac{38}{10}$; $\frac{746}{100}$; $\frac{1246}{100}$; $\frac{11111}{1000}$; $\frac{53219}{10000}$

d) $\frac{2}{1000}$; $\frac{3625}{10}$; $\frac{987654321}{100000000}$; $\frac{74026}{100}$

3
Hier kannst du durch Kürzen oder Erweitern in einen Dezimalbruch umwandeln.

a) $\frac{4}{5}$; $\frac{1}{2}$; $\frac{3}{4}$; $\frac{7}{20}$; $\frac{12}{30}$; $\frac{18}{60}$

b) $\frac{12}{15}$; $\frac{1}{8}$; $\frac{3}{25}$; $\frac{81}{30}$; $\frac{11}{125}$; $\frac{352}{110}$

c) $\frac{3}{24}$; $\frac{27}{18}$; $\frac{6}{75}$; $\frac{3}{16}$; $\frac{9}{375}$; $\frac{66}{48}$

4
Rechne in die größte Einheit um und schreibe mit Komma.

a) 6 dm 4 cm
5 m 5 dm
17 cm 8 mm

b) 5 kg 458 g
34 kg 590 g
8 t 120 kg

c) 60 dm² 44 cm²
7 m² 6 dm²
10 cm² 5 mm²

d) 50 cm³ 125 mm³
7 m³ 29 dm³
1 dm³ 9 mm³

5
Schreibe in der Dezimalschreibweise mit der in Klammer angegebenen Maßeinheit.

a) 5 m 55 cm (m); 10 m 5 cm (m)
b) 6 m² 6 cm² (dm²); 30 dm² 50 mm² (cm²)
c) 7 dm³ 350 cm³ (dm³); 9 dm³ 5 mm³ (cm³)
d) 2 dm³ 2 cm³ 2 mm³ (cm³); 1 m³ 1 dm³ (cm³)
e) 5 dm³ 5 cm³ (l); 8 l 8 ml (cm³)

6
Setze für die Kästchen entsprechende Längenmaße so ein, dass die Umwandlungen richtig sind.
Es gibt mehrere Möglichkeiten.

a) 5 □ 78 □ = 5,78 □
b) 5 □ 78 □ = 5,078 □
c) 57 □ 8 □ = 57,8 □
d) 57 □ 8 □ = 57,08 □
e) 578 □ = 5,78 □
f) 578 □ = 5,078 □

7
Schreibe ohne Komma in der kleinsten Einheit, die in der Größe vorkommt.

a) 4,321 m; 4,321 m²; 4,321 m³
b) 1,001 dm³; 1,001 m³; 0,1 cm³
c) 20,3 a; 111,36 ha; 0,4 cm²
d) 2,125 l; 52,25 hl; 0,75 l
e) 3,645 kg; 22,403 t

8
Kleiner (<), größer (>) oder gleich (=)?

a) 7,00362 □ 7,000362
b) 0,70703 □ 0,707030
c) 11,1111 □ 11,11011
d) 0,89999 □ 0,9000
e) 237,864 □ 237,86
f) 0,076543 □ 0,1076543
g) 123,456 □ 1234,57
h) 0,10101 □ 0,101009

9
Die Abbildung zeigt maßstäblich verkleinert die Entfernungen zwischen dem Bahnhof und anderen Einrichtungen der Stadt. Die Längenangaben sind aber vertauscht worden.
Lege eine Tabelle mit den richtigen Entfernungen an.

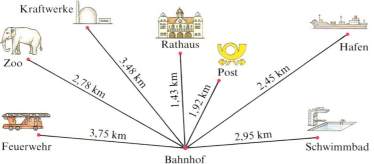

Vermischte Aufgaben

10
Ordne nach der Größe. Beginne mit der kleinsten Zahl.
a) 1,2; 1,02; 1,21; 1,201
b) 0,43; 0,34; 0,434; 0,343
c) 88,8; 88,08; 888,8; 88,88
d) 12,1; 11,2; 1,21; 2,12

11
Gib die Zahlen an, die auf den Zahlenstrahlausschnitten markiert sind.

a) 5,6 A B 5,7 C
b) 0,35 A B 0,36 C
c) 0,9 A B 1,1 C

12
Suche mit Hilfe eines entsprechenden Ausschnitts auf dem Zahlenstrahl die Zahl, die genau in der Mitte der beiden anderen Zahlen liegt. Markiere die Zahl.
a) 4,5 und 5,3; 3,9 und 4,9
b) 12,2 und 12,9; 8,4 und 9,1
c) 0,36 und 0,39; 0,28 und 0,35
d) 1,007 und 1,023; 3,001 und 3,006

13
Suche in dem Sack jeweils Paare gleicher Zahlen.

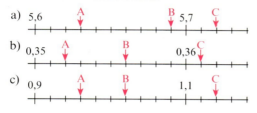

14
Wandle alle Zahlen in Dezimalbrüche um und ordne sie dann nach der Größe.
a) 0,6; $\frac{1}{2}$; 0,55; $\frac{2}{5}$; $\frac{3}{4}$; 0,7
b) 0,95; $\frac{9}{10}$; $\frac{99}{100}$; 0,98; $\frac{999}{1000}$
c) 1,11; $1\frac{1}{10}$; $1\frac{11}{100}$; 1,01; 1; 1,001
d) $2\frac{1}{2}$; 2,4; $2\frac{7}{8}$; $2\frac{3}{4}$; 2,45; $2\frac{2}{5}$

15
Beim Umwandeln dieser Brüche erhältst du periodische Dezimalbrüche.
a) $\frac{5}{12}$; $\frac{13}{18}$; $\frac{4}{15}$; $\frac{17}{36}$
b) $\frac{3}{22}$; $\frac{5}{44}$; $\frac{41}{45}$; $\frac{25}{66}$
c) $\frac{46}{45}$; $\frac{100}{27}$; $\frac{10}{27}$; $\frac{83}{72}$
d) $\frac{15}{22}$; $\frac{25}{36}$; $\frac{7}{24}$; $\frac{11}{48}$

16
Wandle die Brüche um in Dezimalbrüche und runde
a) auf zwei Stellen nach dem Komma.
$\frac{1}{7}$; $\frac{1}{3}$; $\frac{3}{13}$; $\frac{7}{11}$; $2\frac{1}{9}$; $\frac{24}{17}$
b) auf Tausendstel.
$\frac{1}{14}$; $\frac{2}{3}$; $\frac{19}{21}$; $3\frac{2}{7}$; $4\frac{5}{9}$; $1\frac{1}{11}$
c) auf zwei Nachkommaziffern.
$\frac{4}{15}$; $\frac{8}{3}$; $\frac{17}{6}$; $\frac{9}{11}$; $3\frac{5}{9}$; $8\frac{1}{7}$

17
Verwandle die Brüche in Dezimalbrüche und runde auf so viele Stellen, dass du die Zahlen eindeutig nach der Größe ordnen kannst.
a) $\frac{2}{3}$; $\frac{3}{5}$; $\frac{7}{10}$; $\frac{34}{50}$
b) $\frac{10}{3}$; $\frac{19}{6}$; $\frac{33}{10}$; $\frac{54}{17}$
c) $1\frac{2}{5}$; $\frac{15}{11}$; $1\frac{3}{7}$; $\frac{18}{13}$

18
Ordne nach der Größe.
a) 0,1; $0,\overline{1}$; 0,12; 0,111; 0,11
b) 0,444; $0,\overline{4}$; 0,04; $0,0\overline{4}$; $0,\overline{04}$
c) 0,03; $0,0\overline{3}$; $0,\overline{03}$; 0,033; $0,\overline{003}$
d) 0,028; $0,02\overline{8}$; $0,0\overline{28}$; $0,\overline{028}$
e) 0,555; 0,556; $0,\overline{5}$; $0,5\overline{6}$; $0,\overline{56}$

Geheimzahlen
Zur Verschlüsselung von Dezimalbrüchen haben sich zwei Freunde eine Zifferntauschregel ausgedacht:
Aus der Zahl 123,456 wird nach Anwenden der Regel

H Z E z h t
↓ ↓ ↓ ↓ ↓ ↓
E t z h Z H

die Zahl 651,342.

▸ Überprüfe dieses Beispiel.

▸ Verschlüssle die Zahlen 875,893; 103,612 und 675,386 nach dieser Regel.

▸ Entschlüssle die Zahlen 321,597; 602,085 und 230,406.

Vermischte Aufgaben

19
Wandle die Brüche $\frac{1}{11}, \frac{1}{111}, \frac{1}{1111}$ in Dezimalbrüche um.
Betrachte die entsprechenden Zahlen und versuche anhand der Regelmäßigkeiten, die Umwandlungen von $\frac{1}{11111}$ und $\frac{1}{111111}$ ohne Rechnung herauszufinden.

20
Was fällt dir bei den Perioden von $\frac{3}{7}, \frac{2}{7}, \frac{6}{7}, \frac{4}{7}, \frac{5}{7}$ und $\frac{1}{7}$ auf?

21
Die Körpertemperatur von Mensch und Tier wird in Grad Celsius (°C) angegeben. Ordne die Liste, beginne dabei mit der niedrigsten Angabe.

Amsel	43,6	Gans	40,7
Elefant	36,2	Fuchs	38,5
Mensch	37,0	Maus	38,9
Spitzmaus	42,0	Wal	36,5

22
In der Tabelle sind die Werte für die Oberfläche der Großhirnrinde einiger Säugetiere und des Menschen in cm² angegeben. Erstelle eine neue Tabelle, in der du die Werte nach ihrer Größe ordnest.

Elefant	3 018,43	Schaf	140,14
Meerkatze	146,41	Schimpanse	395,72
Mensch	1 124,71	Schwein	130,02
Pferd	569,95	Tümmler	469,94
Rind	498,49	Ziege	120,05

23
Ein Zählwerk zeigt 12,21 an. Bei diesem Dezimalbruch sind die Ziffern „spiegelbildlich" zum Komma.
a) Wie oft muss das Zählrad für die erste Dezimale um eine Ziffer weiterrücken, bis wieder ein Dezimalbruch erscheint, bei dem die Ziffern zum Komma spiegelbildlich sind?
b) Wie oft muss die zweite Dezimale weiterrücken, bis wieder ein spiegelbildlicher Dezimalbruch entsteht?

24
Brückenbau
Die ältesten Steinbrücken stammen aus der Steinzeit. Die Römer bauten vor 2 000 Jahren die ersten großen Brückenanlagen in Europa. So ließ Julius Cäsar 55 v. Chr. eine 550 m lange Holzbrücke über den Rhein errichten.
Die Technik des Brückenbaus wurde stets verbessert; anstelle der Baumaterialien Stein und Holz traten Eisen und Beton.

Köhlbrand-Brücke, Hamburg	3 940 m
Rhein-Brücke, Düsseldorf	590 m
Loire-Brücke, Frankreich	3 357 m
Pont du Gard, Frankreich	273 m
Europa-Brücke, Innsbruck	785 m
Bosporus-Brücke, Istanbul	1 560 m
Golden Gate Bridge, San Francisco	2 150 m

Gib die Entfernung in km mit einer Nachkommaziffer an und sortiere sie der Länge nach.

Meerkatze

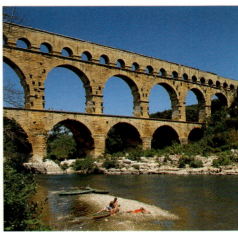

ÜBER DEM SEE VON MARACAIBO

1
Der Maracaibo-See liegt im Norden Südamerikas, in Venezuela. An seiner engsten Stelle überspannt ihn eine 8 678 m lange Brücke, die die Stadt Maracaibo mit den am Ostufer liegenden Ölfeldern verbindet. Die Mittelöffnungen haben eine Höhe von 50 m, damit auch große Tanker hindurchfahren können. Ihre Breite beträgt 235 m.
a) Der 1960 begonnene Bau der Brücke dauerte 40 Monate. Gib die Bauzeit als Dezimalbruch in Jahren an.
b) Gib die Länge der Brücke in km mit einer Nachkommaziffer an.

2
In der Nacht vom 6. zum 7. April 1964 rammte ein 40 000-Tonnen-Tanker zwei Brückenpfeiler. Drei Brückenbögen stürzten ins Meer. Die Wucht des Zusammenstoßes wurde damals mit dem Aufprall von 6 000 voll beladenen Waggons eines Güterzuges verglichen.
Welches Gewicht wurde dabei für einen Waggon angenommen?

3
Die Fahrbahn wird bei den sechs großen Mittelpfeilern durch eine Schrägseilkonstruktion gehalten. Dabei müssen je 16 Seile links und rechts ein Gewicht von 5 500 t tragen.
Gib mit Hilfe eines Dezimalbruches an, welches Gewicht dabei auf ein Seil entfällt.

4
Wandle alle in der unten stehenden Zeichnung vorkommenden Längen in Meter um. Schreibe die Maßzahlen als Dezimalbruch mit zwei Nachkommaziffern. (Ein Inch entspricht 2,5 cm.)

Rückspiegel

1
Schreibe die Brüche als Dezimalbrüche.
a) $\frac{8}{10}$; $\frac{17}{100}$; $\frac{9}{1000}$; $\frac{413}{100}$; $\frac{111}{10}$; $\frac{1110}{1000}$
b) $\frac{2}{5}$; $\frac{3}{8}$; $\frac{7}{4}$; $\frac{9}{20}$; $\frac{4}{25}$; $\frac{19}{5}$; $\frac{11}{16}$; $\frac{13}{40}$

2
Schreibe die Dezimalbrüche als Brüche. Kürze, wenn es möglich ist.
a) 0,8; 0,75; 0,9; 0,76; 0,02; 0,65
b) 1,3; 2,64; 3,001; 8,55; 0,33

3
Schreibe die Größen ohne Komma in einer kleineren Einheit.
a) 3,52 €; 6,43 m; 1,5 kg; 0,7 km
b) 1,45 m^2; 3,9 l; 0,75 cm^3; 14,03 a
c) 2,643 m; 9,285 ha; 7,0926 m^3

4
Schreibe die Größen mit Komma in der größten Einheit, die vorkommt.
a) 5 m 6 dm 3 cm; 12 m 4 cm 3 mm
b) 4 kg 12 g; 3 t 33 kg; 4 kg 666 mg
c) 2 l 22 ml; 4 m^3 18 dm^3 312 cm^3
d) 18 hl 18 l; 205 hl 5 l; 50 l 50 ml

5
Setze >, < oder = ein.
a) 124,863 ☐ 124,836
b) 0,731 ☐ 0,7311
c) 3,6020 ☐ 3,602
d) 0,23 m ☐ 0,0023 km
e) 127,86 a ☐ 1278,6 m^2
f) $\frac{3}{4}$ l ☐ 0,75 l
g) 12,5 hl ☐ 1 250 l

6
Ordne die Zahlen nach der Größe.
a) 0,36; 0,63; 0,306; 0,603; 0,6
b) 1,11; 11,1; 11,01; 1,101; 11,0
c) 2,345; 2,3045; 2,0345; 2,3405

7
Ordne die Größen. Beginne jeweils mit der kleinsten Größe.
a) 0,8 kg; 0,788 kg; 0,775 kg; 0,778 kg
b) 13,2 dm^2; 0,13 m^2; 0,00013 ha
c) 4,07 l; 4,7 dm^3; 4 500,5 cm^3

8
Runde die Dezimalbrüche
a) auf Zehntel:
1,245; 0,765; 23,88; 0,0999.
b) auf drei Nachkommaziffern:
2,4567; 0,0924; 14,2874; 1,234567.
c) auf zwei Dezimalen:
19,8611; 2,048; 117,2639; 0,0051.

9
Runde die Größen auf die in Klammern angegebene Einheit.
a) 27,6 m (m); 404,853 kg (kg)
b) 7 268 m (km); 8 653 a (ha); 0,426 m (cm)
c) 8,394 cm^2 (mm^2); 0,9318 l (ml)

10
Verwandle die Brüche in Dezimalbrüche.
a) $\frac{9}{20}$; $\frac{28}{40}$; $\frac{18}{25}$; $\frac{24}{80}$ b) $\frac{15}{8}$; $\frac{8}{125}$; $\frac{33}{88}$; $\frac{72}{108}$

11
Verwandle in einen Dezimalbruch.
a) $\frac{1}{3}$; $\frac{5}{6}$; $\frac{4}{9}$; $\frac{8}{11}$ b) $\frac{12}{18}$; $\frac{7}{12}$; $\frac{24}{7}$; $\frac{112}{9}$

12
Runde die Dezimalbrüche auf zwei Nachkommaziffern.
a) $\frac{4}{7}$; $\frac{11}{13}$; $\frac{91}{15}$; $\frac{77}{17}$ b) $\frac{16}{99}$; $\frac{17}{111}$; $\frac{4}{23}$; $\frac{999}{31}$

13
Setze >, < oder = ein.
a) $1\frac{1}{3}$ ☐ 1,3
b) 0,066 ☐ $0,0\overline{6}$
c) $\frac{3}{8}$ l ☐ 300 ml

14
Welche Zahlen sind auf den Zahlenstrahlausschnitten dargestellt?

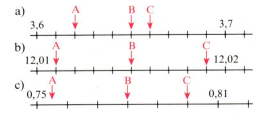

VII Rechnen mit Dezimalbrüchen

Rechnen im Alltag

Im Alltag rechnen wir in vielen Situationen mit Dezimalzahlen. Die Kasse in einem Supermarkt addiert die Preise der einzelnen Waren und berechnet blitzschnell den Endbetrag. Viele Kassen berechnen auch den Geldbetrag, den wir zurückbekommen, wenn wir nicht genau passend bezahlt haben.
Mit Hilfe einer Preistabelle für Heizöl kann die Lieferfirma den Rechnungsbetrag für den Kunden leicht berechnen.

Heizölpreise	jeweils für 100 l
0 bis 1 000 l	41,98 €
1 001 bis 1 500 l	35,80 €
1 501 bis 2 000 l	32,40 €
2 001 bis 2 500 l	30,78 €
2 501 bis 3 500 l	29,80 €
3 501 bis 4 500 l	28,26 €
4 501 bis 5 500 l	27,24 €
5 501 bis 6 500 l	26,78 €
6 501 bis 7 500 l	26,40 €
7 501 bis 8 500 l	26,10 €
8 501 bis 9 500 l	25,90 €
9 501 bis 10 500 l	25,76 €

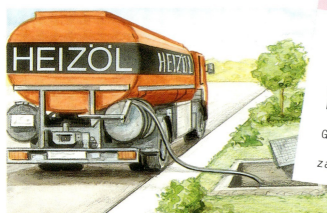

1 Addieren und Subtrahieren von Dezimalbrüchen

1
Bei einem Gerätevierkampf erzielten drei Turnerinnen an den einzelnen Geräten folgende Wertungen:

	Boden	Balken	Sprung	Stufenbarren
Beate	8,4	7,4	8,0	7,2
Corinna	7,9	8,6	8,2	7,5
Daniela	8,2	7,8	7,6	8,1

Welches Mädchen liegt in Führung?

2
Zwei Wanderwege sind 6,8 km bzw. 9,3 km lang. Wie groß ist der Unterschied? Musst du unbedingt in Meter umwandeln, um diese Differenz berechnen zu können?

Wie beim schriftlichen Addieren und Subtrahieren von natürlichen Zahlen müssen wir auch bei den Dezimalbrüchen genau darauf achten, dass die Zahlen stellengerecht untereinander geschrieben werden.

Dazu schreiben wir zunächst die Summanden übersichtlich in eine Stellentafel.

	Z	E	z	h	t
12,862 + 4,575	1	2	8	6	2
+		4	5	7	5
		1	1		
= 17,437	1	7	4	3	7

	Z	E	z	h	t
73,287 − 19,68	7	3	2	8	7
−	1	9	6	8	
	1	1			
= 53,607	5	3	6	0	7

> Schreibe beim **Addieren** und **Subtrahieren** von Dezimalbrüchen diese so untereinander, dass Komma unter Komma steht.
> Beginne dann von rechts mit dem stellengerechten Addieren oder Subtrahieren.

Beispiele

a)
```
    3,94
 + 14,37
 +  8,05
   1 1 1
   26,36
```

b)
```
   12,06
 +  4,00
 +  0,70
   16,76
```

c)
```
   0,0320
 + 4,3800
 + 0,0009
        1
   4,4129
```

d)
```
   12,84
 −  9,90
   1 1
    2,94
```

e)
```
   29,800
 − 17,456
     1 1
   12,344
```

f)
```
   13,678
 −  6,030
 −  5,271
 −  0,600
    1 1 1
    1,777
```

Bemerkung: Wenn du die Summanden untereinander schreibst, ist es am Anfang hilfreich, Endnullen zu ergänzen.

Addieren und Subtrahieren von Dezimalbrüchen

Mit einer **Überschlagsrechnung** kannst du schnell einen Näherungswert finden oder kontrollieren, ob dein Ergebnis ungefähr stimmen kann. Geschicktes Runden der einzelnen Zahlen ermöglicht eine Rechnung im Kopf.

$$123{,}86 + 37{,}41 = 161{,}27 \qquad 1{,}736 - 0{,}497 = 1{,}239$$
$$\text{Überschlag:} \quad 120 \ + \ 40 \ = 160 \qquad 1{,}7 \ - 0{,}5 \ = 1{,}2$$

Bei manchen Berechnungen reicht es auch, das Ergebnis mit der größten Zahl, die in der Rechnung vorkommt, zu vergleichen.

$$5{,}8 + 98{,}64 + 0{,}7 = 105{,}14 \qquad 308{,}62 - 12{,}4 - 0{,}913 = 295{,}307$$
$$\phantom{5{,}8 +\ } 100 \hspace{3em} \uparrow \qquad\qquad 300 \hspace{5em} \uparrow$$

Aufgaben

3
Addiere im Kopf.
- a) 3,8 + 4,1
- b) 6,2 + 8,7
- c) 12,4 + 13,5
- d) 9,2 + 8,9
- e) 212,6 + 14,2
- f) 22,4 + 7,9
- g) 0,4 + 0,7
- h) 0,62 + 0,11
- i) 0,92 + 0,12
- k) 0,45 + 2,56

4
Subtrahiere im Kopf.
- a) 9,6 − 4,2
- b) 18,2 − 6,1
- c) 12,3 − 5,4
- d) 26,3 − 13,5
- e) 0,75 − 0,32
- f) 0,90 − 0,55
- g) 3,8 − 0,9
- h) 1,47 − 0,47
- i) 5,66 − 4,67
- k) 10 − 0,99

5
Rechne im Kopf.
- a) 2,5 + 3,8
- b) 4,8 − 2,9
- c) 13,7 − 11,9
- d) 17,8 + 9,9
- e) 0,76 + 0,23
- f) 0,73 − 0,45
- g) 1,2 − 0,85
- h) 0,04 + 0,47
- i) 0,7 + 0,4 + 0,12
- k) 3,5 − 0,9 − 0,8
- l) 0,05 + 0,7 + 0,12
- m) 4,5 − 0,05 − 2,75
- n) 5,5 + 0,55 + 0,055
- o) 6,6 + 0,66 + 0,066

6
a) Um wie viel sind die Zahlen größer als 1?
1,5; 1,04; 1,33; 2,22; 1,001
b) Wie viel fehlt noch bis 1?
0,5; 0,04; 0,33; 0,85; 0,001
c) Welche Summe oder Differenz hat den größten Wert?
0,9 + 0,11; 1,1 − 0,01; 0,99 + 0,01

7
Übertrage die Aufgaben ins Heft und berechne.

- a) 3,6875 + 4,2113
- b) 19,284 + 24,397
- c) 0,2243 + 5,7685
- d) 0,4861 + 0,0347
- e) 1,3476 + 3,67
- f) 19,86 + 26,762
- g) 0,062 + 4,7195
- h) 0,431 + 27,6
- i) 0,0055 + 0,55
- k) 9,999 + 99,99
- l) 11,1 + 0,0111
- m) 20,202 + 2,0202

8

- a) 2,5685 − 1,3471
- b) 8,9315 − 7,4205
- c) 36,823 − 28,678
- d) 3,2143 − 2,5976
- e) 50,683 − 9,49
- f) 17,4 − 8,962
- g) 0,67 − 0,6088
- h) 3 − 0,9821
- i) 0,043 − 0,0268
- k) 0,265 − 0,0265
- l) 11,1 − 1,11
- m) 50,505 − 5,0505

+	1,1	2,22	3,333
0,9			
0,08			
0,007			

−	0,3	0,22	0,111
1,1			
2,22			
3,333			

Addieren und Subtrahieren von Dezimalbrüchen

9
Berechne.
a) 3,785
  + 5,991
  + 1,801

b) 12,964
  + 16,842
  + 9,741

c)   5,912
  + 17,84
  + 9,6

d)   0,384
  + 82,47
  + 1,0426

e) 438,2
  +   0,753
  + 19,9
  +   6,31

f) 1007,28
  +   0,9
  + 236,44
  +   99

g)   30,303
  +   6,06
  + 42,224
  +   0,4

h) 30,003
  +   0,3
  +   4,04
  + 62,026

10
Setze im Ergebnis das Komma an die richtige Stelle.
a) 0,4 + 0,8 = 1 2
b) 0,55 + 2,35 = 2 9
c) 1,04 + 0,4 = 1 4 4
d) 99,6 + 10,4 = 1 1 0 0
e) 1,1 + 11,1 + 111,1 + 0,1 = 1 2 3 4

11
Schreibe untereinander und addiere.
a) 3,62 + 4,86 + 12,49 + 7,08
b) 11,1 + 1,11 + 0,111 + 111
c) 3,9 + 3,09 + 3,99 + 3,90
d) 124,8 + 234,65 + 3 780,3
e) 12,34 + 1,234 + 0,1234

12
Was wurde hier falsch gemacht? Verbessere die Fehler.
a)   4,96
  + 12,7
     1 1
  ───────
    62,3

b) 12,43
  + 0,416
  ───────
    1,659

c)   5
  + 0,8
      1
  ─────
    1,3

d) 0,9876
  + 0,562
  ───────
    0,4256

13
Berechne den Rechungsbetrag auf dem Kassenzettel. Überschlage, ob 60 € zum Bezahlen reichen.

14
Berechne.
a) 19,878 km
  − 4,243 km
  − 1,314 km

b) 624,387 km
  − 48,926 km
  − 17,135 km

c) 179,32 m
  − 88,86 m
  − 4,39 m

d) 18 925,6 mm
  −   434,4 mm
  − 9 210,7 mm

e) 58,34 dm
  − 7,45 dm
  − 18,17 dm

f) 10,035 m
  − 9,864 m
  − 0,061 m

15
Welche Zahl musst du einsetzen?
a) 7,2 + □ = 9,6
b) □ + 0,4 = 0,9
c) 4,01 + □ = 4,1
d) □ + 1,3 = 1,42
e) 5,8 − □ = 4,9
f) □ − 3,2 = 1,25
g) 1,1 − □ = 0,09
h) □ − 0,01 = 0,02

16
Schreibe die Zahlen untereinander und subtrahiere.
a) 9,87 − 6,42 − 2,24 = 1,21
b) 173,65 − 89,59 − 36,45 = 47,61
c) 10,04 − 4,23 − 3,76 − 2,02 = 0,03
d) 25,85 − 3,867 − 1,4 − 0,6111 = 19,9719
e) 0,762 − 0,4 − 0,13 − 0,0025 = 0,2295
f) 15,05 − 3 − 0,428 − 6,619 = 5,003
g) 2 351,57 − 0,6 − 800,006 − 8,43 = 1542,534
h) 1 − 0,9 − 0,01 − 0,001 = 0,089

17
□ □ , □ − 0 , □ = ?

Setze die Ziffern 4, 5, 6, 7 so ein,
a) dass das Ergebnis möglichst groß wird.
b) dass das Ergebnis möglichst klein wird.
c) dass genau 55,7 herauskommt.

18
Hier haben sich einige Fehler eingeschlichen. Verbessere im Ergebnis.
a) 8,70 − 6,05 = 2,2   2,65
b) 5,54 − 5,53 = 0,1   0,01
c) 0,82 − 0,78 = 0,4   0,04
d) 1,09 − 0,06 = 1,3   1,03
e) 0,582 − 0,579 = 0,3   0,003
f) 8,01 − 7,99 = 0,002   0,02

Addieren und Subtrahieren von Dezimalbrüchen

19
Setze im Ergebnis das Komma richtig.
a) 15,43 m − 4,32 m − 2,31 m = 880 m
b) 7,0 dm − 1,49 dm − 4,34 dm = 117 dm
c) 89,800 km − 987 m = 88813 km

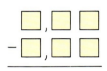

20
Setze für die Kästchen folgende Ziffern ein: 2, 3, 6, 7, 9, 0.
Jede Ziffer darf nur einmal vorkommen.
a) Der Wert der Summe soll möglichst groß sein.
b) Der Wert der Summe soll möglichst klein sein.
c) Der Wert der Summe soll 9,45 betragen.
d) Der Wert der Differenz soll möglichst klein sein.
e) Der Wert der Differenz soll möglichst groß sein.
f) Der Wert der Differenz soll 6,12 betragen.
g) Warum gibt es bei den Aufgaben mit Summen immer mehrere Lösungen?

21
Berechne möglichst geschickt.
a) 2,2 + 4,7 + 3,8 + 3,5 + 5,3
b) 14,9 + 30,5 + 69,5 + 35,1 + 17,7
c) 0,85 + 2,36 + 6,5 + 1,14 + 0,15
d) 0,02 + 0,07 + 1,981 + 0,98 + 0,009

22
Übertrage in dein Heft und setze Zahlen ein.

a) 1 $\xrightarrow{+0,5}$ □ $\xrightarrow{-0,35}$ □
   $\downarrow +3,6$ $\downarrow +3,85$ $\downarrow +4,3$
   □ $\xrightarrow{+0,75}$ □ $\xrightarrow{+0,1}$ □
   $\downarrow -1,06$ $\downarrow -1,8$ $\downarrow -4,45$
   □ $\xrightarrow{+0,01}$ □ $\xrightarrow{-2,55}$ 1

b) 100 $\xrightarrow{□}$ 96,2 $\xrightarrow{□}$ 8,35
   $\downarrow$ □ $\downarrow$ □ $\downarrow$ □
   50,5 $\xrightarrow{□}$ 34,8 $\xrightarrow{□}$ 77,5
   $\downarrow$ □ $\downarrow$ □ $\downarrow$ □
   14,3 $\xrightarrow{□}$ 1,05 $\xrightarrow{□}$ 0,1

23
Achte auf die verschiedenen Rechenzeichen.
a) 22,222 + 2,222 − 0,222 = 24,222
b) 22,222 − 2,222 + 0,222 = 20,222
c) 3,0303 + 0,303 − 3,303 = 0,0303
d) 3,303 − 0,333 + 3,003 = 5,973
e) 4,44 − 0,4 + 0,04 − 4,04 = 0,04
f) 44,4 − 4,04 − 4,444 + 4,404 = 40,32
g) 999 − 99,9 + 9,99 − 0,999 − 0,099 = 907,992

24
Führe zunächst eine Überschlagsrechnung durch und vergleiche mit dem errechneten genauen Ergebnis.
a) 1 + 0,1 + 0,45 − 0,567
b) 39,8 + 0,7 + 57,2 − 0,365
c) 47,47 + 52,52 − 19,19 − 63,83
d) 9,98 − 0,026 + 90,2 − 0,13
e) 0,6 + 56,89 − 2,613 + 245,06
f) 1,01 + 10,01 + 100,001 − 0,101

25
Wandle in die größte Einheit um und berechne dann.
a) 6,3 m + 18,9 dm − 436 cm
b) 17 a − 325 m² + 4836 dm²
c) 3,85 m³ + 83 775 dm³
d) 4,9 t + 12,676 kg − 206,8 kg
e) 66,4 ml + 3,25 dm³ − 1,1 l
f) 9,52 ha − 117,2 a − 436,35 m²

26
Beachte die Klammern.
a) 4,62 − (1,92 + 1,81)
b) 21,63 − (12,75 + 8,36)
c) 61,51 − (30,82 − 15,44)
d) 1,625 − (4,981 − 3,443)
e) (5,38 − 0,61) + (12,9 − 8,52)
f) (14,31 − 6,25) − (2,64 − 1,46)
g) (0,92 − 0,431) − (1,42 − 1,387)
h) (1 − 0,09) − (1 − 0,99) − (1 − 0,9)

27
8,7 □ 5,6 □ 4,3 □ 1,2

Setze +, − und Klammern und berechne.
a) Das Ergebnis soll möglichst groß sein.
b) Das Ergebnis soll möglichst nahe bei 1 liegen.

Addieren und Subtrahieren von Dezimalbrüchen

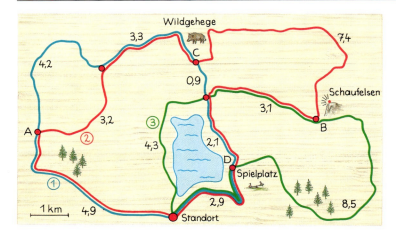

28
Auf der Wanderkarte sind verschiedene Wandertouren eingezeichnet.
a) Gib die Länge der Rundwege ①, ② und ③ in km an.
b) Berechne den Unterschied zwischen den Streckenlängen von A nach B über C und von A nach B über D.
c) Stelle eine Wanderung zusammen, die möglichst genau 30,0 km lang ist.

29
Tim hat an seinem Fahrrad einen Kilometerzähler, der auch eine Nachkommaziffer anzeigt.
a) Was bedeutet die Nachkommaziffer?
b) Gib die Längen der gefahrenen Strecken zwischen den einzelnen Zählerständen an.
c) Um wie viel war die zweite Strecke länger als die erste?
d) Wie viel km muss Tim noch fahren, bis die erste Ziffer auf 4 springt?

2	0	7	9
2	9	8	8
3	2	6	4
4			

30

Die Entfernung Erde–Sonne beträgt bei Sonnenferne 152,099 Mio. km, bei Sonnennähe 147,096 Mio. km. Berechne den Unterschied.

31
Der Erdumfang über die Pole gemessen beträgt 40 008,006 km und entlang des Äquators 40 075,161 km. Wie groß ist der Unterschied?

32
Berechne jeweils die drei Unterschiede zwischen den drei Zahlen.
a) 5,8; 6,3; 6,9
b) 0,45; 0,57; 0,58
c) 1,01; 1,11; 1,111
d) 10; 9,9; 0,99

33
Wie wachsen die Unterschiede? Setze fort.
a) 1,1; 2,2; 3,4; 4,7; 6,1; ...
b) 0,01; 0,02; 0,12; 1,12; 11,12; ...
c) 0,1; 1,11; 3,13; 6,16; 10,20; ...

34
Berechne jeweils die Summe und die Differenz der beiden Zahlen.
a) 5,7; 3,6   b) 123,5; 23,5
c) 1,8; 0,9   d) 99,9; 9,99
e) 0,52; 0,25   f) 10,01; 1,1

35
a) Wie groß ist die Summe der Zahlen 12,8 und 14,9 vermindert um 19,5?
b) Subtrahiere die Summe von 9,8 und 0,8 von 48,4.
c) Addiere die Differenz von 6,38 und 3,86 zur Summe von 9,62 und 1,35.
d) Wie groß ist der Unterschied zwischen 12,98 und der Differenz aus 6,3 und 4,7?
e) Welche Zahl muss man zur Differenz von 3,65 und 2,42 addieren, um 10 zu erhalten?

36
Zahlenbilder

```
        1,1              1,1
 +    11,11         +   10,01
 +   111,111        +  100,001
 +  1111,1111       +  101,101
 +   111,111        +   11,11
 +    11,11         +    1,1
 +     1,1
 ─────────              ?
    1111,1              1,111
 +   111,11         +   11,11
 +    11,111        +  111,1
 +     1,1111       + 1111
 +    11,111        +  111,1
 +   111,11         +   11,11
```

Addieren und Subtrahieren von Dezimalbrüchen

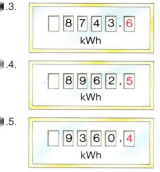

.3. 8743,6 kWh
.4. 8962,5 kWh
.5. 9360,4 kWh

37
Aus den verschiedenen Zählerständen zum Monatsanfang kannst du den Stromverbrauch im jeweiligen Monat ablesen.
a) Bestimme jeweils den Verbrauch in Kilowattstunden (kWh) für die Monate März und April.
b) Wie viel kWh wurden im April mehr verbraucht?
c) Wie lautet der Zählerstand am 1. 6., wenn im Mai 437,7 kWh verbraucht wurden?

38
Zwei Haushalte hatten in einem Jahr folgenden Wasserverbrauch.

	Familie Walter	Familie Peters
Januar	15,8 m³	8,4 m³
Februar	16,2 m³	8,8 m³
März	15,9 m³	9,2 m³
April	16,3 m³	7,9 m³
Mai	16,7 m³	8,5 m³
Juni	24,6 m³	8,4 m³
Juli	23,7 m³	1,6 m³
August	19,5 m³	6,3 m³
September	16,8 m³	7,9 m³
Oktober	16,5 m³	8,3 m³
November	15,9 m³	8,1 m³
Dezember	16,0 m³	7,8 m³

a) Berechne den Jahresverbrauch für jeden Haushalt in m³.
b) Wie groß ist der Unterschied zwischen dem geringsten und dem höchsten Verbrauch in jeder Familie?
c) Kannst du Gründe nennen, warum der Verbrauch bei Familie Walter im Juni und Juli sehr hoch war, bei Familie Peters im Juli sehr gering?

39
Die obere Wasseruhr zeigt einen Verbrauch von 427,5108 m³ an.
a) Welche Zeiger der oberen Wasseruhr bewegen sich bei einem Verbrauch von 0,36 m³; 0,04 m³; 12,5 l?
b) Zeichne den Zeigerstand nach einem Verbrauch von 2 465 l; 3,54 m³; 15,59 m³ Wasser.
c) Wie groß ist die Differenz der beiden Zählerstände?

40
Beim Ski-Slalom gibt es jeweils zwei Wertungsläufe.

Name	1. Lauf	2. Lauf
Brunner	58,73 s	56,56 s
Dangel	54,56 s	55,79 s
Maier	56,32 s	57,67 s
Noppinger	57,58 s	57,43 s
Samland	59,19 s	58,12 s
Weck	56,87 s	56,92 s

a) Wer wurde Sieger? Berechne für jeden Läufer die Gesamtzeit aus beiden Läufen.
b) Berechne jeweils den Zeitunterschied zur Siegerzeit.

41
Bei den Olympischen Spielen 1988 in Seoul erhielt die UdSSR die Goldmedaille im Mannschafts-Zwölfkampf der Geräteturner mit 593,350 Punkten. Die Mannschaft der damaligen Bundesrepublik Deutschland wurde 12. mit folgenden Turnern:

D. Winkler	114,500 Punkte
M. Beckmann	114,450 Punkte
J. Brummer	114,150 Punkte
R. Kern	113,900 Punkte
B. Simmelbauer	113,600 Punkte

a) Wie viele Punkte erreichte die Mannschaft der BRD insgesamt?
b) Wie groß war die Differenz zum Goldmedaillengewinner?
c) Der beste Einzelturner erhielt 118,950 Punkte. Wie groß war die Differenz zum besten bundesdeutschen Turner?

2 Multiplizieren und Dividieren mit Zehnerpotenzen

1
Der Faden der Seidenraupe wiegt bei einer Länge von 1 m etwa 0,00013 g. Wie schwer sind 10 m, 100 m und 1 km Faden?

2
Es ist schwierig, die Dicke eines Blatts in deinem Buch durch Messen zu bestimmen. Wenn du aber die Dicke von 100 Blättern misst, kannst du das Problem durch Rechnen lösen.

Wir erkennen, dass bei der Multiplikation und bei der Division von Dezimalbrüchen mit Zehnerpotenzen die Ziffernfolge unverändert bleibt. Das Komma wird jedoch verschoben.

$0{,}26 \cdot 10 = \frac{26}{100} \cdot 10 = \frac{26}{10} = 2{,}6$ $\qquad$ $32{,}8 : 10 = \frac{328}{10} \cdot \frac{1}{10} = \frac{328}{100} = 3{,}28$

> Beim **Multiplizieren** von Dezimalbrüchen mit Zehnerpotenzen (10; 100; ...) musst du das **Komma** um so viele Stellen **nach rechts** verschieben, wie die Zehnerpotenz Nullen hat.
>
> Beim **Dividieren** von Dezimalbrüchen durch Zehnerpotenzen (10; 100; ...) musst du das **Komma** um so viele Stellen **nach links** verschieben, wie die Zehnerpotenz Nullen hat.

Beispiele
a) $0{,}2967 \cdot10 = 2{,}967$
$\;0{,}2967 \cdot100 = 29{,}67$
$\;0{,}2967 \cdot 1\,000 = 296{,}7$

b) $327{,}2 :10 = 32{,}72$
$\;327{,}2 :100 = 3{,}272$
$\;327{,}2 : 1\,000 = 0{,}3272$

c) $5{,}82 \cdot 1\,000 = 5\,820$
$\;58{,}2 \cdot 1\,000 = 58\,200$
$\;582{,}0 \cdot 1\,000 = 582\,000$

d) $126 : 100 = 1{,}26$
$\;12{,}6 : 100 = 0{,}126$
$\;1{,}26 : 100 = 0{,}0126$

Beachte: Wenn die Anzahl der Ziffern nicht reicht, werden Nullen vorangesetzt (**b**)) oder angehängt (**c**)).

Aufgaben

3
Multipliziere im Kopf.
a) $3{,}9 \cdot 10$ $\quad$ b) $4{,}37 \cdot 10$ $\quad$ c) $7{,}4 \cdot 100$
$\;12{,}8 \cdot 10$ $\qquad\;\,1{,}888 \cdot 100$ $\quad\;\;0{,}63 \cdot 1\,000$
$\;4{,}92 \cdot 100$ $\qquad\;14{,}07 \cdot 10$ $\quad\;\;\;0{,}5 \cdot 100$
d) $1{,}85 \cdot 100$ $\,$ e) $0{,}425 \cdot 100$ $\,$ f) $0{,}04 \cdot 1\,000$
$\;0{,}05 \cdot 100$ $\qquad\;4{,}07 \cdot 10$ $\quad\;\;3{,}33 \cdot 1\,000$
$\;20{,}3 \cdot 100$ $\qquad\;5{,}2 \cdot 100$ $\quad\;\;12{,}12 \cdot 100$

4
Dividiere im Kopf.
a) $23{,}8 : 10$ $\quad$ b) $4{,}2 : 10$ $\quad$ c) $0{,}4 : 1\,000$
$\;136{,}6 : 100$ $\qquad 56{,}13 : 100$ $\;\;4{,}04 : 100$
$\;4\,368{,}2 : 1\,000$ $\;\;1{,}67 : 100$ $\quad 0{,}02 : 100$
d) $611{,}3 : 100$ $\,$ e) $34{,}2 : 1\,000$ $\,$ f) $1{,}1 : 10\,000$
$\;40{,}8 : 10$ $\qquad 70{,}4 : 100$ $\quad 0{,}2 : 1\,000$
$\;70{,}11 : 1\,000$ $\;\;3{,}07 : 1\,000$ $\;\;0{,}05 : 1\,000$

5
Erstelle für jede Aufgabe eine Stellenwerttafel und trage die Ergebnisse untereinander ein.
a) Multipliziere mit 10, 100, 1 000, 10 000: 3,265; 0,043
b) Dividiere durch 10, 100, 1 000, 10 000: 426,8; 7,86

6
a) $\square \xleftarrow{:10} 24{,}85 \xrightarrow{\cdot 10} \square$
b) $\square \xleftarrow{:100} 417{,}2 \xrightarrow{\cdot 100} \square$
c) $\square \xleftarrow{:1\,000} 0{,}58 \xrightarrow{\cdot 1\,000} \square$
d) $\square \xleftarrow{:1\,000} 26{,}01 \xrightarrow{\cdot 1\,000} \square$
e) $\square \xleftarrow{:10\,000} 1{,}01 \xrightarrow{\cdot 10\,000} \square$

	H	Z	E	z	h	
·10	2	4	0			:10
·10		2	4			:10
·10			2	4		:10
			0	2	4	:10

152

Multiplizieren und Dividieren mit Zehnerpotenzen

Rechensack:
- 0,0765 · 1000
- 4,32 · 100
- 0,625 : 10
- 0,498 · 10 000
- 0,762 · 100
- 76,2 : 100
- 0,43 : 100
- 1,67 · 1000
- 0,00481 · 100
- 0,0368 · 1000
- 4,74 : 100
- 1,11 : 100

7
Kopfrechentraining. Berechne die Aufgaben in dem Rechensack.

8
Findest du die Ergebnisse der Rechnungen, ohne die Zwischenergebnisse aufzuschreiben?
a) 0,31·100·10·10
b) ((1 736,2 : 10) : 100) : 100
c) ((22,83 : 100)·1 000) : 10
d) ((0,0439·1 000) : 100)·1 000

9
Welche Rechnung wurde durchgeführt?
a) 6,83 $\xrightarrow{?}$ 0,683   b) 1,41 $\xrightarrow{?}$ 1 410
c) 0,362 $\xrightarrow{?}$ 0,00362   d) 0,07 $\xrightarrow{?}$ 7
e) 111,1 $\xrightarrow{?}$ 0,1111   f) 0,039 $\xrightarrow{?}$ 0,0039

10
Das Umwandeln in andere Maßeinheiten geschieht durch Multiplikation oder Division mit Zehnerpotenzen.
Beispiel: $1\,dm^2 = 1 \cdot 100\,cm^2 = 100\,cm^2$.
Gib die Rechenoperation bzw. die Kommaverschiebung bei folgenden Umwandlungen an.
a) $m^2 \rightarrow dm^2$ b) $cm^3 \rightarrow l$
c) kg $\rightarrow$ g   d) $a \rightarrow dm^2$
e) $mm^3 \rightarrow ml$ f) km $\rightarrow$ cm

11
Übertrage die Aufgaben in dein Heft.
a) 0,6835
   ↓·100
   □
   ↓·1 000
   □

b) 56,12
   ↓:100
   □
   ↓:10
   □

c) 4,872
   ↓·1 000
   □
   ↓:1 000
   □

d) □
   ↓·100
   138,2
   ↓:10
   □

e) □
   ↓·10
   □
   ↓:1 000
   0,04382

f) □
   ↓:100
   □
   ↓·1 000
   1,035

12
Ein Teebeutel enthält 1,2 g Tee.
Wie viel g Tee sind dann in einem Karton mit 100 Beuteln?

13 €
a) Ein Kilogramm Schinken kostet 18,50 €. Was kosten 100 g?
b) 10 g eines Gewürzes kosten 0,45 €. Wie hoch ist der Kilopreis?
c) 0,1 l Parfüm kostet 74,75 €. Was würde 1 l kosten?

14
Ein Stapel Papier mit 1 000 Blatt ist 10,8 cm dick und 5,650 kg schwer.
a) Wie dick ist ein Blatt? Gib die Dicke in cm und in mm an.
b) Wie schwer ist ein Blatt? Gib das Gewicht in kg und in g an.

15
Einige Landkarten haben besonders praktische Maßstäbe zum Umrechnen.
a) Welcher Streckenlänge in der Natur entsprechen 5 cm auf der Karte beim Maßstab 1 : 1 000; 1 : 100 000; 1 : 1 000 000?
b) Wie lang wird eine 400 m lange Straße auf der Karte mit dem Maßstab 1 : 10 000; 1 : 100 000; 1 : 1 000 000?

16
Die Skala des Drehzahlmessers eines Autos gibt 1 000 Umdrehungen pro Minute an.

Wie viel Umdrehungen pro Minute zeigt der Drehzahlmesser an?

17
Der Samen eines Riesenmammutbaums wiegt 4,7 mg. Das Gewicht eines ausgewachsenen Baumes beträgt mehr als das 1 000 000 000 000fache.
Gib das Gewicht des Baumes in einer sinnvollen Maßeinheit an.

3 Multiplizieren von Dezimalbrüchen

1 €
Im Urlaub sieht Frau Sauer in der französischen Schweiz ein Paar schöne Schuhe im Schaufenster. Sie kosten 98 Schweizer Franken. Sie weiß, dass 1sFr 0,63 € wert ist. Wie viel Euro kosten die Schuhe?

2
Nadine und Marcel bekommen in der neuen Wohnung Kinderzimmer mit folgenden Maßen: Nadines Zimmer ist 3,5 m breit und 4,2 m lang, das von Marcel 3,2 m breit und 4,5 m lang. Wer bekommt das größere Zimmer?

Wenn wir Dezimalbrüche miteinander multiplizieren, können wir sie dazu in gewöhnliche Brüche umwandeln.

$0{,}4 \cdot 0{,}6 = \frac{4}{10} \cdot \frac{6}{10} = \frac{24}{100} = 0{,}24$

Beim Umwandeln in die Bruchschreibweise wird deutlich, dass das Ergebnis dieselbe Ziffernfolge hat wie das Produkt der Faktoren ohne Komma. Besteht das Produkt aus zwei Faktoren mit je einer Dezimalen (Zehntel), so wird das Ergebnis des Produkts in Hundertstel angegeben, also ein Dezimalbruch mit zwei Dezimalen.

> Beim **Multiplizieren** von Dezimalbrüchen kannst du zunächst die Multiplikation ohne Berücksichtigung des Kommas durchführen. Dann setzt du das Komma. Das Ergebnis hat so viele Dezimalen wie beide Faktoren zusammen.
>
> $\quad\quad 2{,}3 \quad\quad \cdot \quad\quad 4{,}05 \quad = \quad 9{,}315$
>
> 1 Dezimale   2 Dezimalen   3 Dezimalen

zuerst einen Überschlag

Beispiele

a) 4,5 · 13
    45
  135
  —
  58,5

b) 0,436 · 0,35
  1308
  2180
    1
  —
  0,15260

c) 0,038 · 1,4
  38
  152
   1
  —
  0,0532

Beachte: Um auf die richtige Anzahl von Dezimalen zu kommen, musst du manchmal Nullen ergänzen, vgl. Beispiele c) und b).

Bemerkung: Vor der genauen Berechnung ist es sinnvoll, wenn du eine **Überschlagsrechnung** durchführst. Die Zahlen hierfür sollten so einfach sein, dass du im Kopf rechnen kannst: 212,4 · 0,028 wird überschlagen mit 200 · 0,03 = 6. Das genaue Ergebnis ist 5,9472.

Beim Überschlagen eines Produkts von Dezimalbrüchen hilft dir das **Verschieben des Kommas** bei beiden Faktoren. Wenn du beim einen Faktor das Komma um eine Stelle nach rechts verschiebst und beim anderen Faktor um eine Stelle nach links, so vervielfachst du den ersten Faktor mit 10 und teilst den zweiten Faktor durch 10. Also ändert sich am Wert des Produkts nichts.

   0,006 · 12 000,0 = 72 400,0 · 0,05 = 20
   0,06 · 1 200,0 = 72   40,0 · 0,5 = 20
   0,6 · 120,0 = 72   4,0 · 5,0 = 20
   6 · 12,0 = 72

154

Multiplizieren von Dezimalbrüchen

Aufgaben

3
Rechne im Kopf.
a) 0,8·7
1,2·6
0,4·5
b) 1,5·9
17·0,3
25·0,4
c) 0,02·11
0,005·5
0,07·8
d) 0,6·15
18·0,06
17·0,03
e) 1,3·50
2,2·400
1,5·600
f) 0,07·40
20·0,12
0,4·0,5

4
Rechne geschickt.
a) 0,25·8
2,5·0,8
25·0,08
b) 7·1,4
70·0,14
0,7·14
c) 900·0,3
90·3,0
0,9·30
d) 5·1,8
50·0,018
5,0·0,18
e) 12·0,6
1,2·0,06
12·0,006
f) 1,1·1,1
0,11·1,1
0,11·0,11

5
Es ist 426·538 = 229 188. Nun kannst du die folgenden Produkte leicht berechnen.
a) 426·0,538
b) 0,0426·0,538
c) 42,6·5,38
d) 0,426·0,0538
e) 4,26·53,8
f) 426,0·53,8
g) 0,426·538
h) 4 260·0,00538

6
Wo musst du beim zweiten Faktor das Komma setzen, damit das Ergebnis stimmt?

1. Faktor	2. Faktor	Ergebnis
8,3 ·	25	20,75
70,4 ·	56	39,424
0,23 ·	79	0,01817
0,076 ·	48	0,3648
120,3 ·	62	7,4586
12,25 ·	35	4,2875

7
a) Hier musst du im Ergebnis Nullen setzen:
0,002·0,4
0,7·0,01
0,03·0,02
0,45·0,002
0,03·0,25
0,015·0,0011

b) Hier kannst du im Ergebnis Nullen streichen:
0,5·0,12
20·0,008
150·0,04
0,14·5
0,3·400
0,05·0,18

8
Berechne.
a) 3,4·2,6
1,3·4,5
2,9·2,1
3,5·9,8
b) 1,25·4,26
3,04·2,15
8,28·1,07
10,2·7,09
c) 0,32·0,54
0,26·0,682
0,75·0,043
0,091·0,026
d) 24,8·0,023
112,3·0,707
476·0,039
0,628·1 010,1

9
Hier wurde einige Male falsch gerechnet. Suche die Fehler und verbessere sie.
a) 70·0,4 = 2,8   = 28
b) 0,9·0,075 = 0,0675 ✓
c) 4·0,08 = 4,08   = 4,008
d) 0,06·11,1 = 6,666   = 0,666
e) 12,8·0,9 = 11,52   = ✓
f) 0,27·12,7 = 34,29   = 3,429

10
Führe zuerst eine Überschlagsrechnung durch und vergleiche mit dem genauen Ergebnis.
a) 27,86·7
0,0285·12
0,142·19
b) 7,843·192
4,962·111
2,831·571
c) 71,48·0,942
173,8·0,086
83,8·0,042
d) 35,5·22,22
134,2·0,027
0,683·918,5
e) 64,3·0,06
0,04·72,61
24,03·6,083
f) 84,07·0,073
0,063·0,085
120,07·80,08

11
Durch geschicktes Kommaverschieben kommst du schnell zu einem guten Näherungswert.
a) 834,2·0,243
3 000,5·0,0021
2 560,5·0,101
b) 0,0402·605
87,25·0,098
102,5·1,045
c) 98,62·0,0031
471,8·0,092
150,5·0,121
d) 120,3·0,081
807,5·0,998
10,5·0,084

Überprüfe an einigen der Aufgaben deine Überschlagsrechnung.

	1,1	2,2	3,3
1,75			
99,9			
0,84			
1,05			
0,707			
9,09			
90,09			
10,01			

Multiplizieren von Dezimalbrüchen

12
Übertrage die Figur in dein Heft und fülle die leeren Felder aus.

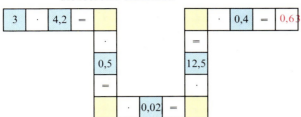

13

Setze die Ziffern 1, 3, 5, 0 so in die Kästchen ein, dass
a) ein möglichst großer Wert entsteht.
b) ein möglichst kleiner Wert entsteht.
c) das Ergebnis 1,55 lautet.
d) das Produkt den Wert 4,5 hat.

14
Berechne.
a) 1,2 · 2,3 · 3,4
b) 0,1 · 1,9 · 9,1
c) 9,9 · 8,8 · 7,7
d) 0,9 · 8,08 · 7,07
e) 4,5 · 0,45 · 0,045
f) 3,1 · 1,03 · 10,3
g) 0,5 · 1,5 · 2,5 · 3,5 · 4,5
h) 1,02 · 2,1 · 0,12

15
Für gute Kopfrechner!
Wenn du die Faktoren geschickt zusammenfasst, kannst du die Aufgaben leicht lösen.
a) 50 · 0,2 · 0,43
b) 0,02 · 40 · 500
c) 0,4 · 2,5 · 0,2
d) 0,2 · 7,5 · 0,5 · 10
e) 3,2 · 0,2 · 100 · 0,05

16
Berechne und runde das Ergebnis auf eine Nachkommaziffer.
a) 3,8 · 4,2
b) 17,2 · 18,4
c) 0,3 · 4,78
d) 126,1 · 0,42
e) 8,88 · 9,99
f) 0,764 · 25
g) 0,451 · 0,111
h) 0,026 · 0,98

17
Berechne, indem du jedes Zwischenergebnis auf eine Dezimale rundest.
1,3 · 2,5 · 7,5 · 12,1
Vergleiche mit dem exakten Ergebnis.

3,6 · 4,2 · 5,6

0,9 · 0,45 · 0,36

1,45 · 1,26 · 1,07

44,4 · 4,44 · 0,44

0,025 · 2,05 · 0,205

1,11 · 0,11 · 0,111 · 1,01

0,123 · 32,1 · 2,31

0,00022 · 0,0033 · 0,044

18
Berechne den Flächeninhalt der Rechtecke:

	a)	b)	c)
Länge	8,40 m	13,82 dm	0,68 m
Breite	6,55 m	9,50 m	3,46 dm

19 €
Ein rechteckiger Raum hat die Länge von 4,85 m und eine Breite von 3,83 m. Er soll mit Teppichboden ausgelegt werden. Berechne die Kosten, wenn
a) ein Quadratmeter 44,25 € kostet,
b) ein Quadratmeter 29,33 € kostet.

20
Ein Grundstück ist 15,50 m lang und 9,80 m breit. Die Erschließungskosten für einen Quadratmeter betragen 49,20 €. Wie viel Euro muss der Besitzer bezahlen?

21
Berechne das Volumen der Quader.

	a)	b)	c)
Länge	3,2 m	1,44 dm	37,5 cm
Breite	2,4 m	0,75 dm	18,05 cm
Höhe	6,8 m	3,86 dm	4,08 cm

22
Ein Liter Luft wiegt 1,29 g. Wie schwer ist die Luft in eurem Klassenzimmer?
Miss dazu Länge, Breite und Höhe des Zimmers in dm.

23
Das Hallenbadbecken eines Hotels ist 12,50 m lang und 6,50 m breit. Es soll bis zu einer Höhe von 1,60 m mit Wasser gefüllt werden. Der Kubikmeterpreis für Wasser beträgt 1,60 €.
a) Wie teuer ist es, das Hallenbecken einmal zu füllen?
b) Wie groß ist der Unterschied in den Kosten, wenn das Becken 1,40 m hoch bzw. 1,80 m hoch gefüllt wird?
c) Berechne a) und b) für einen Kubikmeterpreis von 2,78 €.

Multiplizieren von Dezimalbrüchen

Queen Elisabeth II im Hafen von Sydney, Australien.

24
Die Maße eines Tennisfeldes sind in Yard festgelegt worden.
1 Yard entspricht 0,9144 m.
Das Spielfeld für das Einzel ist 26 Yards lang und 9 Yards breit. Gib die Maße in Meter auf 2 Dezimalen genau an.

25
Wenn man Zeitangaben mit Dezimalbrüchen schreiben und umrechnen will, entspricht 1 Sekunde = $0,01\overline{6}$ min.
Runde auf drei Dezimalen und rechne so 15 s; 38 s und 110 s in Minuten um. Überprüfe mit der Umwandlung in die Bruchschreibweise.

26
Die Leistung bei Autos wurde früher in PS (Pferdestärken) angegeben. Heute verwendet man die Maßeinheit kW (Kilowatt).
1 kW = 1,36 PS
1 PS = 0,736 kW
Wie viel PS entsprechen 70 kW und wie viel kW entsprechen 75 PS?

27 €
Benzinpreise werden in Cent mit einer Nachkommaziffer angegeben.
Berechne die unterschiedlichen Kosten für Benzin, Super und Diesel jeweils für 30 l; 46 l; 58 l und 115 l in Euro und runde sinnvoll.

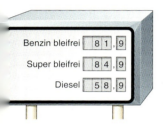

28
Ein gebräuchliches Schiffsraummaß ist die Registertonne (RT).
1 RT entspricht 2,832 m³.
Das größte Segelschiff der Welt, die russische Sedow, ist 3 556 RT groß.
Das größte Passagierschiff ist die Queen Elisabeth II mit 67 140 RT.
Das größte Walfangschiff der Welt ist die russische Sovjetskaja Ukraina mit 32 034 RT.
Das größte Frachtschiff der Welt für den Transport von Trockengütern ist der norwegische Erzfrachter Berge Stahl mit 175 720 RT.
Gib die Größe der Schiffe in m³ an.

29
Früher wurden in den verschiedenen deutschen Einzelstaaten unterschiedliche Längenmaße verwendet. So kam es, dass für gleiche Entfernungen in zwei verschiedenen Staaten unterschiedliche Meilenangaben gemacht wurden.

Baden	1 Meile = 8,88 km
Braunschweig	1 Meile = 7,42 km
Hamburg	1 Meile = 7,53 km
Preußen	1 Meile = 7,50 km
Sachsen	1 Meile = 9,06 km

a) Rechne für jeden Staat 15 Meilen und 55 Meilen in km um.
b) Wie viel km musste jemand in Sachsen mehr zurücklegen als in Preußen, wenn auf dem Wegweiser 2,5 Meilen stand?

30
Eine gebräuchliche Flächeneinheit in der Landwirtschaft war früher der Morgen. Auch hier gab es sehr unterschiedliche Angaben.

Baden	1 Morgen = 36 a
Bayern	1 Morgen = 34,07 a
Preußen	1 Morgen = 25,53 a
Sachsen	1 Morgen = 27,67 a
Westfalen	1 Morgen = 25,50 a

a) Wie viel ha besaß ein Bauer mit 25 Morgen Land in den einzelnen Staaten?
b) Wie viel m² musste ein Bauer in Sachsen mehr bearbeiten als ein Bauer in Preußen, wenn sie beide 1,5 Morgen Ackerland zu pflügen hatten?

4 Dividieren durch eine natürliche Zahl

1 €
In zwei Supermärkten werden Schulhefte im Sonderangebot verkauft:
8 Stück zu 3,52 € und 15 Stück zu 6,15 €. Welches Angebot ist günstiger?

2
In einem Sprudelkasten sind 12 Flaschen. Was kostet eine Flasche, wenn der ganze Kasten 4,32 € kostet?

Bei der Division von Dezimalbrüchen durch eine natürliche Zahl verfährt man wie bei der Division von natürlichen Zahlen.

```
  E,zh    E,zh              E,zh    E,zh
  4,95 : 3 = 1,65           14,20 : 5 = 2,84
 −3                         −10
  ──↑                        ──↑
  19                         42
 −18                        −40
  ──                         ──
  15                         20
 −15                        −20
  ──                         ──
   0                          0
```

Das Komma trennt die Einer und die Zehntel. Hier muss auch im Ergebnis das Komma gesetzt werden.

> Wenn beim **Dividieren** eines Dezimalbruchs durch eine natürliche Zahl das Komma überschritten wird, musst du auch im Ergebnis das Komma setzen.
> Rechne ansonsten wie bei den natürlichen Zahlen.

Beispiele

a)
```
   27,90 : 6 = 4,65
  −24
   ──
   39
  −36
   ──
   30
  −30
   ──
    0
```

b) 10,70 € : 6
```
   10,700... : 6 = 1,783...
  − 6
   ──
   47
  −42
   ──
    50
   −48
    ──
     20
    −18
     ──
      2 ...
```
10,70 € geteilt durch 6 ist ungefähr 1,78 €.

Bemerkung: Zur vollständigen Berechnung aller Nachkommaziffern müssen manchmal noch Endnullen ergänzt werden.

Bemerkung: Beim Dividieren von Maßzahlen musst du auf die Einheit achten. Dividiere nur so lange, bis du für diese Einheit sinnvoll runden kannst.

Aufgaben

3
Rechne im Kopf.
a) 15,8 : 10   b) 2,1 : 7
   218,5 : 10   3,6 : 6
   4 530,9 : 100   4,8 : 6

4
Rechne im Kopf.
a) 14,2 : 2   b) 9,9 : 11
   25,5 : 5   8,4 : 12
   18,6 : 6   3,9 : 13

Dividieren durch eine natürliche Zahl

5 Dividiere im Kopf.
a) 440,4 : 20
186,6 : 30
555,5 : 50
b) 86,4 : 20
99,9 : 30
80,8 : 40

6 Wenn du durch 5 oder durch 50 teilen musst, kannst du geschickt rechnen: Verdopple die Zahl und teile dann durch 10 bzw. durch 100. Rechne im Kopf.
a) 17,5 : 5
38,2 : 5
48,6 : 5
b) 180,5 : 50
242,2 : 50
421,1 : 50

7 Das Ergebnis von 156 : 6 ist 26. Nun kannst du die folgenden Quotienten leicht berechnen.
a) 15,6 : 6
1,56 : 6
0,156 : 6
0,0156 : 6
b) 156 : 60
15,6 : 60
1,56 : 60
0,156 : 60

8 Wo musst du beim Dividenden das Komma setzen, damit das Ergebnis stimmt?

	Dividend	Divisor	Ergebnis
a)	124	: 4	3,1
b)	395	: 5	7,9
c)	984	: 8	12,3
d)	5472	: 12	4,56
e)	11835	: 15	0,789

9 Berechne schriftlich.
a) 40,3 : 8
6,05 : 5
34,2 : 9
b) 127,5 : 4
322,8 : 5
337,8 : 6
c) 4,32 : 16
54,3 : 12
100,5 : 15
d) 1016,6 : 13
623,9 : 17
1698,6 : 19
e) 34,65 : 21
53,28 : 24
86,67 : 27
f) 0,1524 : 6
0,8757 : 7
0,8984 : 8
g) 0,282 : 12
0,7952 : 14
0,387 : 15
h) 40,5 : 110
325,6 : 120
11,04 : 90

10 Suche die Fehler.
a) 0,5 : 5 = 0,1
c) 6,06 : 6 = 1,1
e) 0,99 : 9 = 0,9
b) 0,21 : 7 = 0,3
d) 5,6 : 8 = 0,7
f) 0,144 : 0,12 = 12

11 Ersetze das Kästchen durch die richtige Zahl.
a) □ : 7 = 2,36
49,92 : 8 = □
□ : 9 = 2,48
b) □ : 11 = 0,25
13,23 : 12 = □
□ : 13 = 0,36

12 Für die Kästchen kannst du natürliche Zahlen einsetzen. Schätze und überprüfe deine gefundene Zahl durch Rechnung.
a) 8,28 : □ = 1,38
19,32 : □ = 2,76
12,84 : □ = 3,21
42,64 : □ = 5,33
b) 2,97 : □ = 0,27
8,46 : □ = 0,94
2,34 : □ = 0,18
25,74 : □ = 2,34

13 Rechne auf zwei Nachkommaziffern genau, ohne zu runden.
a) 8,45 : 3
4,87 : 6
3,95 : 7
7,32 : 9
b) 125,6 : 11
438,2 : 13
619,4 : 17
913,6 : 19

14
□ □ , □ : □ = ?

Setze die Ziffern 4, 5, 6 und 1 so für die Kästchen ein, dass
a) ein möglichst großes Ergebnis entsteht.
b) ein möglichst kleines Ergebnis entsteht.
c) das Ergebnis 3,28 ist.
d) das Ergebnis 12,9 ist.

15 Hier wurden die Ergebnisse der verschiedenen Aufgaben vertauscht. Du musst nicht alle Aufgaben nachrechnen, um die richtige Ordnung zu finden.
a) 39,42 : 9 = 0,869
b) 5,334 : 21 = 9,39
c) 10,428 : 12 = 4,38
d) 140,85 : 15 = 0,254

:	2	4	5
4,8			
7,6			
10,8			
15,3			
36,3			
49,5			
100,2			
145,6			
200,2			

Dividieren durch eine natürliche Zahl

16
Berechne auf Hundertstel genau.
a) 3,8 : 3   b) 5,85 : 27
   0,8 : 12   29,2 : 24
   70,6 : 15   0,235 : 21
   1,7 : 13   0,967 : 31

17
Rechne und runde sinnvoll.
a) 4,36 € : 7   b) 0,39 € : 12
   12,58 € : 8   0,76 € : 21
   24,36 € : 9   0,94 € : 17

18
Berechne und runde auf die in Klammern angegebene Maßeinheit.
Beispiel: 4,0 m : 3 (in cm):
4,0 m : 3 = 1,33$\overline{3}$ m
≈ 133 cm.
a) 6,5 m : 3 (in cm)   b) 912,7 m³ : 12 (in l)
   12,4 dm : 7 (in mm)   405,3 a : 4 (in m²)
   4,8 t : 9 (in kg)   18,65 hl : 6 (in l)

19 €
a) Petra will die Dicke eines 1-Euro-Stücks genau bestimmen. Sie legt 20 Münzen aufeinander und misst 2,1 cm. Kannst du die Dicke einer Münze in mm angeben?
b) Robert will das Gewicht eines 50-Cent-Stücks ermitteln. Auf einer Briefwaage wiegt er 15 Stück. Die Waage zeigt 117 g.
c) Der Inhalt eines Pakets Würfelzucker wiegt 500 g. Es enthält 168 Stück. Wie viel wiegt 1 Stück Würfelzucker?

20 €

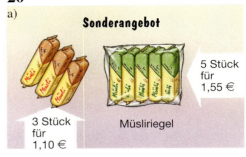

a) Sonderangebot
3 Stück für 1,10 €
5 Stück für 1,55 €
Müsliriegel

Welches Angebot ist günstiger? Begründe deine Antwort.
b) Marion vergleicht die Angebote für Hundefutter. Ein Paket mit 5 kg kostet 12,80 €, ein Paket mit 8 kg 28,00 €. Wie viel kostet jeweils 1 kg?

21
Die Höhe der beiden Gebäude des World Trade Centers in New York beträgt bei 110 Stockwerken 411,5 m. Wie hoch ist ein Stockwerk im Durchschnitt?

22 €
Für den Griechenland-Urlaub wechselt Frau Beck bei der Bank Euro in griechische Drachmen um. Für 999,89 € erhält sie 303 000 Dr. Wie viel Euro muss sie für 100 Drachmen bezahlen? Runde sinnvoll.

23
In verschiedenen Laufdisziplinen der Leichtathletik gibt es folgende Weltrekorde (Stand 1992).

4 × 100-m-Staffel Frauen	41,37 s
100 m Frauen	10,49 s
4 × 400-m-Staffel Frauen	3 : 15,18 Min.
400 m Frauen	47,60 s
4 × 100-m-Staffel Männer	37,50 s
100 m Männer	9,86 s
4 × 400-m-Staffel Männer	2 : 56,16 Min.
400 m Männer	43,29 s

Dividiere die Zeitangaben für die Staffelwettbewerbe jeweils durch 4 und vergleiche die Ergebnisse deiner Rechnung mit den Zeiten in den Einzelwettbewerben. Kannst du die Abweichungen erklären?

5 Dividieren durch einen Dezimalbruch

1
Aus einem 3,50 m langen Regalbrett sollen 0,50 m lange Bretter gesägt werden. Wie viele können hergestellt werden?

2
Für den Tag der offenen Tür haben die Schülerinnen und Schüler der Klasse 6 a zwölf Literflaschen Apfelsaft gekauft. Sie wollen Gläser mit je 0,25 l Inhalt verkaufen. Wie viele Gläser gibt es insgesamt?

Dividiert man zwei Dezimalbrüche, so fasst man den Quotienten als Bruch auf, den man so oft mit 10 erweitert, bis aus dem Nenner eine natürliche Zahl wird.

$$22{,}82 : 1{,}4 = \frac{22{,}82 \cdot 10}{1{,}4 \cdot 10} = \frac{228{,}2}{14} = 228{,}2 : 14$$

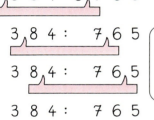

Durch das Erweitern wird das Komma im Zähler und im Nenner um gleich viele Stellen in dieselbe Richtung verschoben.

> Wenn du einen Dezimalbruch durch einen Dezimalbruch dividierst, musst du zuerst bei Dividend (Zähler) und Divisor (Nenner) das Komma um so viele Stellen nach rechts verschieben, bis der **Divisor** (Nenner) eine **natürliche Zahl** ist.
> Rechne dann nach dem bekannten Verfahren.

Beispiele

a) 5,865 : 1,7 = 3,45
    58,65 : 17 = 3,45
    − 51
    ────
    76
    − 68
    ────
    85
    − 85
    ────
    0

b) 15 : 1,25 = 12
    1500 : 125 = 12
    − 125
    ─────
    250
    − 250
    ─────
    0

c) 44,184 : 0,56 = 4418,4 : 56 = 78,9

Bemerkung: Hat der Divisor mehr Nachkommaziffern als der Dividend, so musst du Nullen anhängen (Beispiel b)).
Dividiert man durch einen Dezimalbruch, der kleiner als 1 ist, so wird das Ergebnis größer als die zu teilende Zahl (Beispiel c)).

Gerade bei der Division von Dezimalbrüchen durch Dezimalbrüche ist es sinnvoll und hilfreich, eine **Überschlagsrechnung** durchzuführen. Hierbei hilft dir das Verschieben der Kommas von Dividend und Divisor nach rechts. Du solltest die Zahlen für die Überschlagsrechnung geschickt auswählen, damit du im Kopf rechnen kannst.

d) 2,9328 : 0,47 lässt sich mit 30 : 5 = 6 überschlagsmäßig berechnen.
Das genaue Ergebnis ist 6,24.

e) Überschlag: 1 064,25 : 0,0215
               1 000   : 0,02
             = 100 000 : 2
             =   50 000

Genaue Rechnung: 1 064,25   : 0,0215
                = 10 642 500 :   215
                =   49 500

Dividieren durch einen Dezimalbruch

Aufgaben

3
Rechne im Kopf.
a) 10 : 0,2
   15 : 0,3
   24 : 0,6
b) 20,4 : 0,4
   25,5 : 0,5
   35,7 : 0,7
c) 0,8 : 0,2
   0,9 : 0,3
   0,5 : 0,25
d) 0,75 : 0,05
   1,50 : 0,03
   4,2 : 0,07

4
Dividiere im Kopf. Denke an geschicktes Überschlagsrechnen.
a) 7,2 : 0,36
   4,8 : 0,16
   62,5 : 2,5
b) 0,7 : 0,02
   0,32 : 0,001
   0,75 : 0,025
c) 0,064 : 0,008
   42,7 : 0,7
   12,1 : 0,011
d) 40 : 0,08
   3,03 : 0,101
   5 000 : 0,025

5
Zeige durch die Berechnung auf zwei Arten, dass $\boxed{:0{,}5}$ ebenso wirkt wie $\boxed{\cdot 2}$,
$\boxed{:0{,}25}$ ebenso wirkt wie $\boxed{\cdot 4}$,
$\boxed{:0{,}2}$ ebenso wirkt wie $\boxed{\cdot 5}$ und
$\boxed{:0{,}1}$ ebenso wirkt wie $\boxed{\cdot 10}$.
a) 6,5 : 0,5
   9,03 : 0,5
   13,4 : 0,5
b) 3,1 : 0,25
   0,21 : 0,25
   0,64 : 0,25
c) 4,3 : 0,2
   54,1 : 0,2
   7,07 : 0,2
d) 6,9 : 0,1
   1,07 : 0,1
   0,03 : 0,1

6
Berechne schriftlich.
a) 3,24 : 1,2
   5,46 : 1,5
   3,08 : 1,1
   6,89 : 1,3
b) 13,84 : 0,4
   18,96 : 0,8
   25,89 : 0,3
   31,71 : 0,7
c) 9,216 : 3,6
   23,856 : 4,2
   29,148 : 8,4
   19,012 : 9,7
d) 86,76 : 24,1
   1 479,28 : 32,8
   383,25 : 17,5
   712,42 : 39,8
e) 4,5 : 0,18
   9,1 : 0,14
   48,3 : 0,23
   75,4 : 0,29
f) 1,695 : 0,03
   1,7574 : 3,03
   13,6956 : 0,303
   16,968 : 30,3

7
Rechne geschickt weiter, nachdem du jeweils das erste Ergebnis schriftlich bestimmt hast.
a) 1 792 : 7
   1,792 : 0,7
   1,792 : 0,07
   179,2 : 0,7
   17,92 : 0,07
b) 1 512 : 36
   15,12 : 3,6
   151,2 : 36
   1,512 : 3,6
   1,512 : 0,36
c) 30 858 : 111
   30,858 : 1,11
   30,858 : 11,1
   308,58 : 0,111
   3,0858 : 0,0111
d) 5 401 : 491
   540,1 : 49,1
   54,01 : 49,1
   5,401 : 0,491
   0,5401 : 4,91

8
Setze mit Hilfe einer geschickten Überschlagsrechnung das Komma im Ergebnis an die richtige Stelle.

	Dividend	Divisor	Ergebnis
a)	10,7616 :	4,56	236
b)	579,916 :	12,83	452
c)	57,904 :	0,47	1232
d)	0,02052 :	0,038	54
e)	5033,7 :	0,765	658

9
Suche die Fehler.
a) 0,48 : 0,06 = 0,8
b) 1,44 : 1,2 = 1,2
c) 3 : 0,6 = 0,2
d) 12,4 : 0,02 = 620
e) 0,035 : 0,07 = 0,5

10
Berechne auf die erste Dezimale genau.
a) 16,2 : 0,3
   417,8 : 0,7
   7,94 : 1,1
b) 1,04 : 0,21
   0,38 : 0,06
   51,39 : 3,9

11
Berechne und runde das Ergebnis auf Ganze. (Achte auf die Einheiten.)
a) 26,20 € : 0,80 €
   173,4 m : 0,7 m
   4,865 kg : 1,1 kg
   8,65 l : 0,75 l
b) 3,5 dm : 2,3 cm
   0,47 kg : 0,12 g
   4,5 a : 85,5 m²
   13 hl : 1,5 l

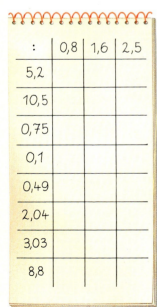

:	0,8	1,6	2,5
5,2			
10,5			
0,75			
0,1			
0,49			
2,04			
3,03			
8,8			

Dividieren durch einen Dezimalbruch

12
Familie Brenner hat 100 Liter Apfelsaft gepresst und will ihn in 0,7-Liter-Flaschen abfüllen. Wie viele Flaschen werden voll?

13 €
Berechne jeweils den Preis für 1 Kilogramm.
a) 2,5 kg Äpfel kosten 4,00 €.
b) 3,2 kg Pflaumen kosten 6,72 €.
c) 10,5 kg Aprikosen kosten 18,90 €.
d) 0,8 kg Trauben kosten 1,99 €.

14
Kunststofffolien für die Küche sind etwa 0,05 mm stark. Berechne die Anzahl der Lagen auf einer Rolle, die 8 mm dick gewickelt ist.

15 €
Eine Einheit beim Telefonieren kostet bei einem bestimmten Anbieter zurzeit 4,5 Cent. Berechne die Anzahl der Einheiten für:
5,04 €; 9,18 €; 44,91 €.

16
Berechne jeweils den Benzinverbrauch für 100 km. Runde das Ergebnis auf Zehntel.
a) 32,9 l für 450 km
b) 41,2 l für 550 km
c) 49,6 l für 650 km

17
Im Prospekt für einen Kleinwagen wird mit einem Benzinverbrauch von durchschnittlich nur 4,8 l für 100 km geworben. Mit einer Tankfüllung von 40 l fährt Frau Schauz einmal 850 km, das andere Mal 790 km. Vergleiche mit der Herstellerangabe.

18
Berechne die Länge der zweiten Seite.

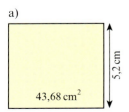
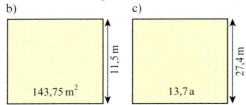

19
Ein Aquarium ist 1,8 m lang und 0,7 m breit. Wie hoch steht das Wasser, wenn 900 Liter enthalten sind?
Berechne die Höhe in Meter auf eine Nachkommaziffer genau.

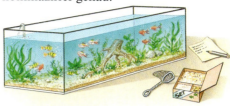

20
In Nahrungsmitteltabellen werden die Energiewerte je 100 g in Kalorien und Joule angegeben. Dabei ist 1 Joule = 0,239 Kal.
Gib die Kalorienwerte der Lebensmittel in Joule an.

Pfannkuchen	200 Kal.	Schokolade	560 Kal.
Joghurt	95 Kal.	Kartoffeln	85 Kal.
Rindfleisch	180 Kal.	Hartkäse	380 Kal.
Tomaten	25 Kal.	Honigmelone	52 Kal.

Runde auf Ganze.

21
Einige Längenangaben beim Fußball sind nicht in ganzen Metern angegeben. Da das Spiel in England erfunden wurde, wurden die Maße in Fuß festgelegt.
1 Fuß misst 0,305 Meter.
a) Rechne die Breite und Höhe des Tores in Fuß um. Wie oft ist die Höhe in der Breite enthalten?

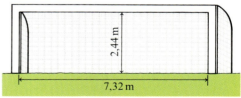

b) Der Abstand, den die gegnerischen Spieler bei Freistößen einhalten müssen, beträgt 9,15 m. Wie viel Fuß sind dies?
c) Eigentlich müsste der „11-m-Punkt" für den Strafstoß bei 10,98 m sein. Rechne die beiden Entfernungen in Fuß um und begründe dies.

6 Verbindung der Rechenarten

2,99 €
14,99 €
7,99 €
4,99 €
―――――
___ €

1
Frau Nagel kauft gern günstig ein. Als sie aber die Preise von 2,99 €, 14,99 €, 7,99 € und 4,99 € addieren will, ärgert sie sich über die Rechnerei. Ihre Tocher Simone hat das genaue Ergebnis sofort. Wie rechnet sie?

2
Aus einem 10-l-Kanister Traubensaft werden 17-mal 0,3 l in Fläschchen abgefüllt. Wie viel Liter sind noch in dem Kanister?

Wenn in einer Rechnung verschiedene Rechenarten vorkommen, dann gelten auch für Dezimalbrüche dieselben Regeln, die du schon vom Rechnen mit natürlichen Zahlen und Brüchen her kennst.

> Was in Klammern steht, musst du zuerst berechnen.
> Punktrechnung geht vor Strichrechnung.
> Es gilt das Verteilungsgesetz (Distributivgesetz).

Beispiele
a) Klammer zuerst

$14,3 - (3,8 + 2,6)$	$4,1 \cdot (2,5 + 3,1)$	$2,8 \cdot (9,7 - 2,9)$	$48,1 : (3,1 + 4,3)$
$= 14,3 - 6,4$	$= 4,1 \cdot 5,6$	$= 2,8 \cdot 6,8$	$= 48,1 : 7,4$
$= 7,9$	$= 22,96$	$= 19,04$	$= 6,5$

b) Punktrechnung vor Strichrechnung

$5,2 + 3,4 \cdot 8,1$	$29,3 - 3,8 \cdot 5$	$2,6 + 13,5 : 3$	$25,9 - 4,2 : 0,7$
$= 5,2 + 27,54$	$= 29,3 - 19,0$	$= 2,6 + 4,5$	$= 25,9 - 6,0$
$= 32,74$	$= 10,3$	$= 7,1$	$= 19,9$

c)
$3 \cdot 0,99 + 3 \cdot 0,01$ $12 \cdot 1,97 + 12 \cdot 0,03$
$= 3 \cdot (0,99 + 0,01)$ $= 12 \cdot (1,97 + 0,03)$
$= 3 \cdot 1$ $= 12 \cdot 2$
$= 3$ $= 24$

Mit Hilfe des Verteilungsgesetzes kann man oft Rechenvorteile erzielen.

$3 \cdot 0,99$ $12 \cdot 1,97$
$3 \cdot (1 - 0,01)$ $12 \cdot (2 - 0,03)$
$= 3 - 3 \cdot 0,01$ $= 24 - 12 \cdot 0,03$
$= 3 - 0,03$ $= 24 - 0,36$
$= 2,97$ $= 23,64$

1 × € 0,99 €

Aufgaben

3
Rechne im Kopf.
a) $5,0 + 0,5 - 1,5 - 2,5 - 1,0$
b) $9,8 - 4,8 + 3,5 - 1,5 + 2,5$
c) $6,3 + 1,7 - 2,5 + 1,5 - 3,5$
d) $9,0 + 0,9 - 0,9 + 3,2 - 2,2$
e) $5,6 - 4,5 + 6,4 - 5,4 + 4,6$
f) $3,25 + 0,5 + 1,75 - 2,5 - 0,25$
g) $5,75 - 1,25 + 1,5 - 3,25 + 0,75$

4
Berechne.
a) $14,5 - 3,2 - 4,15 - 1,35 - 2,68$
b) $15,95 - 1,8 - 2,07 - 8,7 - 0,93$
c) $2,91 + 3,845 - 2,45 - 1,386$
d) $27,98 + (14,95 - 13,69)$
e) $114,14 - (23,865 + 47,362)$
f) $(12,36 - 4,81) + (41,28 - 36,54)$
g) $(0,987 - 0,789) - (0,321 - 0,123)$

Verbindung der Rechenarten

5
Rechne im Kopf.
a) $5 + 3 \cdot 1{,}1$
   $7 + 4 \cdot 1{,}2$
b) $0{,}5 + 3 \cdot 1{,}5$
   $0{,}7 + 8 \cdot 0{,}9$
c) $10 - 4 \cdot 2{,}1$
   $8 - 3 \cdot 1{,}6$
d) $0{,}9 - 2 \cdot 0{,}4$
   $0{,}8 - 3 \cdot 0{,}2$
e) $1{,}5 + 4{,}5 : 3$
   $2{,}3 + 4{,}9 : 7$
f) $3{,}5 - 3{,}5 : 7$
   $5{,}2 - 4{,}5 : 5$

6
Berechne.
a) $2{,}63 + 0{,}3 \cdot 4{,}2$
   $1{,}94 + 1{,}6 \cdot 3{,}2$
   $7{,}09 + 4{,}9 \cdot 1{,}8$
b) $9{,}84 - 1{,}7 \cdot 4{,}3$
   $4{,}32 - 0{,}5 \cdot 4{,}7$
   $8{,}25 - 2{,}3 \cdot 2{,}5$
c) $2{,}86 + 7{,}2 : 5$
   $4{,}95 + 5{,}6 : 4$
   $6{,}27 + 10{,}4 : 8$
d) $10{,}96 - 14{,}7 : 3$
   $17{,}21 - 21{,}2 : 4$
   $25{,}43 - 28{,}8 : 6$

7
a) $3{,}25 + 4{,}3 \cdot 5{,}4 + 1{,}86$
b) $7{,}21 + 2{,}6 \cdot 0{,}7 - 3{,}09$
c) $9{,}3 \cdot 17{,}1 + 18{,}6 \cdot 7{,}4$
d) $4{,}3 \cdot 2{,}25 - 1{,}45 \cdot 2{,}3$

8
Schreibe für jeden Rechenbaum den zugehörigen Rechenausdruck auf und berechne.

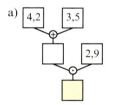
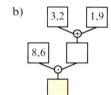
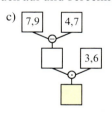
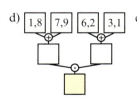
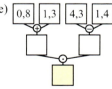
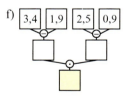

9
Berechne.
a) $(2{,}6 + 4{,}2) \cdot 1{,}8$
   $2{,}4 \cdot (7{,}2 + 3{,}7)$
   $(1{,}9 + 6{,}4) \cdot 9{,}9$
b) $(4{,}6 - 1{,}8) \cdot 7{,}9$
   $8{,}4 \cdot (9{,}7 - 7{,}6)$
   $(6{,}3 - 5{,}7) \cdot 0{,}4$
c) $(11{,}6 + 4{,}6) : 6$
   $(26{,}8 - 13{,}5) : 7$
   $30{,}1 : (6{,}7 + 1{,}9)$
d) $(2{,}2 + 1{,}9) \cdot (4{,}2 + 1{,}8)$
   $(9{,}1 - 4{,}6) \cdot (7{,}2 + 2{,}4)$
   $(8{,}4 - 4{,}8) \cdot (6{,}3 - 3{,}6)$

10
Berechne den Quotienten.
a) $\frac{5{,}8 + 7{,}5}{5}$
b) $\frac{14{,}7 - 6{,}3}{4}$
c) $\frac{4{,}8 + 8{,}7}{0{,}2 + 0{,}3}$
d) $\frac{27{,}2 - 11{,}3}{1{,}4 - 1{,}3}$
e) $\frac{1 + 2 \cdot 0{,}7}{0{,}45 + 0{,}35}$
f) $\frac{8 - 3 \cdot 1{,}2}{4 - 2 \cdot 0{,}9}$
g) $\frac{5{,}5 + 5 \cdot 0{,}5}{12 - 2{,}3}$
h) $\frac{6 \cdot 5{,}4 - 32}{4 \cdot 1{,}1 - 1{,}2}$

11
Rechne vorteilhaft.
a) $3{,}75 \cdot 7 + 1{,}45 \cdot 7 + 2{,}3 \cdot 7$
b) $2{,}5 \cdot 3{,}4 + 2{,}5 \cdot 6{,}8 + 2{,}5 \cdot 9{,}7$
c) $8 \cdot 6{,}2 + 3{,}8 \cdot 8 + 8 \cdot 5{,}55$
d) $4{,}1 \cdot 7 + 5{,}9 \cdot 7 - 2{,}8 \cdot 4 - 7{,}2 \cdot 4$
e) $0{,}3 \cdot 1{,}8 + 0{,}3 \cdot 8{,}2 - 0{,}7 \cdot 0{,}9 - 0{,}7 \cdot 0{,}1$

12
Hier fehlt in jeder Rechnung ein Komma.
a) $48 + 3{,}2 \cdot 1{,}6 = 9{,}92$
b) $27 - 43 \cdot 5{,}1 = 5{,}07$
c) $2{,}3 \cdot 14 + 5{,}2 \cdot 1{,}8 = 12{,}58$
d) $0{,}9 \cdot 17 - 1{,}5 \cdot 36 = 9{,}9$

13
Rechne im Kopf.
a) $1{,}98 \cdot 3$
b) $2{,}01 \cdot 4$
c) $4 \cdot 0{,}98$
d) $3{,}02 \cdot 3$
e) $2{,}49 \cdot 4$
f) $12{,}99 \cdot 3$
g) $3{,}97 \cdot 6$
h) $9{,}95 \cdot 8$
i) $9{,}97 \cdot 8$
k) $199{,}98 \cdot 4$

14
Schreibe zuerst einen entsprechenden Rechenausdruck und berechne dann seinen Wert.
a) Addiere 4,6 zu der Differenz von 17,4 und 3,9.
b) Subtrahiere von 29,8 die Summe von 9,3 und 0,35.
c) Multipliziere die Summe von 4,8 und 7,3 mit 8,6.
d) Multipliziere 12,4 mit der Differenz von 14,9 und 8,45.
e) Berechne das Produkt aus der Summe von 8,5 und 4,4 und der Differenz dieser beiden Zahlen.
f) Dividiere die Summe von 13,3 und 8,4 durch 7.

Verbindung der Rechenarten

15
Hier fehlen Klammern.
a) $3,2 + 4,7 \cdot 2,5 = 19,75$
b) $4,2 \cdot 10,6 - 6,8 = 15,96$
c) $0,5 + 3,6 \cdot 4,2 + 0,8 = 20,5$
d) $2,5 \cdot 4,2 - 2,4 - 1,8 = 2,7$

16
Hier sind mehrere Klammern. Berechne zuerst die innere Klammer.
a) $[1,2 \cdot (3,5 + 4,5) - 3,2] \cdot (5,6 + 1,7)$
b) $0,9 \cdot [2,5 \cdot (1,8 + 1,2) - 2,4 \cdot 1,2]$
c) $3,6 + 1,4 \cdot [5,4 - (2,6 - 1,5) \cdot 0,8]$

17 €
Yvonne kauft 12 Farbstifte, das Stück für 0,80 €, und 12 Hefte für je 0,45 €. Wie viel muss sie bezahlen?

18 €
Für eine Reparatur der Wasserleitung berechnet der Installateur 2,5 Arbeitsstunden zu je 36,50 €, Materialkosten von 136,35 € und Fahrtkosten von zweimal 17,30 €. Wie hoch ist der gesamte Rechnungsbetrag?

19
Die Kosten für den Schulausflug setzen sich aus 480,00 € Buskosten und 76,40 € für Eintritt und Führung auf dem Schloss zusammen. Die Klasse hat 26 Schülerinnen und Schüler. Wie hoch ist der Einzelbetrag?

20 €
Familie Rehbein bekommt ihre Telefonrechnung für den Monat August. Zu einer Grundgebühr von 16 € muss sie 314 Einheiten zu je 3,5 Cent bezahlen. Wie hoch ist ihre Rechnung?

21
Bei einer Flurbereinigung wird ein quadratischer Acker mit 129,6 m langen Seiten gegen einen rechteckigen Acker der Länge 172,8 m eingetauscht. Wie breit ist der neue Acker?

22
Ein Lkw darf höchstens 2,5 t laden. Es sind bereits aufgeladen: 8 Fässer zu je 22,6 kg; 25 Kisten zu je 36,5 kg und 40 Säcke zu je 17,5 kg. Nun soll noch eine Maschine aufgeladen werden, die 858 kg wiegt. Wie viele Säcke muss man wieder abladen, damit der Lkw nicht überladen wird?

23
Der Aufzug in einem Hochhaus steigt 2,6 m in einer Sekunde.
a) Wie viel m steigt er in einer Minute?
b) Wie lange dauert die Fahrt vom 12. ins 25. Stockwerk, wenn die Stockwerkhöhe 4,2 m beträgt?

24
100 g Buttermilch enthält 3,3 g Eiweiß, 4,0 g Kohlehydrate, 0,7 g Mineralstoffe und 0,5 g Fett. Der Rest ist Wasser.
Wie viel Wasser ist in einem kg Buttermilch enthalten?

25
Familie Hoffmann und Familie Meier besuchen gemeinsam den Zoo. Ihre Gruppe besteht aus 5 Kindern und 4 Erwachsenen. Der Eintritt für Kinder kostet 3,60 € und für Erwachsene 8,80 €.
a) Wie viel müssen die Familien zusammen bezahlen?
b) Wie viel muss Familie Hoffmann mit 2 Kindern bezahlen?
c) Wie viel muss Familie Meier bezahlen?

7 Vermischte Aufgaben

1
Rechne im Kopf.
a) 2,6 + 3,2
   4,9 + 5,8
   0,72 + 0,26
   1,84 + 0,3
b) 7,9 − 3,5
   12,8 − 2,9
   426 − 25,5
   0,68 − 0,39
c) 1,8 · 4
   0,6 · 0,5
   3,2 · 0,2
   0,9 · 1,2
d) 4,8 : 0,8
   10 : 0,5
   0,25 : 0,05
   0,3 : 0,6

2
Berechne schriftlich.
a) 0,3526 + 7,9362 + 1,7112
b) 5,748 + 2,676 + 1,575
c) 7,777 − 2,884 − 1,97 − 1,0825
d) 0,368 − 0,0368 − 0,00368
e) 6,4321 − 1,0001 − 2,002 − 3,03

3
Welche Zahl musst du jeweils für das Kästchen einsetzen?
a) 4,5 + □ = 6,7
   3,9 + □ = 12,8
b) □ − 8,2 = 4,7
   □ − 2,6 = 11,11
c) □ + 0,4 = 2,04
   27,5 − □ = 12,6
d) 7,95 = 2,4 + □
   99 = 100,9 − □

4
Berechne Summe und Differenz der beiden Zahlen jeweils exakt und nach dem Runden auf Zehntel.
a) 5,555 und 4,444
b) 0,999 und 0,888
c) $\frac{1}{8}$ und 0,0625
d) 1 und $\frac{1}{16}$
e) $\frac{77}{100}$ und 0,66
f) $\frac{1}{3}$ und $\frac{33}{100}$

5
Berechne geschickt.
a) $\frac{1}{2}$ + 0,9 + 4,25
b) $2\frac{1}{4}$ + 0,7 + $\frac{2}{5}$
c) $\frac{12}{25}$ + 0,05 − $\frac{7}{20}$
d) $\frac{3}{4}$ + 0,25 − $\frac{1}{3}$
e) 0,7 + $\frac{13}{10}$ − $\frac{1}{8}$
f) $\frac{3}{8}$ + $\frac{2}{5}$ + 0,8

6
Berechne schriftlich.
a) 6,8 · 9,6
   0,7 · 0,45
   1,35 · 0,91
b) 4,44 · 4,4
   0,23 · 0,78
   0,75 · 405

7
Setze das Komma im Ergebnis an die richtige Stelle.
a) 4,26 · 30,6 = 1 3 0 3 5 6
b) 17,4 · 0,35 = 6 0 9
c) 142,8 · 0,75 = 1 0 7 1
d) 555,5 · 0,024 = 1 3 3 3 2

8
Dividiere schriftlich.
a) 1,888 : 8
   54,72 : 12
   352,5 : 15
b) 3,29 : 1,4
   73,44 : 1,6
   1,6296 : 2,1
c) 11,076 : 0,13
   0,07788 : 0,022
   0,00182 : 0,65
d) 151,2 : 12,6
   4,55 : 0,35
   688,94 : 49,21

9
Setze das Komma im Ergebnis richtig.
a) 958,72 : 22,4 = 4 2 8
b) 553,7268 : 6,49 = 8 5 3 2
c) 30,6 : 0,068 = 4 5
d) 0,011745 : 0,015 = 7 8 3

10
Runde das Ergebnis auf ganze Einheiten.
a) 9,54 m · 212 + 3,68 m · 25
b) 370,5 m³ : 4 + 212,6 m³ : 5
c) 11,35 kg · 18 + 9,42 kg : 0,5

11
Welche Zahl musst du einsetzen?
a) 2,4 · □ = 7,2
b) 0,4 · □ = 16
c) □ · 3,7 = 111
d) 12,6 : □ = 25,2
e) 3,4 : □ = 34
f) □ : 0,2 = 1,5
g) □ · $\frac{2}{5}$ = 0,8

12
Achte auf „Punkt vor Strich"!
a) 0,61 + 3,5 · 7,5
   87,2 − 20 · 0,21
   4,85 + 3,4 : 1,7
b) 16,36 − 1,2 : 0,25
   2,3 · 3,2 + 2,1 · 1,2
   4,02 · 25 − 7,3 · 0,6
c) 3,4 : 0,5 + 5,7 : 0,2
   1,47 : 0,03 − 1,25 : 1,5
   4,8 · 0,5 + 5,7 : 0,5 + 2,3 · 0,5

Vermischte Aufgaben

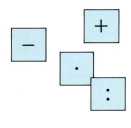

13
Setze die richtigen Rechenzeichen ein.
a) 2,5 ☐ 3,4 ☐ 6,2 = 23,58
b) 0,35 ☐ 9,4 ☐ 2,8 = 0,49
c) 29,4 ☐ 6,8 ☐ 0,25 = 2,2

14
Beachte die Klammern.
a) 4,2·(3,2 + 1,9)   b) (2,8 − 1,6)·3,9
   (8,2 + 7,4)·1,3   (14,3 − 7,4)·9,8
   0,7·(4,1 + 3,5)   0,8·(8,4 − 6,7)

15
Berechne.
a) (6,5 + 3,8)·(5,9 + 4,6)
   (7,3 − 2,9)·(5,5 + 14,6)
   (12,3 − 5,6)·(8,7 − 4,5)
b) (6,8 + 3,6) : (4,5 + 3,5)
   (12,9 + 5,6) : (3,46 − 1,61)
   (68,4 − 22,8) : (0,84 − 0,44)
c) 4,5 + 2·(11,3 + 8,4)
   7,6 + 5·(6,4 − 1,45)
   9,45 − 3·(0,76 − 0,43)
d) 12,8 + (2,6 + 1,4) : 5
   0,99 − (0,8 − 0,45) : 7
   3·(6,2 − 4,3) − (0,8 + 3,4) : 1,4

16
Schreibe einen entsprechenden Rechenausdruck auf und rechne dann.
a) Addiere 49 zum Produkt von 4,9 und 9,4.
b) Subtrahiere das Produkt aus 0,65 und 5,2 von 16,8.
c) Addiere zum Fünffachen von 5,3 das Dreifache von 3,5.
d) Addiere zur Differenz von 11,1 und 0,11 das Doppelte von 4,7.
e) Multipliziere die Summe von 3,8 und 4,3 mit 6,5.

17
Ein ausgewachsener Getreidehalm ist etwa 85 cm hoch und hat am unteren Ende einen Durchmesser von etwa 3 mm. Der Berliner Fernsehturm ist 365 m hoch und hat unten einen Durchmesser von 16,5 m.
Wie oft ist der Durchmesser jeweils in der Länge enthalten?
Vergleiche die Ergebnisse.

18
Eine Tischtennisplatte ist 2,74 m lang und 1,53 m breit, ein Billardtisch ist 2,84 m lang und 1,42 m breit. Welcher Flächeninhalt ist größer?
Runde die Ergebnisse auf Hundertstel.

19
Die Maße von Containern im internationalen Verkehr werden in Fuß angegeben.
1 Fuß = 0,305 m

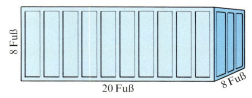

Wandle die Maße um und berechne den Rauminhalt in m³ mit zwei Dezimalen.

20

Tierolympiade
Nach Protesten einiger Teilnehmer beim Weitsprungwettbewerb wurde eine neue Bewertungsmethode beschlossen:
Für jeden Teilnehmer wird die Sprungweite durch die Körperlänge dividiert. Aus dem Ergebnis ergibt sich eine ganz andere Reihenfolge.

Alte Wertung:

		Körperlänge
1. Harald Hirsch	11,03 m	2,45 m
2. Klara Känguru	8,98 m	1,32 m
3. Leo Löwe	4,98 m	1,92 m
4. Helga Heuschrecke	1,95 m	0,06 m
5. Willi Waldmaus	0,76 m	0,09 m
6. Fritz Floh	0,58 m	0,003 m

Berechne die neue Reihenfolge.

TANKSTELLE

Verena, Ute und Martin fahren mit ihren Eltern in Urlaub. Ihr Ferienziel Apenrade liegt in Dänemark, 637 km von ihrem Heimatort entfernt. Weil sie mit dem Auto fahren wollen, wird an der Tankstelle noch einiges vorbereitet.

1

Zunächst soll das Auto neue Reifen bekommen. An der Tankstelle kostet eine komplette Bereifung inklusive Auswuchten, Montage und Entsorgung der Altreifen 358,80 €. Beim Reifenhändler kostet derselbe Reifentyp 78,64 € das Stück. Hinzu kommen für Auswuchten 4,50 €, für Montage 3,65 € und für die Entsorgung 2,95 € je Reifen.

Neue Bereifung komplett nur **358,80**

Reiseservice
Kurstabelle Dänemark (Dänische Krone/dkr)

€	ca. dkr	dkr	ca. €
10,–	70,–	1,–	0,14
20,–	140,–	5,–	0,72
25,–	175,–	10,–	1,44
30,–	210,–	20,–	2,88
40,–	280,–	30,–	4,32
50,–	350,–	50,–	7,20
75,–	525,–	75,–	10,80
90,–	630,–	100,–	14,40
100,–	700,–	250,–	36,–

Einfuhr von Reisezahlungsmitteln in Landeswährung unbeschränkt. Ausfuhr auf 60.000,– dkr beschränkt. Beträge über 60.000,– dkr sofern bei Einreise deklariert. (Die Kursangaben sind unverbindlich.)
Für An- und Verkauf sind die Tageskurse maßgebend.

2 €

An der Waschanlage findet Ute die folgenden Preisangaben:

- Qualitätswäsche . . . . 4,90 €
- Qualitätswäsche mit Unterbodenwäsche . . . . . . 7,50 €
- Qualitätswäsche mit Heißwachs . . . . 7,90 €
- Qualitätswäsche mit Unterbodenwäsche und Heißwachs . . . . 9,80 €

a) Welcher Aufpreis wird für eine Unterbodenwäsche verlangt?
b) Wie viel muss man für Heißwachs zusätzlich zahlen?
c) Welchen Preisnachlass erhält man bei einer Qualitätswäsche mit Unterbodenwäsche und Heißwachs?

3 €

Bei sparsamer Fahrweise braucht der Wagen auf 100 km 6,3 Liter Benzin. Der Preis für einen Liter Benzin beträgt 0,89 €.
a) Können sie mit einer Tankfüllung von 48,5 l ihren Zielort ohne nachzutanken erreichen?
b) Welche Treibstoffkosten entstehen bei sparsamer Fahrweise für die Hinfahrt?

4 €

In Dänemark kostet der Liter bleifreies Normalbenzin 7,21 Kronen. Die nächste deutsche Tankstelle ist 68 km von Apenrade entfernt. Dort kostet ein Liter Benzin 0,93 €. Wie würdest du auf der Rückfahrt tanken?

Rückspiegel

1 Berechne.
a) 4,76 + 9,35
   11,3 + 0,426
b) 8,42 − 4,38
   17,4 − 9,395
c) 2,8 + 4,95 + 13,7 + 0,628 + 7,09
   24,9 − 6,07 − 0,38 − 3 − 1,455
d) 97,3 + 128,65 − 4,8 + 0,91 − 24,325
   112,35 − 17,475 + 2,8 − 0,3084

2 Welche Zahl musst du für □ einsetzen?
a) 6,85 + □ = 97,6
   □ + 0,92 = 5,34
   0,35 + □ = 1,9
b) 9,76 − □ = 3,17
   □ − 0,68 = 4,71
   2,65 − □ = 0,3

3 Berechne.
a) 146,25 − (69,84 + 32,6)
b) 483,9 + (19,6 − 8,45)
c) (8,35 + 22,7) − (0,437 + 0,374)
d) (112,8 − 48,35) + (6,2 − 5,93)

4
a) 12,856 · 100
   0,9341 · 10 000
   1 000 · 0,32
b) 6 438,9 : 1 000
   42,93 : 100
   0,76 : 10 000

5
a) 3,62 · 4,7
   14,04 · 2,86
   9,72 · 0,34
b) 11,6 · 409,35
   0,47 · 88,19
   0,031 · 0,645
c) 143,2 · 6,84 · 0,035
   4 026,1 · 0,436 · 1,02

6
a) 4,93 : 5
   11,74 : 4
   612,9 : 8
b) 16,32 : 12
   144,25 : 25
   13,95 : 31

7
a) 4,55 : 1,4
   22,36 : 2,6
   4,641 : 8,5
b) 5,22 : 0,9
   2,875 : 0,23
   4,455 : 0,45

8 Runde das Ergebnis auf Hundertstel.
a) 74,8 : 6
   128,2 : 13
   49,85 : 17
b) 312,7 : 3,4
   7,26 : 12,8
   9 : 0,69

9 Welche Zahl musst du für das Kästchen einsetzen?
a) 2,3 · □ = 8,28
   □ · 9,8 = 24,5
   0,48 · □ = 15,6
b) 78,8 : □ = 19,7
   9,56 : □ = 38,24
   □ : 0,35 = 5,6

10 Berechne.
a) 4,25 + 3,84 · 2,76
b) 152,3 − 17,5 · 0,385
c) 59,2 + 53,4 : 15
d) 0,53 · 5,3 + 3,5 · 0,35
e) 7,2 · 11,9 − 2,15 · 1,05

11
a) 26,5 · (1,3 + 4,58)
b) 7,38 · (14,7 − 13,4)
c) (2,95 + 6,45) · (11,9 + 7,2)
d) (0,47 + 0,08) · (6,32 − 4,16)

12 Schreibe den entsprechenden Rechenausdruck auf und berechne seinen Wert.
a) Multipliziere die Summe von 14,2 und 13,3 mit 4,7.
b) Addiere das Doppelte von 8,9 und die Differenz von 9,2 und 7,5.
c) Subtrahiere das Produkt aus 1,5 und 3,5 vom Produkt aus 7 und 9,3.
d) Multipliziere die Summe der Zahlen 12,2 und 4,8 mit deren Differenz.

13 Reichen 200 € aus, um folgende Ausgaben zu bezahlen? 56,27 €; 48,44 €; 23,77 €; 36,17 € und 35,04 €.

14 Eine Einzelkarte für das Freibad kostet 3,25 €, der 12er-Block 35 €. Wie oft musst du das Freibad besuchen, damit sich der 12er-Block lohnt?

15 Für 36 Liter Benzin hat Frau Mager 32,04 € bezahlt, Herr Degele für dieselbe Menge 30,96 €. Wie hoch ist jeweils der Literpreis?

VIII Sachrechnen

Mathematik im Alltag

Durchschnittsbürger, Durchschnittsgröße, Durchschnittsgewicht, Durchschnittsnote, durchschnittliches Wachstum …
Die Vielfalt der Informationen des menschlichen Alltags wird häufig auf einen Wert, den Mittelwert, vereinfacht. So lassen sich der Normalfall und die Abweichungen beschreiben.
Im Klassenzimmer kann an der Wand die durchschnittliche Größe aller Schülerinnen und Schüler markiert werden.
Auf dem Wetteramt werden Mittelwerte für Temperaturen und Niederschläge berechnet.
Der „Warenkorb" beschreibt den durchschnittlichen Verbrauch einer deutschen Durchschnittsfamilie.

Mittlere Monatstemperaturen von Stuttgart

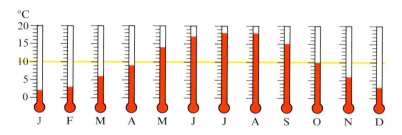

Mittelwerte als Lebenshilfe

▲ Wenn du insgesamt angenehm warme Füße haben willst, so stelle den einen Fuß in eiskaltes, den anderen in kochend heißes Wasser.

▲ Wenn du auf der Autobahn ein mittleres Tempo fahren willst, so sorge du so viele Wagen überholst wie Wagen dich überholen.

▲ Wenn ein Schüler als Resultat einer Rechnung 185 erhält, ein anderer 187, so ist gerechterweise 186 das richtige Ergebnis. (Sollten jedoch die meisten Schüler 185 haben, dann ist natürlich 185 richtig.)

Warenkorb

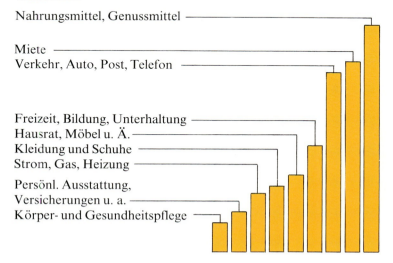

1 Rechnen mit Größen. Genauigkeit

1 : 2 000 000

1
Andrea und Benjamin wollen die Länge des Schulhofs bestimmen. Benjamin macht einen Schritt mit 85 cm Länge. Für die gesamte Strecke benötigt er 43 Schritte. Nach kurzem Überlegen sagt Andrea: „Dann ist unser Schulhof genau 36,55 m lang." Ist diese genaue Längenangabe sinnvoll?

2
Die Strecke einer Radrundfahrt hat eine Länge von 436 km. Kim, Tim und Tom wollen dies in 9 Tagen schaffen. Kim sagt: „Wenn wir jeden Tag etwa 50 km fahren, reicht das." Ist Kims Rechnung genau?

Beim Rechnen mit Größen ist es wichtig, die **Genauigkeit** der vorgegebenen Größen und der berechneten Ergebnisse zu vergleichen. Eine sinnvolle und erreichbare Genauigkeit beim Rechnen muss für jede Situation und Aufgabe neu überlegt werden.

Um bei einer Rechnung das Ergebnis mit einer bestimmten Genauigkeit angeben zu können, müssen die verwendeten Größen mit ausreichender Genauigkeit gemessen worden sein.

> Die Ausgangsgrößen bestimmen die Genauigkeit des Ergebnisses einer Aufgabe. Kommen Größen mit verschiedener Genauigkeit vor, so bestimmt der gröbste Wert die Genauigkeit des Ergebnisses.

Bemerkung: Gemessene Größen sind stets Näherungswerte, die durch Runden entstanden sind. An der letzten Stelle kann man den Bereich ablesen, aus dem der Wert entstammt.

Beispiele
a) Misst man mit einem Lineal eine Strecke und liest 7,4 cm ab, so kann das bedeuten, dass der gemessene Wert im Bereich von 7,35 cm bis 7,45 cm liegt.
b) Wenn eine Waage Gewichte in 200-g-Schritten anzeigt, werden alle Gewichte zwischen 45,9 kg und 46,1 kg mit 46 kg angezeigt.

Aufgaben

3
Gib in den folgenden Sätzen sinnvoll gerundete Werte an.
a) Eine Melone kostet 1,2876 €.
b) Das Auto wiegt 942,362 kg.
c) Die Fahrradtour am Samstag dauerte etwa 10 h 14 min 12 s.
d) Der Bauplatz ist 872,66 m² groß.
e) Das Fass hat einen Inhalt von 40,536 l.
f) Der Wanderweg ist 4 658,53 m lang.

4
Was bedeuten diese Aussagen?
a) Die Wanderung dauerte etwa 4 Stunden.
b) Die Baukosten für die Villa betragen ungefähr 800 000 €.
c) Der Rundkurs war etwa 12 km lang.
d) Die gesamten Einnahmen des Turnvereins lagen etwa bei 1 200 €.
e) Erde und Mond sind etwa 400 000 km voneinander entfernt.

172

Rechnen mit Größen. Genauigkeit

5
Bei Leichtathletikwettbewerben werden die Zeiten elektronisch auf Hundertstelsekunden genau gestoppt.
Der Apotheker misst mit seiner Waage auf tausendstel Gramm genau.
Der Mechaniker misst mit seiner Schieblehre auf zehntel Millimeter genau.
Kennst du weitere Beispiele, wo sehr genau gemessen wird?
Beschreibe diese Vorgänge.

6
In einer Firma für Feinmechanik ist bei Konstruktionen eine Genauigkeit auf tausendstel Millimeter vorgeschrieben. Runde die folgenden Angaben nach dieser Vorschrift. (Achte auf die Maßeinheit):
2,6543261 dm; 0,3276455 m
27,836244 cm; 0,003187 cm
3,9764582 mm; 12,31962 mm
Anmerkung: Die Ingenieure benennen tausendstel Millimeter auch mit Mikrometer (geschrieben: µm).

7
Petra und Eberhard lesen auf ihren Fahrradkilometerzählern beide 178 km ab. Petra behauptet aber, sie sei schon etwas mehr gefahren, und sie hat Recht. Nachdem beide noch 100 m weitergefahren sind, merkt es auch Eberhard.
Kannst du das erklären?

8
Auf einem Zahlenstrahl mit Millimetereinteilung sollen folgende Zahlen eingetragen werden (Einheitsstrecke 1,0 cm):
4,3; 5,35; 6,37; 7,39; 3,215.
Welche Schwierigkeiten treten auf?

9 €
Berechne den Näherungswert im Kopf:
a) Frau Bach hat ein 492 m^2 großes Grundstück gekauft. Sie hat 100 000 € dafür bezahlt. Wie hoch ist der Preis für einen Quadratmeter?
b) Tanja ist mit dem Fahrrad in 28 Minuten 9,6 km weit gefahren. Wie viel km schafft sie bei diesem Tempo in einer Stunde?
c) Für 1 € tauscht man etwa 7 dänische Kronen. Wie viel Euro bekommt man dann für 353,25 dkr?
d) Herr Frey hat im Außendienst mit dem Firmenwagen bei einer Gesamtstrecke von 2 953 km 311 l Benzin verbraucht. Wie viel Liter sind dies etwa für 100 km?

10
Bettina will einen 70 cm breiten Stoffrest in sechs gleich breite Streifen schneiden. Wie breit soll sie die Streifen ausmessen?

11
Herr Sommer will seinen Garten mit einer Hecke aus Sträuchern zur Straße abgrenzen. Pro Strauch rechnet er 60 cm Platzbedarf. Mit einem Messband hat er eine Länge von 11,36 m gemessen.
a) War diese Messgenauigkeit notwendig?
b) Wie hättest du die Länge des Straßenstückes gemessen?
c) Wie viele Sträucher braucht Herr Sommer für seine Hecke?

12
Eine Jugendgruppe organisiert eine Wochenendausfahrt. Die Gesamtkosten betragen 1 025 €. Es fahren mindestens 25, höchstens aber 30 Jugendliche mit.
Berechne den Höchstbetrag und den Mindestbetrag, den jeder Teilnehmer bzw. jede Teilnehmerin bezahlen muss.

2 Sachaufgaben

Turmfalke
1:15

Mäusebussard
1:30

1
Die beiden Vögel sind in verschiedenen Maßstäben abgebildet. Kannst du ohne nachzumessen entscheiden, welcher in Wirklichkeit die größere Spannweite hat? Miss dann nach und ermittle die Spannweite in cm.

2
In einer Projektwoche will eine Schülergruppe einen Schulgarten anlegen. Nachdem sich 10 Jugendliche für die Gruppe angemeldet hatten, rechnete man mit einer Arbeitszeit von 16 Stunden. Wie änderte sich die geplante Arbeitszeit, als sich noch weitere 10 Jugendliche anschlossen?

In vielen Rechnungen des täglichen Lebens müssen wir von dem Einzelnen auf ein Vielfaches oder von einem Vielfachen auf das Einzelne schließen. Hierbei können zwei unterschiedliche Sachverhalte auftreten:
Zu einer längeren Strecke auf der Karte gehört auch in Wirklichkeit eine längere Strecke. Wenn jedoch für eine bestimmte Arbeit mehr Personen zur Verfügung stehen, wird insgesamt weniger Arbeitszeit benötigt.

> Wir unterscheiden bei **Sachaufgaben** zwei Arten:
>
> „je mehr – desto mehr"-Beziehung
> Zum Zweifachen (Dreifachen, ...) einer Größe gehört dann immer das Zweifache (Dreifache, ...) der anderen Größe.
>
> „je mehr – desto weniger"-Beziehung
> Zum Zweifachen (Dreifachen, ...) einer Größe gehört dann immer die Hälfte (der 3. Teil, ...) der zweiten Größe.

Beachte: Bevor du rechnest, entscheide bei jeder Aufgabe, um welche Art von Beziehung es sich jeweils handelt.
Beispiele
a) Wenn wir die Preise von drei verschiedenen Hundefutterpackungen vergleichen wollen, rechnen wir bei allen Angeboten den Preis für 1 kg aus. Es handelt sich um eine „je mehr – desto mehr"-Beziehung.

Sorte WAU	Sorte BELL	Sorte NEU
3 kg kosten 8,25 €	5 kg kosten 12,50 €	10 kg kosten 27,00 €
1 kg kostet 8,25 € : 3	1 kg kostet 12,50 € : 5	1 kg kostet 27,00 € : 10
= 2,75 €	= 2,50 €	= 2,70 €

Die Sorte BELL ist also am billigsten.

b) Wenn ein Bagger zum Ausheben einer Baugrube 15 Stunden benötigt, kann man die Zeit berechnen, die 3 Bagger für dieselbe Arbeit benötigen. Da mehr Bagger weniger Zeit benötigen, handelt es sich um eine „je mehr – desto weniger"-Beziehung.

das 3fache ⎡— 1 Bagger benötigt 15 Stunden —⎤ der 3. Teil
↳ 3 Bagger benötigen 15 Stunden : 3 ↵
= 5 Stunden

Drei Bagger benötigen also 5 Stunden.
Bemerkung: Oft ist es geschickt, beim Rechnen ein Vielfaches als Vergleichsgröße zu verwenden (siehe Beispiel c)).

c) Beim Geschwindigkeitsvergleich von zwei Läufern, von denen einer in 30 min 6 500 m, der andere in 45 min 10 500 m gelaufen ist, lässt sich die Strecke, die jeder in 15 min zurückgelegt hat, als Vergleichsgröße verwenden. Es handelt sich um eine „je mehr – desto mehr"-Beziehung.

```
 ┌── in 30 min     6 500 m                  ┌── in 45 min     10 500 m
 :2                                          :3
 └─→ in 15 min     6 500 m : 2 = 3 250 m     └─→ in 15 min    10 500 m : 3 =  3 500 m
```
Der zweite Läufer war schneller.

Aufgaben

3
Entscheide jeweils, ob es sich um eine „je mehr – desto mehr"- oder „je mehr – desto weniger"-Beziehung handelt.
a) Fünf kg Äpfel kosten 9 €. Wie hoch ist der Preis für eine größere Menge?
b) Für den Aushub einer Baugrube braucht ein Bagger 3 Tage. Wie ändert sich die Arbeitszeit, wenn mehr Bagger eingesetzt werden?
c) Mit einer Tankfüllung kann Frau Ott 520 km fahren. Wie weit kommt sie mit einer halben Tankfüllung?
d) Der Plattenleger braucht für das Bad 750 Fliesen. Wie ändert sich die Anzahl, wenn er größere Fliesen verwendet?

4
a) Suche selbst Beispiele für „je mehr – desto mehr"-Beziehungen.
b) Suche entsprechende Beispiele für „je mehr – desto weniger"-Beziehungen.

5
Ergänze zu sinnvollen Sätzen.
a) Je mehr man einkauft, desto ...
b) Je weniger man tankt, desto ...
c) Je größer das Paket ist, desto ...
d) Je mehr Schülerinnen und Schüler mitarbeiten, desto ...
e) Je kleiner die Paletten sind, desto ...
f) Je kürzer die benötigte Zeit ist, desto ...
g) Zur doppelten Menge gehört der ... Preis.
h) Zur halben Anzahl von Arbeitern gehört für dieselbe Arbeit die ... Arbeitszeit.
i) Zum dritten Teil der Zeit gehört der ... Lohns.

6 €
Rechne im Kopf:
a) Eine Kiste wiegt 8 kg. Wie viel wiegen 14 Kisten?
b) Zwölf Bilderrahmen kosten 240 €. Wie viel kostet einer?
c) Ralf braucht zu Fuß 36 Minuten zur Schule. Wie lange braucht er, wenn er mit dem Fahrrad dreimal so schnell vorankommt?
d) Die Badezimmerwand wurde mit 90 Platten neu gefliest. Die Platten sind viermal so groß wie die alten. Wie viele alte Platten waren an der Wand?
e) Der Futtervorrat für Monikas Goldfische reicht 14 Tage. Wie lange würde er für doppelt so viele Fische reichen?
f) Welches Angebot ist günstiger: drei Kilogramm Waschpulver für 6,66 € oder fünf Kilogramm für 10 €?

7
Auf einer Rechnung sind 7 Arbeitsstunden mit 269,50 € aufgeführt.
a) Was kostet eine Arbeitsstunde?
b) Was kosten dann 25 Stunden?

8
Eine Maschine stellt Kartons her. Sie produziert 320 Stück in einer Stunde. Sie läuft 12 Stunden täglich und 5 Tage pro Woche. Wie viele Kartons werden in einer Woche produziert?

9
Die Wasserpumpe der Feuerwehr leert einen Keller in 2 Stunden. Wie lange hätten 3 gleich starke Pumpen dazu gebraucht?

Sachaufgaben

10 €
René soll einkaufen:

300g Schinken
2 kg Lauch
5 Zitronen
1,5 kg Kartoffeln
½ Pfd. Hackfleisch

Preisliste		
Zitronen	Stck	–,40
Kartoffeln	1 kg	–,85
Lauch	1 kg	1,35
Hackfleisch	1 kg	4,90
Schinken	100 g	1,80

a) Berechne die einzelnen Preise.
b) Wie viel muss René insgesamt bezahlen?

11
Wir vergleichen die Preise. Was ist jeweils am billigsten?
Suche eine geeignete Vergleichsgröße.

a) Limonade
0,3 l für 45 ct
0,7 l für 98 ct
1 l für 1,35 €

b) Ketschup
600 ml für 1,29 €
800 ml für 1,58 €
1 l für 1,98 €

12
Eine Maschine stellt in 20 min 5 000 Dübel her.
a) Wie viele Dübel stellen drei Maschinen in derselben Zeit her?
b) Wie lange brauchen vier Maschinen um 5 000 Dübel herzustellen?
c) Wie viele Dübel stellen 4 Maschinen in einer Stunde her?
d) Wie viele Maschinen werden benötigt, um in 10 min 10 000 Dübel herzustellen?

13
Der Amazonas ist der wasserreichste Fluss der Erde. In jeder Sekunde fließen 120 Millionen Liter Wasser in den Atlantischen Ozean.
Ein 4-Personen-Haushalt in Deutschland verbraucht etwa 150 m³ Wasser im Jahr. Wie viele Haushalte könnten ihren Jahreswasserbedarf innerhalb nur einer Minute mit dem Wasser des Amazonas decken?

14
Ein Wassertropfen hat ungefähr ein Volumen von 0,3 cm³.
a) Wie viele Tropfen ergeben 1 Liter?
b) Wie viele Tropfen füllen ein quaderförmiges Gefäß, das 25 cm lang, 20 cm breit und 45 cm hoch ist?

15
Ein Wasserhahn tropft alle 2 Sekunden. 1 Tropfen sind etwa 0,3 cm³ Wasser.
Wie viel Wasser tropft
a) an einem Tag?
b) während eines dreiwöchigen Urlaubs?

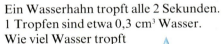

16
Beim Schmelzen von Eis entsteht aus 1 cm³ Eis 0,91 cm³ Wasser.
a) Wie viel Wasser entsteht aus 5 dm³ Eis?
b) Wie viel Wasser entsteht aus einem quaderförmigen Eisblock, der 75 cm lang, 60 cm breit und 45 cm hoch ist?
c) Wie viel Eis entsteht beim Gefrieren aus 9,1 l Wasser?

17
Das Schwimmbecken eines Freibads fasst 2 400 m³ Wasser.
a) Wie viel Liter Wasser laufen pro Stunde ein, wenn es in 12 Stunden gefüllt sein soll?
b) Ein Gartenschlauch liefert 20 l Wasser pro Minute. Wie viel liefert er in einer Stunde? Wie lange würde man brauchen, um mit ihm das Schwimmbecken zu füllen?

Sachaufgaben

18
Das Gewicht von Edelsteinen wird in Karat angegeben. 1 Karat entspricht 0,2 g.
Im Jahre 1905 wurde in Südafrika der Cullinan Diamant gefunden. Er wog 3 106 Karat. Wie groß war sein Gewicht in g?

19
In China gibt es die höchste Treppe der Erde. Sie hat eine Gesamthöhe von 1 452 m. Eine Stufe ist 0,22 m hoch.
a) Aus wie vielen Stufen besteht diese Treppe?
b) Wie lange braucht man für den Aufstieg, wenn man 3 Stufen in 5 Sekunden nehmen kann?

20
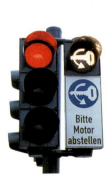
Die längste Haarpracht hat Diane Witt aus Worcester (USA). Im Mai 1988 waren die Haare 312 cm lang.
Ein Haar wächst täglich etwa 0,3 mm.
a) Wie viele Tage musste Dianes Haar bis zu dieser Rekordlänge wachsen?
b) Wie lang ist das Haar heute, wenn es nicht geschnitten wurde?

21
Die dickste Zeitung, die jemals gedruckt worden ist, war die Sonntagsausgabe der New York Times vom 17. 10. 1965. Sie hatte 964 Seiten bei einem Gewicht von 3,402 kg.
a) Wie schwer war ein Blatt? Beachte, dass ein Blatt zwei Seiten hat.
b) Ein Zeitungshändler verkaufte 134 Exemplare. Wie viel wogen diese Zeitungen insgesamt?

22
⬚ BITTE MOTOR ABSTELLEN!

Wenn alle Autofahrerinnen und Autofahrer bei Rot den Motor abstellen würden, könnten pro Ampel in Deutschland etwa 3 000 Liter Kraftstoff pro Jahr gespart werden. Es gibt etwa 45 000 Ampeln.
Wie viel Liter könnten dann insgesamt eingespart werden?

23
Etwa 250 v. Chr. erschien in Indien das Gedicht „Mahabharata".
Es war das längste, das jemals geschrieben wurde.
Es bestand aus etwa 220 000 Zeilen und hatte ungefähr 3 000 000 Wörter.
a) Wie viele Wörter standen durchschnittlich in einer Zeile?
b) Wie viele Seiten hätte ein Buch, wenn auf eine Seite 80 Zeilen gedruckt würden?
c) Wie lange müsste man insgesamt lernen, wenn man jeden Tag 20 Zeilen auswendig lernen wollte?

24
Bei einem Boxkampf der Berufsboxer kassierte der Sieger bei einer Kampfdauer von 91 Sekunden die unglaubliche Summe von 22 Millionen Dollar.
Wie viel Dollar verdiente er dabei in jeder Sekunde?
Welcher Stundenlohn würde sich ergeben?

25
Afrikanische Termiten können bis zu 7 m hohe Hügel bauen. Das Baumaterial besteht aus zerkautem Holz oder aus mit Speichel vermischtem Sand. Eine Termite ist etwa 12 mm lang.
Wie viele Termiten müssten eine Kette bilden, um die Entfernung vom Boden bis zur Spitze eines solchen Hügels zu überbrücken?

3 Tabellen

Fläche m²	Menge kg
7	1
14	2
35	5
70	10
175	25
350	50
700	100

1
Im Baumarkt findet Christian eine Tabelle, aus der man ablesen kann, wie viel kg Farbe man für den Anstrich einer bestimmten Fläche benötigt.
Kannst du mit Hilfe der Tabelle auch den Bedarf für 100 m² bestimmen?

2
Bei den Bundesjugendspielen liest man die Punkte für die erreichten Leistungen aus Punktetabellen ab.
Conny sprang 3,82 m weit, warf 28 m und lief die 50 m in 7,5 s. Wie viele Punkte hat sie erreicht?

Sprung (m)	3,77	3,79	3,81	3,83	3,85	3,87
Punkte	660	666	671	677	682	688
Wurf (m)	27	27,5	28	28,5	29	29,5
Punkte	572	580	589	598	606	614
Lauf (s)	7,9	7,8	7,7	7,6	7,5	7,4
Punkte	665	689	714	740	767	794

In vielen Bereichen des Alltags werden **Tabellen** angefertigt, ausgefüllt oder auch zum Ablesen von Informationen verwendet. Tabellen sind vor allem dort nützlich und vorteilhaft, wo viele Größenangaben oder Zahlen übersichtlich angeordnet werden sollen.
Auch beim Lösen von Aufgaben kann das Verwenden von Tabellen oder das Zusammenstellen der Informationen in Tabellenform sehr hilfreich sein.

> Tabellen helfen, Größen oder Zahlen übersichtlich anzuordnen.
> Umgekehrt lassen sich aus Tabellen schnell und leicht Informationen ablesen.

Beispiele

a) Claudia hat eine Woche lang morgens und mittags die Außentemperatur abgelesen und in die Tabelle eingetragen.

	MO	DI	MI	DO	FR	SA	SO
morgens	8°	6°	11°	4°	9°	7°	5°
mittags	15°	18°	23°	20°	18°	14°	13°

Nun kann sie schnell die höchste Temperatur (23°C), die tiefste Temperatur (4°C) und die höchste Temperaturdifferenz (DO 20°C−4°C = 16°C) bestimmen.

b) Eine begonnene Tabelle kann man leicht ergänzen.

Volumen	Gewicht
50 cm³	34 g
100 cm³	68 g
150 cm³	102 g
200 cm³	136 g
250 cm³	170 g

c) Aus dieser Tabelle lassen sich leicht die Ergebnisse der Spiele ablesen.

	6a	6b	6c
6a	✕	2:1	1:4
6b	1:2	✕	3:3
6c	4:1	3:3	✕

6a–6b 2:1
6b–6c 3:3
6c–6a 4:1

Auch Punkte, Torverhältnis und Platzierung ergeben sich aus der Tabelle.

Aufgaben

3
Suche in Zeitungen, Zeitschriften und Katalogen Tabellen zu verschiedenen Themen, z. B. Sporttabellen, Preistabellen.
Erkläre, was du alles aus den Tabellen ablesen kannst.

4
Trage in eine Tabelle ein:
Bernd: 1,52 m;   12 Jahre;   46,2 kg
Renate: 1,54 m;   13 Jahre;   43,2 kg
Tim: 12 Jahre;   48,1 kg;   1,51 m
Caroline: 1,48 m;   12 Jahre;   41,8 kg

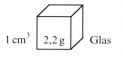

5

Verschiedene Materialien sind verschieden schwer. Entnimm aus der nebenstehenden Zeichnung die fehlenden Werte für die Tabelle.

Volumen (cm³)	Gewicht (g)		
	Kork	Glas	Blei
100			
200			
...			
1000			

6

Die drei 6er-Klassen einer Schule haben vier Altpapiersammlungen durchgeführt:

Klasse	1. Sammlung	2. Sammlung	3. Sammlung	4. Sammlung
6a	113 kg	124 kg	213 kg	178 kg
6b	128 kg	134 kg	171 kg	159 kg
6c	211 kg	225 kg	198 kg	108 kg

a) Wie viel kg hat jede Klasse gesammelt?
b) Wie viel kg kamen bei den einzelnen Sammlungen zusammen? Wie viel Altpapier wurde insgesamt gesammelt?

7 €

Dies ist eine Kostentabelle der Bahn.

km bis	2. Klasse €	1. Klasse €
5	1,10	1,70
10	1,50	2,30
15	2,10	3,20
20	2,50	3,80
30	3,20	4,80
40	4,20	6,30
50	5,40	8,10
60	6,30	9,50
70	7,40	11,10
80	8,40	12,60
90	9,50	24,30
100	10,50	15,80

a) Was kostet eine Fahrkarte 2. Klasse für 20 km; 50 km; 51 km; 59 km?
b) Wie viel Kilometer 1. Klasse kann man für 8,10 € fahren?
c) Wie groß ist der Preisunterschied zwischen 1. Klasse und 2. Klasse bei 65 km Fahrt?
d) Ergänze die Tabelle durch eine Spalte mit den Preisdifferenzen zwischen 1. Klasse und 2. Klasse.
e) Wie viel kosten 75 km? Könntest du mit zwei Fahrkarten billiger fahren?

8

Übertrage die Tabelle in dein Heft und ergänze die fehlenden Angaben.

a)
Anzahl	1	2	3	4	5	6	7
Preis (€)	1,50	3,00	4,50				

b)
Zeit (h)	1	2	3	4	6	9	10
Lohn (€)		56	84				

c)
Gewicht (g)	10	20	30	50	55	62	70
Preis (€)	5,50	11,00					

9

Auf einem Schulfest werden selbst gedruckte Glückwunschkarten verkauft. Der Stückpreis beträgt 0,95 €. Bei Abnahme einer größeren Anzahl soll jeweils die 5. Karte kostenlos sein.
Stelle eine Preisliste auf, in der man die Preise bis zu einer Anzahl von 25 Karten ablesen kann.

10 €

Der Literpreis für Heizöl richtet sich nach der Liefermenge:

Menge	Literpreis
bis 1 500 Liter	35,8 ct
bis 2 000 Liter	32,6 ct
bis 3 000 Liter	30,3 ct
bis 4 000 Liter	28,4 ct
bis 5 000 Liter	27,2 ct
bis 10 000 Liter	25,8 ct

a) Was kosten 2000 l; 3 500 l?
b) Familie Schneider kauft 3 990 l, ihre Nachbarn 4 010 l. Berechne die Kosten und erkläre das erstaunliche Ergebnis.
c) Warum bestellt Frau Weber nicht genau 5 000 l, sondern ein paar Liter mehr?

11

In der Tabelle ist die durchschnittliche Körpergröße von Jungen und Mädchen in Abhängigkeit vom Lebensalter eingetragen.

Alter (in Jahren)	Mädchen (in cm)	Jungen (in cm)
1	75	77
2	87	87
3	95	96
4	102	104
5	109	110
6	116	117
7	122	122
8	128	128
9	133	133
10	138	138
11	142	143
12	149	147
13	154	153
14	158	161

a) In welchem Alter sind Jungen durchschnittlich größer als Mädchen?
b) In welchem Alter ist der Unterschied am größten?
c) Wie groß sind 15-Jährige? Wie sicher ist diese Aussage?

Tabellen

Pension Nr.	20	21	22	23
Personen	3	4	6	6
16.05.–30.05.	495	600	858	924
30.05.–20.06.	627	737	1106	1188
20.06.–11.07.	825	957	1353	1436
11.07.–01.08.	1007	1188	1583	1832
01.08.–22.08.	1337	1535	2310	2541
22.08.–05.09.	1007	1188	1583	1832
05.09.–12.09.	627	737	1106	1188
12.09.–26.09.	495	600	858	924

12
In der Tabelle sind die Wochenpreise für die Pensionen Nr. 20, 21, 22 und 23 für bestimmte Zeiten angegeben.
a) Zu welchen Zeiten sind die Preise am höchsten, und wann sind die Preise am niedrigsten?
b) Was kostet eine Woche für 4 Personen vom 29. 8. bis 5. 9.?
c) Familie Pohl hat 2 Wochen für 6 Personen gemietet und dafür 1 848 € bezahlt. In welcher Zeit ist sie gefahren und in welcher Pension hat sie gewohnt?

13
Die Entwicklung des Fremdenverkehrs im Tuxer Tal in den Alpen ist in der Tabelle dargestellt:

Jahr	1952	1962	1972	1982	1992
Einwohner	1350	1500	1768	1735	1740
Bettenzahl	408	1000	2500	4000	4050
Übern. Sommer	25292	111119	212591	245272	232634
Übern. Winter	9331	74725	146115	385604	480732

a) Vergleiche die Einwohnerzahl mit der Zahl der Gästebetten.
b) Vergleiche die Übernachtungen im Sommer und Winter.
c) 1964 wurde die Sommerbergbahn eröffnet, 1970 die Gletscherbahn. Kannst du an der Tabelle erkennen, wie sich dies auf den Fremdenverkehr ausgewirkt hat?

14
Hier sind die Entfernungen von fünf größeren deutschen Städten (Berlin, Hamburg, Frankfurt/Main, Stuttgart und München) aufgelistet (Angaben in km):
B–H 294   H–S 668   B–F 555   H–M 782
B–S 634   F–S 217   B–M 585   F–M 400
H–F 495   S–M 220
a) Stelle eine Entfernungstabelle auf.
b) Wie viel km muss jeweils ein Bewohner aus einer Stadt zurücklegen, wenn er alle anderen Städte besuchen möchte?

15
Aus dieser Tabelle kannst du die Entfernungen zwischen zwei Städten ablesen.

	Athen	Barcelona	Berlin	London	Paris	Rom
Athen	–	3291	2518	3360	3061	1394
Barcelona	3291	–	1908	1499	1092	1463
Berlin	2518	1908	–	1024	1067	1555
London	3360	1499	1024	–	399	1883
Paris	3061	1092	1067	399	–	1435
Rom	1394	1463	1555	1883	1435	–

a) Bestimme die Entfernungen:
Athen – Rom, Berlin – Paris und London – Barcelona.
b) Welche zwei Städte liegen am weitesten voneinander entfernt?
c) Welche Städte sind weniger als 1 400 km voneinander entfernt?
d) Von welcher Stadt lassen sich alle anderen am günstigsten erreichen?

4 Schaubilder. Grafische Darstellungen

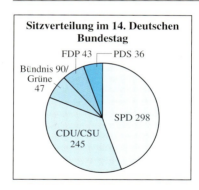
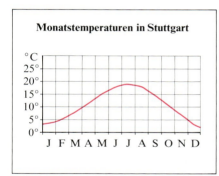

1
Welche Informationen kannst du diesen Schaubildern entnehmen?

In Zeitungen, Prospekten und Büchern findest du häufig Veranschaulichungen von Zahlenangaben. Man nennt diese Art der Darstellung Schaubild oder Diagramm.

Zahlen, Größenangaben und Anteile lassen sich in **Schaubildern** übersichtlich darstellen.

Beispiele

a) In dem **Blockdiagramm** oder **Streifendiagramm** ist die Zusammensetzung von Pommes frites, jeweils bezogen auf 100 g, veranschaulicht, d. h. die Angaben entsprechen den Prozentanteilen, z. B. 49 g von 100 g, also 49 %.

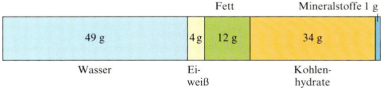

Wähle 10 cm als Gesamtlänge für den Streifen. Wenn 100 g dann 10 cm entsprechen, so trägst du für 49 g im Streifen 4,9 cm ab. Werden die Streifenabschnitte nebeneinander gelegt, so erhält man ein **Säulendiagramm.**

c) Im **Stabdiagramm** werden für die Länge der Transportwege in der Bundesrepublik Deutschland Strecken gezeichnet.

Ein Maßstab hilft dabei.

b) Das **Piktogramm** oder **Bilddiagramm** stellt die größten Automobilhersteller der Erde in Form von Pkw-Symbolen dar. Die ungefähre Anzahl der hergestellten Autos kann man daran ablesen.

🚗 1 Million Autos

Japan 🚗🚗🚗🚗🚗🚗🚗🚗🚗🚗
USA 🚗🚗🚗🚗🚗🚗🚗🚗🚗🚗
Deutschland 🚗🚗🚗🚗🚗
Frankreich 🚗🚗🚗
UdSSR 🚗🚗

d) Das **Kreisdiagramm** veranschaulicht die Anteile des Stromverbrauchs im Haushalt. Von 100 Kilowattstunden entfallen auf:

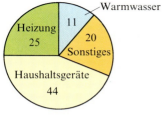

Dem gesamten Verbrauch entspricht der Vollwinkel, also 360°. Zu einer Kilowattstunde gehört dann der 100ste Teil, also 3,6°. Die Anteile werden dann entsprechend in Winkelgrade umgerechnet.

Schaubilder. Grafische Darstellungen

Aufgaben

2
In diesem Schaubild ist der Zusammenhang zwischen Menge und Preis dargestellt.

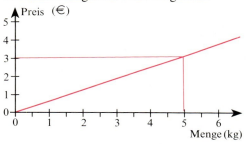

a) Lies aus dem Schaubild die Preise für 1 kg, 2 kg, 3 kg, 4 kg, 5 kg ab.
b) Wie viel kg bekommt man für 1 €, 2 €, 3 €?

3
Eine Tidenkurve gibt den durch Ebbe und Flut wechselnden Wasserstand an. Das Schaubild zeigt zwei Tidenkurven am Pegel Hamburg bei Sturmflut (rot) und normalem Wasserstand (schwarz).

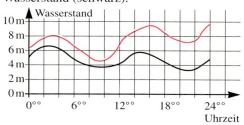

a) Lies die Wasserstände für jede Stunde ab.
b) Zu welcher Stunde war der Unterschied am größten?

Anzahl der Übernachtungen:
1935   22 846
1955   40 212
1965   91 057
1975 112 634
1985 170 917

4
Die Anzahl der Übernachtungen eines Kurorts im Schwarzwald hat sich von 1935 bis 1985 stark verändert.
a) Runde die Zahlen für die Übernachtungen auf Tausender.
b) Stelle die Entwicklung in einem Schaubild im Gitternetz dar.
Rechtsachse: Jahre; Hochachse: Anzahl der Übernachtungen (2 000 entsprechen 1 mm).

5

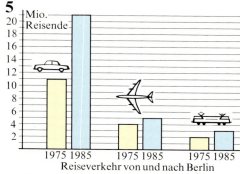

a) Bei welchem Verkehrsmittel ist der Unterschied am größten?
b) Gib die Unterschiede in Mio. Reisenden an.

6
Während einer Verkehrssicherheitswoche hat die Klasse 6 c vor der Schule eine Verkehrszählung durchgeführt. In der Zeit von 11.30 Uhr bis 12.30 Uhr wurden am Zebrastreifen gezählt: 58 Autos, 5 Omnibusse, 28 Motorräder und 107 Fahrräder. Stelle die Angaben in einem Bilddiagramm dar.

7
Hier sind in einem Gitternetz zwei Schaubilder gezeichnet. Es werden die Zahl der Verletzten von 1989 (die Zahlen findest du in der Tabelle) und von 1990 verglichen.

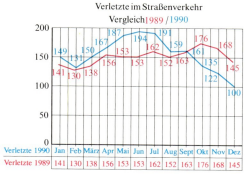

a) Ermittle für 1989 und 1990 die Gesamtzahl aller Verletzten.
b) Wie groß ist der Unterschied?
c) Worauf ist der Unterschied hauptsächlich zurückzuführen?

Schaubilder. Grafische Darstellungen

8
In der Tabelle sind dieselben Angaben wie im Bild links dargestellt:

MO	DI	MI	DO	FR	SA	SO
21	20	18	18	16	5	2

Vergleiche die beiden Darstellungen miteinander. Welche Wirkung stellst du fest? Hast du noch andere Ideen, wie man diese Daten darstellen kann?

9
Von allen Berufstätigen in der Bundesrepublik Deutschland arbeiteten 1987 26% in Werkshallen, 25% in Büros, 14% im Freien, 14% in Geschäften und Praxen, 4% in Verkehrsmitteln und 4% in Schulungsstätten.
a) Wie viel Prozent arbeiteten an anderen Arbeitsstätten?
b) Stelle den prozentualen Zusammenhang in einem Blockdiagramm dar.

10
Im Jahr 1990 gab es etwa 5,5 Milliarden Menschen auf der Erde.

Afrika	510 Mio.
Amerika	730 Mio.
Asien	3 630 Mio.
Europa	610 Mio.
Australien und Ozeanien	20 Mio.

Stelle die verschiedenen Zahlen in einem Bilddiagramm (Piktogramm) dar. (👤 entspricht dabei 100 Mio. Einwohner.)

11
Stelle die Anteile der einzelnen Erdteile an der gesamten Landfläche der Erde in einem Blockdiagramm dar.
Für 1 Mio. km² kannst du geschickt 1 mm nehmen.

12
a) Stelle die Anteile der Ozeane an der gesamten Wasserfläche der Erde in einem geeigneten Blockdiagramm dar.
b) Die Zahlen für die Wasserflächen erleichtern dir das Zeichnen eines Kreisdiagramms. Warum? Nimm einen Kreis mit dem Radius 5 cm.

13
In der Tabelle kannst du erkennen, wie viele Menschen der Erde den einzelnen Religionsgemeinschaften angehören.
Stelle die Zahlen in einem Stabdiagramm dar. Nimm für 100 Millionen eine Streckenlänge von 1 cm.

Religionsgemeinschaften:
Katholiken	1 650 Mio. Menschen
Protestanten	340 Mio. Menschen
Mohammedaner	970 Mio. Menschen
Buddhisten	850 Mio. Menschen
Hindus	670 Mio. Menschen

14
Für die flächengrößten Bundesländer sind Flächen und Einwohnerzahlen gegeben.

	Fläche (km²)	Einwohner (Mio.)
Bayern	70 551	11,0
Niedersachsen	47 426	7,3
Bad.-Württ.	35 752	9,3
Nordrhein-Westf.	34 067	16,9

a) Stelle die Flächen (10 000 km² = 1 cm²) und die Einwohnerzahlen (2 Mio. = 1 cm) in einem gemeinsamen Säulendiagramm dar.
b) Was kannst du über die Bevölkerungsdichte der Bundesländer aussagen?

15
In dem Diagramm sind Angaben zur Bevölkerung und zur Fläche der Staaten der EG dargestellt.

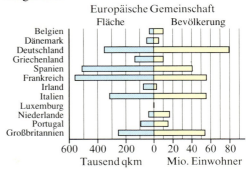

Wenn du die Zahl der Einwohner durch die Maßzahl der Fläche teilst, hast du eine Vergleichszahl für die Bevölkerungsdichte. Nenne drei dicht bevölkerte Staaten und drei Staaten mit geringer Dichte.

Kontinente und ihre Flächen

Europa	10 Mio. km²
Asien	44 Mio. km²
Afrika	30 Mio. km²
Nordamerika	24 Mio. km²
Südamerika	18 Mio. km²
Australien und Ozeanien	9 Mio. km²
Antarktis	14 Mio. km²
Landfläche der Erde	149 Mio. km²

Weltmeere und ihre Flächen

Pazifischer Ozean (Pazifik)	180 Mio. km²
Atlantischer Ozean (Atlantik)	105 Mio. km²
Indischer Ozean (Indik)	75 Mio. km²
Wasserfläche der Erde	360 Mio. km²

16

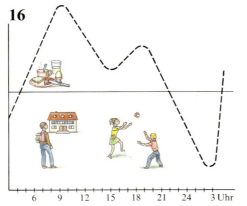

a) Lies aus der Grafik ab, zu welchen Zeiten du besonders leistungsfähig bist.
b) Zu welchen Zeiten solltest du Mahlzeiten einnehmen?

17

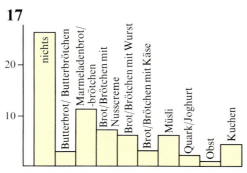

a) Welche Informationen kannst du dem Schaubild entnehmen?
b) Führe in deiner Klasse eine Umfrage durch und stelle die Ergebnisse in einem entsprechenden Schaubild dar.

18

a) In welchen Monaten ist das Angebot jeweils am größten?
b) Welche 3 Monate sind für alle vier Obstsorten am günstigsten?

19

Nahrungsmittelverbrauch 1955 und 1990

1955	kg je Person und Jahr	1990
160	Kartoffeln	73
130	Trinkmilch	93
94	Brot, Mehl	73
71	Obst, Südfrüchte	111
46	Fleisch	90
42	Gemüse	72
26	Zucker	36
25	Fett	26

a) Stelle die Angaben in einem Säulendiagramm dar. Anleitung: Stelle die Säulen für 1955 und 1990 direkt nebeneinander. Wähle in der Zeichnung 1 mm für 1 kg.
b) Stelle auch die Unterschiede in einem Diagramm dar.

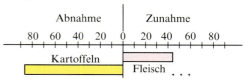

20

In den Streifendiagrammen ist der Nährstoffgehalt von Nahrungsmitteln in Prozent angegeben.

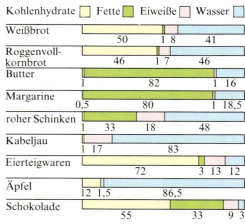

a) Welche Lebensmittel haben einen hohen Anteil an Kohlehydraten?
b) Welche Nahrungsmittel eignen sich für eine fettarme Kost?
c) Welche Nahrungsmittel eignen sich für eine eiweißreiche Kost?
d) Wie viel Gramm Wasser enthalten 100 g der jeweiligen Nahrungsmittel?

5 Mittelwert. Durchschnitt

1
Was meint Michael, wenn er sagt: „Wir sind mit einer Durchschnittsgeschwindigkeit von 85 Kilometern pro Stunde gefahren."

2
Auf dem Frühlingsfest werden Lose verkauft. Weil der Verkäufer sagt, dass jedes dritte Los gewinnt, kauft sich Erna drei Lose, um sicher einen Gewinn mit nach Hause nehmen zu können.
Was meinst du dazu?

In vielen Situationen des täglichen Lebens werden **Mittelwerte** oder **Durchschnittsgrößen** angegeben oder berechnet. Mit diesen Zahlen oder Größen werden Vergleiche angestellt oder Vorhersagen gemacht. In der Mathematik spricht man vom **arithmetischen Mittel**. Zur Berechnung des Mittelwerts werden alle Zahlen oder Größen addiert und durch die Anzahl der Werte dividiert. Sind zum Beispiel 5 Werte addiert worden, so wird die Summe durch 5 dividiert.

$$\text{Mittelwert (arithmetisches Mittel)} = \frac{\text{Summe aller Werte}}{\text{Anzahl aller Werte}}$$

Beispiele

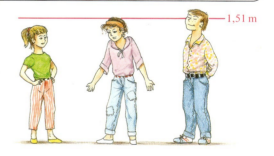

a) Der Mittelwert der Zahlen 5, 9, 23 und 34 lässt sich so berechnen:
$(5 + 9 + 23 + 34) : 4 = 71 : 4 = 17{,}75$.

b) Petra ist 1,42 m groß, Paula 1,52 m und Patrick 1,60 m.
Aus $(1{,}42\ m + 1{,}52\ m + 1{,}60\ m) : 3 = 1{,}51\overline{3}\ m$ ergibt sich gerundet eine durchschnittliche Größe von 1,51 m für die drei.

Bemerkung: Bevor du den Mittelwert berechnest, müssen alle Größen in dieselbe Maßeinheit umgewandelt werden.

c) Das Durchschnittsgewicht von 900 kg und 1,3 t ergibt sich aus
$(900\ kg + 1\,300\ kg) : 2 = 1\,100\ kg$.

Aufgaben

3
Berechne den Mittelwert im Kopf.
a)   2 und 8   b)   2; 6 und 10
    1 und 4   10; 15 und 50
    1,5 und 8,5   1; 1,5 und 3,5
    2,5 und 4   21; 22 und 26

4
Bestimme das arithmetische Mittel von
a) 1, 2, 3, 4, 5, 6, 7, 8, 9
b) 8, 7, 6, 5, 4, 3, 2, 1
c) 2, 4, 6, 8, 10, 12, 14, 16, 18
d) 16, 14, 12, 10, 8, 6, 4, 2.

Mittelwert. Durchschnitt

Welchen Punktedurchschnitt erzielte die 6c in ihrer Klassenarbeit?

16,5
12,0
24,0
23,5
13,0
18,5
27,0
28,0
20,5
23,5
18,0
26,5
15,0
27,0
13,0
9,0
29,5
24,0
19,0
21,5
17,5
18,0
16,0
22,5
14,0

Ø ?

Ø ist ein Zeichen für den Durchschnitt

5
Berechne den Mittelwert von
a) 3; 3; 3; 4; 4; 4; 4; 4
b) 149; 178; 236; 354; 412
c) 3,8; 4,9; 5,2; 6,3; 7,7
d) 0,5; 0,8; 0,7; 0,4; 0,9
e) 12; 17; 9; 84; 23
f) 1,1; 11,1; 111,1; 1 111,1
g) 0,4; 4,0; 0,5; 5,0; 0,6; 6,0
h) 123; 1 234; 12 345; 123 456.

6
Bestimme geschickt das arithmetische Mittel.
a) 1; 4; 7; 10; 13; 16; 19
b) 17; 21; 25; 29; 33; 37; 41
c) 0,1; 0,5; 0,4; 0,2; 0,3
d) 111; 222; 333; 555; 666; 777
e) 1; 1,5; 2; 2,5; 3; 3,5

7
Was bedeuten die folgenden Angaben?
a) Durchschnittlich kamen 26 000 Zuschauer zu den Heimspielen.
b) Eine deutsche Durchschnittsfamilie hat 1,7 Kinder.
c) Der Notendurchschnitt lag bei 3,1.
d) Der Benzinverbrauch beträgt im Schnitt 8,6 l für 100 km.
e) Durchschnittlich wurden im Diktat 6 Fehler gemacht.

8
Berechne den Mittelwert der Größen.
a) 156 m; 248 m; 304 m; 317 m
b) 48 kg; 51 kg; 43 kg; 49 kg; 52 kg
c) 126,2 km; 174,8 km; 156,3 km
d) 29,42 €; 35,68 €; 27 €; 19,06 €; 13,84 €

9
Achte beim Berechnen des Durchschnitts auf die unterschiedlichen Maßeinheiten bei den Größen.
a) 4 m 36 cm; 2 m 38 cm; 3 m 16 cm
b) 2 h 12 min 40 s; 2 h 15 min 18 s
c) 1,3 t; 958 kg; 0,98 t; 1 040 kg
d) 3 333 m²; 33 a; 0,033 ha
e) 2 l; 3,5 dm³; 1 980 ml; 2 400 cm³

10
Berechne die fehlenden Zahlen.
a) $\frac{5+\Box}{2} = 8$
b) $\frac{17+\Box}{2} = 11$
c) $\frac{5+9+\Box}{3} = 12$
d) $\frac{2,5+\Box+6,5}{3} = 5,5$
e) $\frac{1+2+4+5}{\Box} = 3$
f) $\frac{3,2+11+9+1,8}{\Box} = \Box$

11
Der Mittelwert für die folgenden Zahlen soll jeweils 10 sein.
Wie muss die letzte Zahl heißen?
a) 7; 9; 11; □
b) 2,5; 7,5; 12; □
c) 0,3; 0,7; 0,9; 1,1; □
d) 3,4; 4,5; 6,6; 8,7; □

12
Elfriede und Fridolin streiten sich über den Mittelwert der Zahlen 2; 4; 7; 9 und 11. Fridolin sagt: Der Mittelwert ist 7. Warum widerspricht ihm Elfriede?

13
Berechnet die Durchschnittsgröße aller Schüler und Schülerinnen in eurer Klasse auf cm genau.
Wie genau solltet ihr dann messen? Welche Durchschnittswerte erhaltet ihr, wenn ihr Mädchen und Jungen getrennt berechnet? (vgl. Seite 179, Aufg. 11)

14
Bei einem Geschicklichkeitsrennen werden Punkte vergeben:
27; 36; 24; 43; 29; 30; 30; 28; 11; 24; 32; 44; 27; 30; 23; 31; 19; 27.
a) Berechne den Durchschnitt.
b) Wie viele Teilnehmer lagen über dem Durchschnitt, wie viele darunter?

15
Karoline und Yvonne vergleichen ihre Noten.
Karoline   1   3   3
Yvonne   2   3   4
Berechne die Durchschnittsnoten.
Wer ist besser? Bei wem war die Rechnung einfacher?

Mittelwert. Durchschnitt

19
Bei den Bundesjugendspielen soll die Klasse Schulmeister werden, die im Durchschnitt die meisten Punkte erreicht hat.

Klasse	Anzahl der Schüler	Punkte
5	28	46 200
6	26	44 330
7	25	42 600
8	29	48 865
9	24	40 176
10	18	29 952

a) Berechne die durchschnittliche Punktzahl pro Schüler einer Klasse.
b) Lege die Rangfolge fest.

16
Silke und Andrea legten auf einer einwöchigen Radtour durch die Bretagne folgende Etappen zurück (Angaben in km):

MO DI MI DO FR SA SO
40 58 49 62 35 43 51

a) Welcher Tagesschnitt ergibt sich aus diesen Angaben? Runde.
b) Welcher Tagesschnitt ergibt sich, wenn die Tour auf 5 Tage verkürzt wird, die Gesamtstreckenlänge aber bleibt?

17
a) Welchen Notendurchschnitt hat Joachim, wenn er folgende Noten geschrieben hat: 3; 2; 4; 3?
b) In den beiden ersten Arbeiten hat Eva 1,0 und 3,0 geschrieben. Welche Note muss sie in der dritten Arbeit schreiben, wenn sie einen Durchschnitt von 2 erreichen will?
c) Warum kann Eric im Schriftlichen keine Zwei mehr erreichen, wenn er zweimal eine Vier geschrieben hat und nur noch eine Klassenarbeit geschrieben wird?

18
In Cherrapunji (Vorderindien) betrug die durchschnittliche Niederschlagsmenge im Monat Dezember 13 mm, im Juni waren es 2 695 mm.
Warum ist der Durchschnittswert von beiden Monaten zusammen für diese Region nicht aussagekräftig?

Mittelwert bei Brüchen
Ulla sagt: Der Mittelwert von 5 und 9 ist 7, also ist der Mittelwert von $\frac{1}{5}$ und $\frac{1}{9}$ gleich $\frac{1}{7}$.
Überprüfe diese Aussage von Ulla. Wie heißt der genaue Mittelwert?

Berechne die Mittelwerte der Brüche.
a) $\frac{1}{10}$ und $\frac{5}{10}$ b) $\frac{3}{8}$ und $\frac{5}{6}$
c) $\frac{2}{17}$ und $\frac{16}{17}$ d) $\frac{2}{3}$ und $\frac{2}{5}$
e) $\frac{1}{11}$ und $\frac{6}{11}$ f) $\frac{2}{5}$ und $\frac{3}{5}$
g) $\frac{1}{6}$ und $\frac{1}{8}$ h) $\frac{1}{9}$ und $\frac{1}{10}$

Melanie hat die Mittelwerte von zwei Stammbrüchen berechnet.

$\frac{1}{2}$ und $\frac{1}{3}$ haben den Mittelwert $\frac{5}{12}$

$\frac{1}{3}$ und $\frac{1}{4}$ haben den Mittelwert $\frac{7}{24}$

$\frac{1}{4}$ und $\frac{1}{5}$ haben den Mittelwert $\frac{9}{40}$

Sie hat für die weiteren Berechnungen eine einfache Methode gefunden. Versuche sie auch zu finden.

Ulrich hat ebenfalls die Mittelwerte von zwei Stammbrüchen berechnet und dabei einen einfachen Rechenweg gefunden:

Der Mittelwert von $\frac{1}{2}$ und $\frac{1}{4}$ ist $\frac{3}{8}$.

Der Mittelwert von $\frac{1}{3}$ und $\frac{1}{5}$ ist $\frac{4}{15}$.

Der Mittelwert von $\frac{1}{4}$ und $\frac{1}{6}$ ist $\frac{5}{24}$.

Wie hat Ulrich den Mittelwert jeweils berechnet? Für welche Stammbrüche klappt sein Verfahren?

6 Vermischte Aufgaben

1
Auf einer Personenwaage kann man das Gewicht auf 500 g genau ablesen. Bei Tanja zeigt die Waage 41,5 kg, bei Max 43,5 kg. Wie viel können Tanja und Max tatsächlich wiegen?

2
Was bedeuten die folgenden gerundeten Größen?
a) 148,1 Mio. km² Landfläche
b) 266 Mio. Einwohner
c) 40 075 km Äquatorlänge
d) 12 Stunden 7 Minuten Flugdauer

3
Ordne die gemessenen Größen nach ihrer Genauigkeit.
a) 12,46 m; 0,32 dm; 4,4 cm
b) 5 512 mg; 3,4625 kg; 16,2631 g
c) 44,2 a; 127,425 m²; 36,2 dm²

4

An einer Wegkreuzung stehen diese beiden Wegweiser. Jutta läuft nach Tingen und Thomas nach Dingen. Obwohl beide dieselbe Geschwindigkeit haben und sie zur selben Zeit loslaufen, kommt Thomas etwas später an.
Wie kannst du dir das erklären? Denke an die Genauigkeit der Streckenangaben. Wie groß kann der Unterschied der Streckenlängen sein?

5
Drei Freunde bekommen 20 € geschenkt und sollen gerecht teilen. Welches Problem taucht hier beim Anwenden der Rundungsregeln auf?

6
Miss die Länge und Breite deines rechteckigen Mathematikbuches auf mm genau und berechne den Flächeninhalt auf cm² genau.

7
Von einer Baustelle sollen 650 m³ Erde abtransportiert werden. Wie oft muss ein Lkw fahren, wenn er etwa 12 m³ laden kann?

8
In einer Wohnung müssen drei verschiedene Decken gestrichen werden:

	1. Zimmer	2. Zimmer	3. Zimmer
Länge	4,30 m	5,35 m	2,95 m
Breite	3,80 m	3,70 m	2,60 m

Berechne ihren Flächeninhalt und runde das Ergebnis auf dm².

9
Erika hat ihr Zimmer ausgemessen und erhielt, auf dm gerundet, folgende Werte: 32 dm lang und 29 dm breit.
a) Gib auf cm genau an, wie groß Länge und Breite höchstens bzw. mindestens sind.
b) Berechne den Flächeninhalt auf m² und auf dm² genau.
c) Wie genau kann der Flächeninhalt in cm² höchstens bzw. mindestens angegeben werden?

10
Ein Farbengeschäft bietet verschieden große Farbdosen an:
für 7,30 €, ausreichend für 5 m²
für 12,90 €, ausreichend für 10 m²
für 25,10 €, ausreichend für 25 m².
a) Peters Mutter muss 17,5 m² streichen. Welche Dosen soll sie kaufen?
b) Marions Vater muss 41 m² streichen. Wie teuer wird für ihn die Farbe?

11
Eine Dose Farbe reicht ungefähr für 5 m² Anstrichfläche. Wie viele Dosen sind notwendig für rechteckige Flächen mit folgenden Maßen?

Länge	7,2 m	9,35 m	14,05 m	25 m
Breite	5,30 m	4,37 m	1,89 m	3,60 m

Schätze, bevor du genau rechnest.

Vermischte Aufgaben

12
Eine Arbeitsbiene schlägt mit ihren Flügeln 245-mal in einer Sekunde. Wie viele Schläge macht eine Biene in einer Minute, wie viele in einer Stunde?

13
a) Die Arbeiterinnen eines Bienenvolkes legen über 70 000 Flugkilometer zurück, um ein einziges Pfund Honig zu produzieren. Wie viel Flugkilometer sind für 1 Gramm Honig notwendig?
b) Für ein Pfund Honig werden etwa 2 Millionen Blütenkelche angeflogen. Wie viele Blütenkelche sind dies für einen Teelöffel Honig, also etwa 10 Gramm?

14
Der Mensch macht etwa 11 Atemzüge pro Minute, der Kolibri dagegen 250 in einer Minute.
Berechne jeweils die Anzahl der Atemzüge in einer Stunde und an einem Tag und vergleiche die Werte.

15
Einige Bakterien sind Krankheitserreger. Sie sind so klein, dass sie nur unter dem Mikroskop sichtbar sind. Die größte Bakterie hat eine Länge von 0,045 mm.
Wie viele Bakterien müsste man mindestens aneinander legen, um eine Länge von 1 cm zu erreichen?

16
Geschwindigkeiten von Schiffen werden in Knoten angegeben. 1 Knoten bedeutet, dass das Schiff in einer Stunde 1 Seemeile zurücklegt (1 Seemeile sind 1 852 m).
Ein Katamaran kann etwa 30 Knoten erreichen.
Welche Strecke segelt er in fünf Stunden? Gib die Strecke sowohl in Seemeilen als auch in Metern und Kilometern an.

17
Ein Flugzeug des Typs DC 10 fliegt in einer Stunde durchschnittlich 900 km.
a) Wie weit fliegt das Flugzeug in 5 h (7,5 h; 4,5 h)?
b) Wie lange braucht das Flugzeug für die Strecke von Frankfurt nach Rio de Janeiro (9 600 km)?

18
Das Radrennen Tour de France hatte 1926 eine Gesamtstreckenlänge von 5 743 km. Sie wurde in 29 Tagen bewältigt.
a) Wie lang war durchschnittlich eine Tagesetappe?
b) Wie lange waren die Fahrer täglich unterwegs, wenn sie mit einer Durchschnittsgeschwindigkeit von 31 km/h (also 31 km in 1 h) gefahren sind?
c) 1991 betrug die Gesamtstrecke der Tour de France 3 900 km.
Berechne a) und b) mit diesem Wert.

Vermischte Aufgaben

19
Eine Gurke hat mit 16 Kalorien pro 100 g den geringsten Kaloriengehalt aller Gemüsearten.
In Australien wurde 1988 eine der größten Gurken mit 26,8 kg geerntet.
a) Wie viel Kalorien hatte diese Gurke?
b) 100 g Schokolade haben 550 Kalorien. Wie viele Tafeln haben etwa gleich viele Kalorien wie die australische Gurke?

20
Aus einer 30 m hohen Fichte könnte man Papier für 100 000 Zeitungen herstellen. Täglich werden in Deutschland etwa 27,3 Millionen Tageszeitungen verkauft. Wie viele Fichten müsste man dafür fällen?

21
Ein Sportbecken im Freibad ist 25 m lang, 20 m breit und 3,50 m tief.
a) Wie viel Wasser fasst es?
b) Wie lange dauert das Auffüllen, wenn in einer Stunde 150 000 Liter Wasser einlaufen?

22

Mauersegler	288 km/h
Schwalbe	216 km/h
Brieftaube	180 km/h
Buchfink	54 km/h

In der Tabelle stehen die Geschwindigkeiten, die einige Vögel kurzfristig erreichen können. (54 km/h bedeutet 54 km in einer Stunde.) Berechne die Streckenlängen, die in einer Minute bzw. in einer Sekunde zurückgelegt werden.

23
Ein Auto fährt mit einer Durchschnittsgeschwindigkeit von 80 km/h.
Stelle in einer Tabelle die Zeiten und die Strecken zusammen.

Zeit (h)	$\frac{1}{2}$	1	$1\frac{1}{2}$	2	$2\frac{1}{2}$	3	$3\frac{1}{2}$
Strecke (km)		80					

24
Auf einer 100 km langen Strecke erreicht ein Eilzug eine Durchschnittsgeschwindigkeit von 75 km/h. Der Interregiozug fährt um 25 km/h schneller, der Intercity wieder um 25 km/h schneller. Wie groß sind die zeitlichen Unterschiede der Züge?

25
Die Reisekosten einer Klassenfahrt betragen pro Schüler 24,50 €. Die Klasse hat 28 Schülerinnen und Schüler.
a) Wie hoch sind die Gesamtkosten?
b) Wie viel muss jede Person bezahlen, wenn die Gesamtkosten gleich bleiben, aber vier Schüler weniger mitfahren?
c) Wie hoch sind die Kosten pro Person, wenn die Gemeinde einen Zuschuss von 300 € gibt und alle Kinder mitfahren?

26
Eine Obsthändlerin kauft 720 kg Kirschen ein und bezahlt dafür 900 €.
Ein Drittel der Ware verkauft sie zu einem Kilopreis von 2,70 €. Nachdem ein Viertel der gesamten Ware verdorben ist, verkauft sie den Rest zu einem Kilopreis von 1,90 €.
a) Wie viel Geld nimmt die Obsthändlerin insgesamt ein?
b) Wie hoch ist ihr Gewinn?

27
Die 4,5-kg-Packung Waschpulver kostet im Supermarkt 8,55 €, das 3-kg-Paket 6,15 €.
a) Berechne jeweils den Preis für 1 kg.
b) Welches Angebot ist billiger?

28
Übertrage die folgende Preistabelle in dein Heft und ergänze sie.

a)
Gewicht (kg)	1	2	5	10	30	60
Preis (€)	1,80					

b)
Größe (m)	1	5	10	15	50	78
Preis (€)	8,95					

29
Verschiedene Käsesorten kosten unterschiedlich viel. Ergänze die Tabelle.

Gewicht (g)	50	100	150	200	250	300
Sorte Allgäu Preis (€)		1,80				
Sorte Brie Preis (€)				3,90		
Sorte Gouda Preis (€)	0,75					

Vermischte Aufgaben

Briefe (Inland)

bis	20 g	0,55 €
bis	50 g	1,10 €
bis	500 g	1,50 €
bis	1 000 g	2,20 €

(Stand 1999)

30
In der Portotabelle von 1999 sind die Gebühren für Briefe im Inland angegeben.
a) Wie hoch war im Jahr 1999 das Porto für Briefe mit 40 g, 500 g, 999 g?
b) War es günstiger, einen Brief mit 550 g oder zwei Briefe mit 50 g und 500 g zu verschicken?

31
Ute und Jürgen sparen für ein Fahrrad. Ute beginnt in der ersten Woche mit 1 €, in der 2. Woche spart sie 2 €, in der 3. Woche 3 € usw.
Jürgen beginnt mit 0,10 € und spart dann jede Woche das Doppelte.
a) Stelle in einer Tabelle für die ersten 10 Wochen dar, wie viel jeder angespart hat.
b) Wer hat nach 5 Wochen, wer nach 10 Wochen mehr gespart?

32
Für eine Partnerschule in Peru sammelten vier Klassen einer Schule an drei verschiedenen Tagen Geld.

	1. Tag	2. Tag	3. Tag
Klasse 5	53,20	61,20	20,30
Klasse 6	62,40	40,50	61,80
Klasse 7	41,70	59,20	58,30
Klasse 8	60,30	41,50	42,90

Welche Fragen kannst du mit Hilfe dieser Tabelle beantworten?

33
Hockeyturnier der Klassen 6:
6a–6b 2:1   6b–6c 3:3   6a–6c 0:4
6b–6d 3:2   6a–6d 1:0   6c–6d 5:1
a) Übertrage die Tabelle in dein Heft und trage die restlichen Ergebnisse ein.

	6a	6b	6c	6d
6a	×	2:1		
6b		×		
6c			×	

b) Für einen Sieg bekommt man 2 Punkte, für ein Unentschieden 1 Punkt. Stelle die Summe der Punkte zusammen und ermittle daraus die Rangfolge.

34
Bei einem Ausscheidungswettbewerb im Weitsprung erzielten die Teilnehmer folgende Weiten. Für den Wettkampf können nur zwei Teilnehmer gemeldet werden.

Kemal	3,45 m	3,65 m	3,62 m
Fatma	3,51 m	ungültig	3,80 m
Matthias	ungültig	ungültig	4,12 m
Annika	3,72 m	3,75 m	3,71 m
Sabine	2,96 m	3,05 m	3,78 m

Wen würdest du auswählen, um
a) „auf Nummer Sicher" zu gehen?
b) „auf volles Risiko" zu gehen?

35
Startdaten des Spaceshuttle „Challenger":

Zeit	Höhe	Geschwindigkeit
30 s	2,0 km	147 m/s
1 min	9,8 km	381 m/s
2 min	40,8 km	1 216 m/s
3 min	84,6 km	1 748 m/s
4 min	117,0 km	2 100 m/s
5 min	132,8 km	2 641 m/s
6 min	135,4 km	3 481 m/s
7 min	134,5 km	4 726 m/s
8 min	122,1 km	6 427 m/s
8 min 20 s	117,7 km	7 012 m/s

Stelle die Angaben in zwei Schaubildern im Gitternetz dar. Auf beiden Rechtsachsen trägst du die Zeit ab: 1 cm für 1 min.
a) Im ersten Schaubild trägst du nach oben die Höhe ab (1 cm für 10 km).
b) Im zweiten Schaubild trägst du nach oben die Geschwindigkeit ab (1 cm für 1 000 m/s).

Vermischte Aufgaben

36

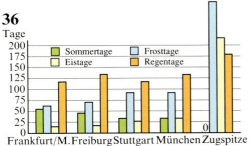

Frankfurt/M. Freiburg Stuttgart München Zugspitze

a) Lies die Anzahl der Frosttage ab. Berechne den Mittelwert zuerst mit dem Wert für die Zugspitze, danach ohne.
b) Berechne die durchschnittliche Anzahl der Sommertage in den vier Städten.

Wangerooge: Fremdenverkehr 1990

Monat	Feriengäste	Übernachtungen
Januar	107	1 589
Februar	187	2 870
März	3 900	29 641
April	3 657	53 233
Mai	5 985	63 618
Juni	9 173	113 680
Juli	14 541	204 641
August	12 707	203 065
September	4 681	81 752
Oktober	4 114	37 818
November	129	3 531
Dezember	474	4 385
insgesamt	59 655	799 823

37

Wenn du die Anzahl der Übernachtungen durch die Zahl der Feriengäste in jedem Monat teilst, weißt du, wie lange ein Gast durchschnittlich blieb.
a) Berechne diese Werte, runde dabei jeweils auf volle Tage.
b) Zeichne ein Säulendiagramm. Nimm 1 cm für 2 Tage.
c) Was erkennst du aus dem Diagramm?

38

Die verbreitetsten Sprachen der Welt:
Chinesisch   920 Mio. Menschen
Englisch   390 Mio. Menschen
Französisch 280 Mio. Menschen
Russisch   270 Mio. Menschen
Spanisch   250 Mio. Menschen
Deutsch   120 Mio. Menschen
Vergleiche mit Hilfe eines Stabdiagramms. Nimm für 100 Mio. Menschen eine Streckenlänge von 1 cm.

39

Mit der Nahrung nimmt der Mensch Wasser auf. Ein erwachsener Mensch benötigt mindestens drei Liter pro Tag.
a) Stelle den Wassergehalt von:
Milch   96%
Kartoffeln 80%
Fleisch   70%
Brot   40%
in einem Blockdiagramm dar.
b) Wie viel Liter Wasser enthalten 6 Liter Milch?

40

Das aus der Erde gewonnene Erdöl wird in der Rohölraffinerie in seine Bestandteile zerlegt. Das Ergebnis entspricht leider nicht den benötigten Ölsorten. Folgende Tabelle gibt darüber Auskunft:

	Erzeugt	Benötigt
Benzin	12%	45%
Leichtöl	15%	5%
Heiz- und Dieselöl	16%	35%
Schmieröl	35%	3%
Sumpföl	22%	12%

a) Stelle beide Tabellen in einem Säulendiagramm dar und vergleiche sie.
b) Wie viel Liter jeder Sorte werden aus 20 000 Liter Rohöl gewonnen?
c) Durch ein chemisches Verfahren (Crackverfahren) ist es z. B. möglich, aus Sumpf- und Schmieröl Benzin zu gewinnen. Wie viel Prozent des Schmieröls müssen in Benzin umgewandelt werden?

41

Die Säulendiagramme zeigen die durchschnittlichen Niederschlagsmengen am Kahlen Asten und in Münster.

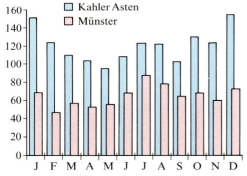

a) Berechne jeweils das monatliche Mittel.
b) Berechne den Unterschied für jeden Monat. In welchem Monat ist er am größten?

42

Zum Knobeln

Eine Schnecke klettert auf eine 4,50 m hohe Mauer. Am Tag klettert sie 1,50 m hoch, in der Nacht rutscht sie aber wieder 70 cm herunter. Wie viele Tage benötigt sie, um auf die Mauerkante zu kommen?

Rückspiegel

1
a) Eine Dose Mais kostet 0,59 €. Was kosten 7 Dosen?
b) Was wiegen 12 Würstchen, wenn eins 55 g wiegt?
c) 100 g Wurst kosten 1,60 €. Was kosten 850 g?

2
a) 12 Flaschen Mineralwasser kosten 4,20 €. Was kostet eine Flasche?
b) Ein Stoß mit 15 Brettern ist 33 cm hoch. Wie dick ist ein Brett?
c) Die Fahrtkosten für den Ausflug betragen 429 €. Was muss jeder bezahlen, wenn 26 Jugendliche mitfahren?

3
Inge benötigt für das Austragen ihrer Zeitungen 1 Stunde. Wie schnell ginge das Austragen zu dritt?

4
Welches Angebot ist billiger?
400 g Pralinen kosten 8,60 €, 600 g einer anderen Sorte 13 €.

5
Ergänze die Geldumrechnungstabellen.

€	sFr	€	dkr
1	1,61	1	☐
5	☐	5	☐
20	☐	20	☐
150	☐	150	1065

6
Stelle die folgenden Tunnellängen in einem Stabdiagramm dar. (1 km soll im Diagramm 5 mm lang sein.)

Tauernbahn	8,5 km	Gotthardbahn	15,0 km
Simplonbahn	19,8 km	Mt. Cenisbahn	12,2 km
Arlbergbahn	10,3 km	Moselbahn	4,2 km

7
Bei einer Befragung unter Arbeitern und Arbeiterinnen, mit welchem Verkehrsmittel sie zur Arbeit kommen, ergab sich:

Auto	38 %	Fahrrad	10 %
Bahn, Bus	43 %	zu Fuß	9 %

Stelle diese Prozentangaben in einem Blockdiagramm dar.

8
Lies aus dem Schaubild die durchschnittlichen Niederschlagsmengen bzw. die Temperatur für jeden Monat ab.

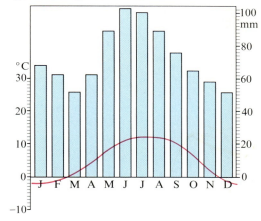

9
Berechne das arithmetische Mittel.
a) 17; 24; 38; 54; 62
b) 2,5; 3,1; 4,3; 1,9
c) 14 312; 17 836; 21 074

10
Berechne den Durchschnitt.
a) 108 m; 160 m; 194 m; 270 m
b) 40,3 kg; 46,4 kg; 42,9 kg
c) 350 ml; 4,5 dm^3; 1,2 l; 680 cm^3

11
Bei den drei Aufführungen des Schultheaters kamen 436 Personen, 532 Personen und 712 Personen. Um wie viel wich der Besuch jeweils vom durchschnittlichen Wert ab?

12
Berechne das Jahresmittel der Temperatur für die drei Orte.

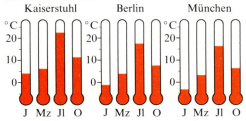

J = Januar   Mz = März   Jl = Juli   O = Oktober

PRÜFZIFFER –

Viele Nummern werden vergeben: Kontonummern, Personalausweisnummern, Bestellnummern, Artikelnummern, ...
Suche weitere Beispiele.

▶ Rechtschreibfehler in einem Text sind meist leicht zu finden. Woran soll man aber erkennen, ob z. B. eine Nummer richtig angegeben wurde?
Welche Fehler können auftreten?

Damit man solche Fehler – z. B. bei der Eingabe in den Computer – erkennt, benutzen wir heute vielfach Prüfziffersysteme. Dazu gehört auch die **EAN (Europäische Artikel-Nummer)**. Du findest sie mit dem „elektronischen Zebrastreifen" auf vielen Artikeln des täglichen Bedarfs.

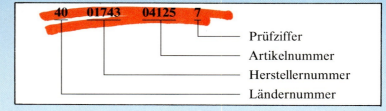

Aus den einzelnen Ziffern der Nummer wird nach einem bestimmten Verfahren eine **Prüfziffer (Pz)** errechnet und angehängt:
Die ersten 12 Ziffern werden von links nach rechts abwechselnd mit den Faktoren 1 und 3 multipliziert und die Produkte dann addiert.

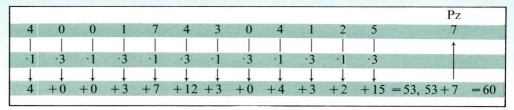

Länderkennzeichen
- 00-09 USA, Kanada
- 10-19 Reserve
- 20-29 interne Nummern
- 30-37 Frankreich
- 40-43 Deutschland
- 49 Japan
- 50 Großbritannien
- 54 Belgien
- 57 Dänemark
- 64 Finnland
- 70 Norwegen
- 73 Schweden
- 76 Schweiz
- 80-81 Italien
- 84 Spanien
- 87 Niederlande
- 90-91 Österreich
- 93 Australien
- 978 Druckerzeugnisse (Bücher, Karten ...)

▶ Die Prüfziffer Pz kommt als Ziffer hinzu. Du findest sie durch Ergänzen zum nächsten Zehner: 53 + Pz = 60, also Pz = 7.
Überlege, wie du die Prüfzahl schneller errechnen kannst.

▶ Schreibe zu Hause von verschiedenen Artikeln die EAN ab.
Aus welchen Ländern kommen die Artikel?
Wende das Prüfverfahren an.

▶ Wie viele verschiedene Artikel kann ein bestimmter Hersteller nach diesem System kennzeichnen?
Wie viele deutsche EAN sind möglich?
(Beachte: An jeder der 10 Stellen können die Ziffern von 0 bis 9 vorkommen.)

Hier fehlen die Prüfziffern:
401710073790■   400812213603■
730040033960■   910852100082■

SYSTEME

▶ Nicht immer werden durch das Prüfziffersystem Fehler entdeckt. Vergleiche:

4123**450**123467   4032**154**637012
und   und
4123**405**123467   4032**164**537012

Warum erkennt die Computerkasse das Vertauschen der Zahlen nicht? Suche weitere solche Beispiele.

> Welche der EAN sind bestimmt falsch?
> 4013204536217   4062301787130
> 570046132028   7601320451233

> Einige Ziffern sind unleserlich:
> 40■4325067897   4002497■97403
> 309■510257054   87001342■5821

Es gibt viele verschiedene Prüfziffersysteme, z. B. das **Kontonummersystem** bei Banken, die **Lok-Nummern** bei der Deutschen Bundesbahn oder **Pharmazentralnummern** bei Medikamenten.

Aufgefallen ist dir bestimmt schon die **Internationale Standard-Buchnummer (ISBN).** Du findest die ISBN oft auf der Rückseite von Büchern, die nicht älter als 25 Jahre sind.

Die ISBN hat 10 Stellen. Die erste Ziffer kennzeichnet den Sprachraum (z. B. Deutschland/Österreich/Schweiz hat die Gruppennummer 3; Englisch 0 und Französisch 2). Die Ziffernfolgen für den Verlag und den Buchtitel sind aber nicht immer gleich lang. Ein großer Verlag hat z. B. nur eine zweistellige Verlagsnummer, um mehr Titelnummern vergeben zu können.

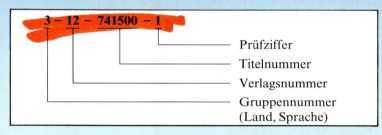

ISBN 3-12-171110-5   ISBN 3-7701-2278-X   ISBN 3-8231-0251-6   ISBN NO 1 870458 18 4

ISBN 0-600-56268-9

Berechnung der Prüfziffer: ISBN 3-12-**74164**0-7   ISBN 3-8134-0228-2

ISBN 3-87003-438-6

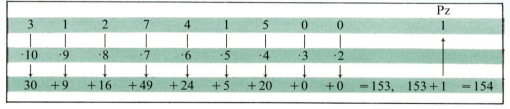

ISBN 3-89090-881-0

ISBN 3-87412-095-3

Die Prüfziffer Pz kommt wieder als letzte Ziffer hinzu. Du findest sie durch Ergänzen zum nächsten Vielfachen von 11:
$154 : 11 = 14$, also Pz = 1, denn $153 + 1 = 154$.

ISBN 4-7661-0317-3

▶ Schreibe aus Büchern verschiedene ISBN ab. Stimmen die ISBN? Wende das Prüfverfahren an.

> Hier fehlt die Prüfziffer. (Für Pz = 10 setze X.)
> 3-435-02139-■   0-17-273546-■
> 2-58703-016-■   1-321045-76-■

ISBN: 0-517-530252

▶ Denke dir selber ein Prüfziffernsystem aus, z. B. für die Schülerausweise an deiner Schule.

ISBN 3-12-**57134**0-4

EINE SEEFAHRT

Auf dem Land ist es nicht schwer, mit Hilfe einer Landkarte seinen momentanen Standort und die weitere Fahrtroute herauszufinden. Es gibt dafür genügend Anhaltspunkte, wie z. B. Straßen, Städte und Berge. Beim Segeln ist es etwas anders. Man benötigt neben der Seekarte noch andere Hilfsmittel, z. B. Peilscheibe, Sextant und Kompass.

▸ Auf der Randspalte kannst du erkennen, wie die Fahrtrichtung bestimmt wird (**rw** bedeutet rechts weisend).

▸ Auf der vereinfachten Seekarte ist die Fahrstrecke eines Segelschiffes eingetragen. Miss die Winkel der Fahrtrichtung an den Punkten, wo eine Richtungsänderung stattfindet. Berechne mit Hilfe des Maßstabes die Länge der Fahrstrecke.

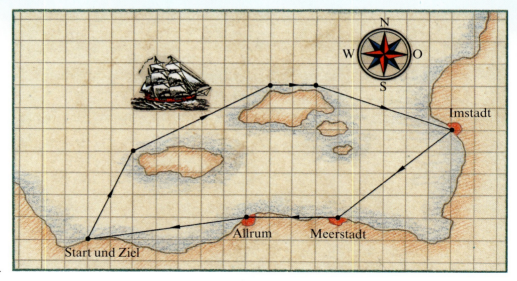

sm bedeutet Seemeile.
1 sm = 1,852 km.
Maßstab: 6 mm ≙ 10 sm.

Nach einem Sturm oder Nebel kann es vorkommen, dass der Kapitän nicht mehr weiß, wo sich das Schiff gerade befindet. Entdeckt er dann zwei markante Punkte, kann er durch Peilung und Eintragung in die Seekarte den Standort des Schiffes bestimmen. Die vom Boot aus gemessenen Winkel werden gleich groß an den Peilobjekten auf der Seekarte abgetragen. Die Schenkel schneiden sich im Standort des Bootes.

▸ In einem Koordinatensystem (Seekartenersatz) mit der Länge der Einheit 1 cm haben zwei Leuchttürme die Koordinaten L1 (5|2) und L2 (1|10). Sie werden von drei Schiffen angepeilt (siehe Tabelle). Bestimme die Koordinaten der Standorte der drei Schiffe.

	Peilwinkel L1	Peilwinkel L2
Schiff 1	rw 230°	rw 287°
Schiff 2	rw 270°	rw 315°
Schiff 3	rw 174°	rw 236°

▸ Entwirf selbst eine Seekarte (mit einer Küste, Inseln, Hafenstädten und markanten Punkten) und plane eine Regatta, die mindestens 5 Stationen hat. Trage die kürzeste Fahrstrecke ein und bestimme die Kurswinkel bei jeder notwendigen Kursänderung. Wie viel Seemeilen legen die Schiffe bei dieser Wettfahrt zurück?
Vielleicht kannst du auch noch berechnen, wie viel Zeit man für die einzelnen Fahrstrecken benötigt, wenn das Schiff 10 Knoten in einer Stunde zurücklegt. (1 Knoten = 1 Seemeile pro Stunde.)

▸ Das Schiff S1 funkt SOS und gibt seinen Standort durch. Die anderen beiden Schiffe wollen helfen und fahren in Richtung des Schiffes S1. Welchen Kurs müssen sie aufnehmen?

WIR BAUEN

Die Schülerinnen und Schüler der Klasse 6 b der Albertus-Magnus-Realschule wollen für die Herbstferien Drachen bauen. In einer Zeitschrift für Freizeit und Basteln haben sie eine Materialliste und eine Bauanleitung für den Bau eines Drachens gefunden.

▸ Heiner und Willi sollen sich um die Rundhölzer kümmern. Laut Bauanleitung soll ein Stab von 1 m Länge in zwei Teile zu 45 cm und 55 cm zersägt werden. Die Schülerinnen und Schüler der 6 b möchten größere Drachen bauen. Das Verhältnis 9/20 der Länge für die Spannweite und 11/20 für die Höhe soll dabei nicht verändert werden. Im Bastelladen gibt es Stäbe von 1 m; 1,2 m und 1,5 m Länge. Welche Möglichkeiten gibt es, hieraus ohne Abfall 24 Drachen herzustellen?

Material:
Für einen Drachen mit einer Spannweite von 45 cm und einer Höhe von 55 cm benötigst du:
- einen 1 m langen Rundstab (Durchmesser 6 mm)
- ca. 10 cm PVC-Schlauch (Innendurchmesser 6 mm)
- ca. 50 m – 100 m Drachenschnur
- Klebstoff oder Nadel und Faden
- 5 m lange Schnur zum Umspannen
- einen Bogen aus Tyvek*, mindestens 57 cm × 47 cm.

* Tyvek ist ein papierartiges, reiß- und wasserfestes Material, was zur Herstellung von Diskettenhüllen oder größeren Briefumschlägen verwandt wird. Man kann es nähen, aber auch kleben. Es wird in Bastelläden von der Rolle verkauft. Vielleicht kannst du aber auch gebrauchte Briefumschläge wieder verwerten.

EINEN DRACHEN

Bauanleitung:
(für den kleinen Drachen)
Der Holzstab wird mit der Säge in zwei Stücke zu 55 cm und 45 cm geteilt und an den Enden eingekerbt.
Aus dem Tyvek wird mit der Schere ein Drachen ausgeschnitten (siehe Zeichnung).
In ein 4 cm langes Stück Schlauch schneidest du ein längliches Loch so hinein, dass an den Enden nur noch zwei etwa 0,5 cm breite Ringe stehen bleiben. Damit verbindest du die beiden Stäbe zu einem Kreuz (siehe Zeichnung).
Vom restlichen Schlauch schneidest du nun vier weitere 0,5 cm breite Ringe ab, mit denen du eine Schnur rund um das Holzkreuz straff fixierst.
Du legst das Holzkreuz nun auf den ausgeschnittenen Drachen und verklebst oder vernähst das Ganze. Dann bringst du die Waage an, wie auf dem Bild unten gezeigt.

Der laufende Meter Tyvek kostet von einer 1,5 m breiten Rolle 5,20 €. Marion, Jens und Martin sollen überlegen, wie man mit möglichst wenig Schnittverlusten die Bespannung für 24 Drachen herstellen kann.
a) Überlege mit Hilfe einer Zeichnung mögliche Schnittmuster, nach denen die drei vorgehen können.
b) Ermittle anschließend, wie lang die Bahn für 24 kleine Drachen mindestens werden muss und berechne den Preis für die Bespannung eines Drachens.
c) Überlege, wie lang die Bahn für 24 Drachen von 0,675 m × 0,825 m sein müsste. Wie viel Euro kostet die Bespannung für einen Drachen?

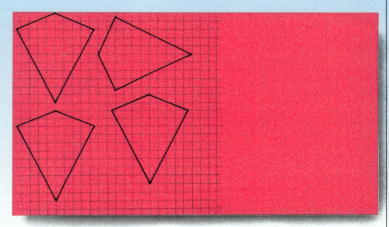

Vorschriften und Sicherheitsmaßnahmen
– Der Höhenflugrekord für einen Solo-Drachen steht zwar auf 8 530 m, deine Schnur darf aber aus Sicherheitsgründen keinesfalls länger als **100 m** sein!
– Die Entfernung zum nächsten Flughafen muss mindestens **3 km** betragen.
– Drachen darf man nicht in der Nähe von Hochspannungsleitungen, Bahnanlagen oder Straßen steigen lassen.
– Bei Gewitter den Drachen sofort herunterholen!
– Vorsicht! Eine Schnur kann schneiden wie ein Messer.

PIZZABACKEN

Die Klasse 6 c der Humboldt-Realschule möchte beim Schulfest einen Pizzastand betreiben. Birgit, Anja und Christian haben im Kochbuch ein Rezept für Pizza gefunden und abgeschrieben.

Zutaten für ein Blech:
Teig: 150 g Magerquark, $\frac{1}{10}$ l Milch, $\frac{1}{10}$ l Öl, $\frac{1}{2}$ gestrichener Teelöffel Salz, 300 g Mehl, 1 Päckchen Backpulver
Belag: Salz, Paprika, Knoblauch, gehackte Kräuter, 3 Tomaten, 150 g Schinken, 150 g Chesterkäse

Zubereitung:
Den Backofen auf 200 °C vorheizen.
Quark mit Milch, Öl und Salz verrühren. Die Hälfte des Mehls mit dem Backpulver mischen und esslöffelweise dazugeben. Das restliche Mehl unterkneten. Den Teig auf einem gefetteten Blech ausrollen.
Die Pizza mit Tomatenscheiben belegen. Darüber kommen Salz, Paprika, Knoblauch nach Belieben, gehackte Kräuter und Schinkenstücke. Das Ganze mit Käsescheiben verzieren, die in Vierecke oder Streifen geschnitten sind. Die Pizza kann nach Belieben verändert werden, indem man statt Schinken entweder Thunfisch, Salami, Krabben oder Champignons verwendet.

Backzeit:
40 Minuten auf der mittleren Schiene

Zutaten für eine
Pizza aus der Form:

Mehl: 100 g
Magerquark:
Öl:
Milch:
Backpulver:
Tomaten:
Schinken:
Käse:

Birgit will das Rezept zu Hause ausprobieren. Ihre Mutter schlägt vor, die Pizza in einer Form statt auf dem Blech zu backen. Dazu benötigt Birgit nur 100 g Mehl. Schreibe die Zutaten für Birgits Rezept nach dem nebenstehenden Muster auf.

Hinweis:
Zum Abwiegen von Zutaten in kleinen Mengen benötigst du viel Zeit. Schnell und genau kannst du dagegen mit einem Messbecher arbeiten.
Eine große Hilfe beim Backen sind auch folgende Mengenangaben aus einem Kochbuch.
$\frac{1}{8}$ l Flüssigkeit – 8 Esslöffel
$\frac{1}{10}$ l Flüssigkeit – 6 Esslöffel
10 g Mehl – 1 Essl. Mehl, gestrichen
5 g Mehl – 1 Teel. Mehl, gestrichen

200

€ Für das Schulfest sollen 20 Bleche Pizza gebacken werden. Anja und Christian übernehmen den Einkauf. Sie haben sich vorher über die Preise informiert.
Stelle eine Einkaufsliste für das Schulfest zusammen und berechne, wie viel Geld Anja und Christian ausgeben.

Preise für die Zutaten	
1 kg Mehl	0,49 €
1 l Milch	0,79 €
1 Dose Öl (375 ml)	1,99 €
250 g Magerquark	0,35 €
3 Päckchen Backpulver	0,69 €
1 kg Tomaten	1,45 €
Käse (200-g-Packung)	1,29 €
$\frac{1}{2}$ kg Champignons	2,55 €
gekochter Schinken (200-g-Packung)	1,75 €
1 Dose Thunfisch	0,99 €
1 Bund Küchenkräuter	0,70 €

€ Die Pizza vom Blech ist 30 cm breit und 42 cm lang. Sie soll zum Verkauf in gleich große Stücke aufgeteilt werden.
Mache Vorschläge, wie groß die Pizzastücke sein können und überlege, was sie kosten sollen.

WIR MACHEN

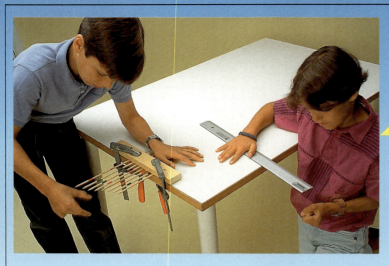

Gegenstände, mit denen Töne erzeugt werden können, kannst du leicht finden oder selbst bauen.
Zum Bauen und Spielen dieser „Instrumente" musst du aber fit in der Bruchrechnung sein.

▸ Versuche einmal mit einem Lineal, einer Stricknadel oder einem Mikadostäbchen, ähnlich wie im Bild, Töne zu erzeugen. Der Tisch dient dabei als Resonanzkörper. Achte darauf, ob du die Dur-Tonleiter erkennst.
Wann entstehen hohe, wann tiefe Töne?

Zwischen der Länge der schwingenden Körper (Saiten, Luftsäulen usw.) und den acht Tönen unserer Dur-Tonleiter (c-d-e-f-g-a-h-c') besteht ein interessanter mathematischer Zusammenhang, den schon Pythagoras (540–480 v. Chr.) entdeckte. In der Tabelle sind die Längenverhältnisse angegeben. Zum besseren Verständnis wurde als **Grundton** (Prime) der Ton c angenommen.

Prime	Sekunde	Terz	Quarte	Quinte	Sexte	Septime	Oktave	Sekunde' usw.
c	d	e	f	g	a	h	c'	d'
1	$\frac{8}{9}$	$\frac{4}{5}$	$\frac{3}{4}$	$\frac{2}{3}$	$\frac{3}{5}$	$\frac{8}{15}$	$\frac{1}{2}$	$\frac{1}{2} \cdot \frac{8}{9} = \frac{4}{9}$

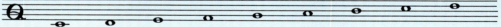

Bemerkung: 𝄞 zeigt an, auf welcher Linie die Quinte dargestellt ist 𝄞. Ein solches Symbol heißt Notenschlüssel. Du kennst bestimmt den Violinschlüssel 𝄞, der anzeigt, wo die Quinte g liegt 𝄞.

▸ Heidi lässt ein 60 cm langes Lineal 40 cm überstehen und erzeugt so den Grundton (Prime). Wie groß muss der Überstand sein, damit die anderen Töne der Dur-Tonleiter erklingen?

▸ **Setze** die Tabelle um eine Oktave nach oben (e'-f'-g'-a'-h'-c'') und nach unten (H-A-G-F-E-D-C) fort.
Berechne die Intervallabstände (auch als Dezimalbruch). Was stellst du fest?

▸ Befestige am Tisch mit kleinen Schraubzwingen acht gleiche Stricknadeln mit entsprechend langem Überstand (Prime etwa 25 cm) und spiele die unten stehende Melodie.

MUSIK

▸ Auf der Gitarre wird der tiefste Ton mit der ganzen Saite von 64 cm Länge erzeugt. In welchen Abständen vom Querriegel ist die Bundeinteilung vorzunehmen?
Die sechs Gitarrensaiten erzeugen bei voller Länge die Töne E A d g h e'. Bestimme für alle Saiten die Bundeinteilungen. Überprüfe deine Ergebnisse auf einer Gitarre!
Du stellst sicherlich kleine Abweichungen fest. Der Grund liegt darin, dass Musikinstrumente nicht in der reingestimmten (diatonischen), sondern in der temperierten (chromatischen) Tonleiter gestimmt werden. Dies vereinfacht den Bau der Instrumente. Frage dazu deinen Musiklehrer oder deine Musiklehrerin.

▸ Spiele folgende Melodie auf der E- und der g-Saite einer Gitarre.

▸ Mit acht Reagenzgläsern (15 cm) oder Limonadenflaschen (33 cm), unterschiedlich hoch mit Wasser gefüllt, lässt sich gut Musik machen, indem man über die Öffnung bläst. Der Grundton entsteht, wenn du in das leere Reagenzglas (Limonadenflasche) bläst. Bestimme die Höhe der Wassersäulen.
Versucht obige Melodie mit acht Schülerinnen und Schülern zu spielen.

▸ Zersäge zwei 1,20 m lange, 2 Zoll dicke Kupferrohre in 8 entsprechend lange Stücke. (Wähle die Prime möglichst lang.) Hänge sie so wie im Bild gezeigt auf. Versuche die obige Melodie zu spielen.

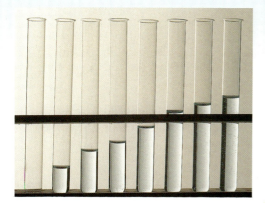

▸ Auf diese Art und Weise lässt sich auch eine Panflöte aus Bambusrohr bauen. Wähle als Grundton ein Rohr mit der inneren Länge von 21 cm.

▸ Wie funktioniert der Bumbass rechts oben? Du kannst ihn aus einem Vierkantholz, einem Plastikeimer und Draht selbst bauen.

Lösungen

Rückspiegel, Seite 32

1
a) 1, 2, 3, 4, 6, 12 b) 1, 2, 4, 8, 16
c) 1, 2, 3, 6, 9, 18 d) 1, 2, 4, 7, 14, 28
e) 1, 2, 3, 4, 6, 9, 12, 18, 36
f) 1, 2, 3, 4, 6, 8, 12, 16, 24, 48
g) 1, 2, 29, 58 h) 1, 2, 4, 8, 16, 32, 64
i) 1, 2, 3, 4, 6, 8, 9, 12, 18, 24, 36, 72

2
a) 7, 14, 21, 28, 35, …
b) 9, 18, 27, 36, 45, …
c) 13, 26, 39, 52, 65, …
d) 15, 30, 45, 60, 75, …
e) 17, 34, 51, 68, 85, …
f) 19, 38, 57, 76, 95, …
g) 23, 46, 69, 92, 115, …
h) 27, 54, 81, 108, 135, …
i) 31, 62, 93, 124, 155, …

3
a) ja b) ja c) ja d) ja

4
a) ja b) ja c) ja d) ja

5
a) 15, 75, 755, 775
b) 75, 125, 225, 775, 1025

6
a) 24, 44, 72, 104
b) 96, 112, 368, 648, 1008

7
a) 18, 51, 123, 234, 2121
b) 108, 459, 630, 711, 2304

8
a) 78, 114, 264, 636, 3210
b) 180, 372, 540, 1188

9
a) 2 oder 8 b) 0, 3, 6 oder 9 c) nur 0
d) 2, 5 oder 8 e) nur 8 f) 0, 3, 6 oder 9
g) 2, 5 oder 8 h) nur 0 i) 3, 6 oder 9

10
41, 61, 53, 73, 97

11
a) $60 = 2 \cdot 2 \cdot 3 \cdot 5$
b) $126 = 2 \cdot 3 \cdot 3 \cdot 7$
c) $252 = 2 \cdot 2 \cdot 3 \cdot 3 \cdot 7$
d) $336 = 2 \cdot 2 \cdot 2 \cdot 2 \cdot 3 \cdot 7$
e) $432 = 2 \cdot 2 \cdot 2 \cdot 2 \cdot 3 \cdot 3 \cdot 3$
f) $594 = 2 \cdot 3 \cdot 3 \cdot 3 \cdot 11$
g) $2310 = 2 \cdot 3 \cdot 5 \cdot 7 \cdot 11$
h) $5148 = 2 \cdot 2 \cdot 3 \cdot 3 \cdot 11 \cdot 13$
i) $6732 = 2 \cdot 2 \cdot 3 \cdot 3 \cdot 11 \cdot 17$

12
a) 6 b) 7 c) 9 d) 17 e) 13
f) 11 g) 1 h) 1 i) 1

13
a) 15 b) 30 c) 60 d) 28 e) 65
f) 90 g) 72 h) 75 i) 252

14
Der ggT von 147, 357 und 231 ist 21.
Die Treppenstufen sind 21 cm hoch.

Rückspiegel, Seite 50

1
Zeichnen von Kreisen.

2
Zeichnen von Kreisen im Quadratgitter.

3
Zeichnen von Kreismustern.

4
a) C, D, E und F b) F, I, K, L und M
c) F d) A, B, G und H

5

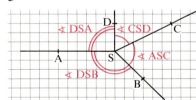

6
$\alpha = \sphericalangle BAS$ $\beta = \sphericalangle CBA$
$\gamma = \sphericalangle DSC$ $\delta = \sphericalangle SDC$
$\varepsilon = \sphericalangle BSC$ $\varphi = \sphericalangle CSD$

7
Zeichnen von Winkeln.

8
a) $\alpha = 60°$ b) $\alpha = 72°$

9
a) $\alpha = 65°$, spitz; $\beta = 21°$, spitz;
$\gamma = 94°$, stumpf.
b) $\alpha = 155°$, stumpf; $\beta = 75°$, spitz;
$\gamma = 90°$, rechter; $\delta = 40°$, spitz.

Rückspiegel, Seite 76

1
a) $\frac{9}{20}$ b) $\frac{9}{16}$ c) $\frac{2}{9}$ d) $\frac{3}{11}$

2

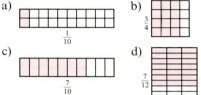

3
a) 250 m, 700 m, 125 m, 375 m
b) 75 m², 10 m², 3 m², 80 m²
c) 750 dm³, 200 m³, 125 m³, 60 m³

4
a) 30 l b) 54 l c) 4 kg
d) 45 kg e) 18 ha f) 162 ha

5
a) 300 m b) 90 ar c) 25 min
d) 350 ml e) 5 kg f) 10 s
g) 625 dm³ h) 280 g i) 275 mm³

6
a) $\frac{1}{10}, \frac{1}{6}, \frac{3}{4}, \frac{3}{10}, \frac{1}{12}$
b) $\frac{1}{8}, \frac{1}{16}, \frac{1}{4}, \frac{5}{8}, \frac{7}{8}$
c) $\frac{1}{2}, \frac{1}{4}, \frac{3}{5}, \frac{2}{5}, \frac{1}{15}$

7
a) $\frac{25}{7}$ b) $\frac{68}{9}$ c) $\frac{53}{6}$
d) $\frac{81}{8}$ e) $\frac{145}{14}$ f) $\frac{113}{15}$

8
$\frac{2}{3}, \frac{12}{18}$ und $\frac{10}{15}$; $\frac{9}{12}$ und $\frac{12}{16}$; $\frac{4}{5}, \frac{8}{19}$ und $\frac{12}{15}$

9
a) $\frac{2}{7}, \frac{2}{15}$ b) $\frac{1}{3}, \frac{3}{5}$ c) $\frac{2}{3}, \frac{8}{11}$ d) $\frac{1}{8}, \frac{5}{8}$

10
a) $\frac{50}{100} = 50\%$, $\frac{80}{100} = 80\%$, $\frac{95}{100} = 95\%$
b) $\frac{100}{100} = 100\%$, $\frac{150}{100} = 150\%$, $\frac{75}{100} = 75\%$

11
a) $\frac{2}{5} < \frac{7}{15}$ b) $\frac{1}{6} > \frac{1}{7}$ c) $\frac{7}{8} > \frac{10}{12}$
$\frac{11}{24} > \frac{3}{8}$ $\frac{5}{12} > \frac{2}{5}$ $\frac{9}{16} > \frac{13}{24}$
$\frac{7}{45} < \frac{2}{9}$ $\frac{5}{7} > \frac{7}{10}$ $\frac{11}{30} < \frac{17}{45}$
$\frac{6}{11} > \frac{23}{44}$ $\frac{2}{9} < \frac{3}{10}$ $\frac{7}{50} < 15\%$

12
Es gibt viele Möglichkeiten, z. B.:
a) $\frac{4}{5}$ b) $\frac{5}{12}$ c) $\frac{7}{40}$ d) $\frac{31}{36}$

Rückspiegel, Seite 114

1
a) $\frac{7}{12}$ b) $\frac{11}{12}$ c) $\frac{33}{35}$ d) $1\frac{1}{4}$
e) $1\frac{1}{21}$ f) $1\frac{11}{40}$ g) $\frac{13}{35}$ h) $\frac{29}{70}$
i) $\frac{8}{99}$ k) $\frac{11}{25}$ l) $\frac{11}{84}$ m) $\frac{7}{45}$

2
a) $5\frac{1}{7}$ b) $10\frac{3}{4}$ c) $6\frac{5}{14}$
d) $13\frac{13}{18}$ e) $1\frac{1}{8}$ f) $\frac{7}{12}$
g) $2\frac{74}{85}$ h) $1\frac{23}{30}$ i) $2\frac{103}{105}$

3
a) $\frac{31}{32}$ b) $\frac{31}{36}$ c) $2\frac{9}{20}$ d) $\frac{9091}{10000}$

4
a) $1\frac{4}{99}$ b) $4\frac{19}{36}$ c) $\frac{1}{12}$
d) $\frac{11}{20}$ e) $\frac{157}{180}$ f) $2\frac{61}{125}$

5
a) $2\frac{3}{4}$ b) $2\frac{1}{2}$ c) $\frac{11}{12}$ d) $\frac{35}{48}$
e) $\frac{5}{9}$ f) $1\frac{11}{24}$ g) $\frac{13}{15}$ h) $1\frac{5}{7}$

6
a) $2\frac{1}{4}$ b) 51 c) $\frac{4}{5}$
d) $1\frac{1}{3}$ e) $1\frac{3}{32}$ f) $1\frac{19}{35}$
g) $\frac{15}{16}$ h) $\frac{6}{7}$ i) 1

7
a) $\frac{8}{15}$ b) $1\frac{1}{2}$ c) $2\frac{1}{5}$ d) $8\frac{1}{3}$

8
a) $1\frac{1}{4}$ b) $1\frac{1}{3}$ c) $\frac{2}{5}$
d) $\frac{1}{9}$ e) 38 f) $17\frac{1}{2}$

9
a) $\frac{3}{10}, 1\frac{1}{2}, 4$ b) $\frac{9}{20}, 2, \frac{2}{3}$ c) $1\frac{1}{17}, \frac{9}{37}, 5\frac{3}{7}$

10
a) $\frac{2}{3}$ b) $1\frac{1}{11}$ c) $1\frac{1}{27}$
d) $\frac{16}{35}$ e) $1\frac{7}{18}$ f) $\frac{1}{6}$

11
a) $1\frac{1}{11}$ b) $\frac{2}{3}$ c) $2\frac{13}{14}$
d) $\frac{27}{176}$ e) $6\frac{1}{2}$ f) $\frac{4}{5}$

12
a) $62\frac{2}{5}$ cm   b) $8\frac{2}{5}$ cm, $12\frac{3}{5}$ cm
c) $1\frac{1}{5}$ cm, $1\frac{4}{5}$ cm, $1\frac{9}{20}$ cm, $38\frac{2}{5}$ cm, $67\frac{1}{5}$ cm

---

Rückspiegel, Seite 126

1

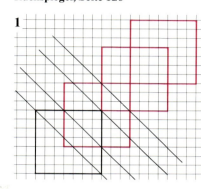

2

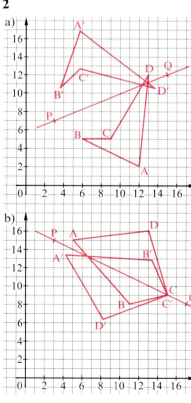

3
Verschobene Dreiecke. Achte auf die Länge der Verschiebungspfeile.

4

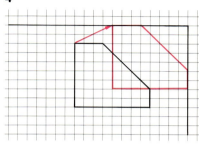

5
Die verschobenen Vierecke haben die Gitterpunkte
a) A'(7/3), B'(12/6), C'(7/9), D'(9/6)
b) A'(2/5), B'(8/5), C'(6/9), D'(4/9)
c) A'(6/4), B'(10/4), C'(14/10), D'(10/10)

6
a) Das Muster erscheint in gleichen Abständen, da die Rolle sich gleichmäßig dreht. Die Länge des Verschiebungspfeils entspricht (in der Realität) dem Umfang der Rolle.

7
a) $90°, 180°, 270°, 360°$
b) $120°, 240°, 360°$

8
$360° : 12° = 30$. Es gibt 30 Sitzreihen. Pro Sitzreihe gibt es 3 Sitzkörbe, also insgesamt $30 \cdot 3 = 90$ Sitzkörbe.

Rückspiegel, Seite 144

1
a) 0,8; 0,17; 0,009; 4,13; 11,1; 1,11
b) 0,4; 0,375; 1,75; 0,45; 0,16; 3,8; 0,687; 0,325

205

Lösungen

2
a) $\frac{4}{5}$; $\frac{3}{4}$; $\frac{9}{10}$; $\frac{19}{25}$; $\frac{1}{50}$; $\frac{13}{20}$
b) $1\frac{3}{10}$; $2\frac{16}{25}$; $3\frac{1}{1000}$; $8\frac{11}{20}$; $\frac{33}{100}$

3
a) 352 ct; 643 cm; 1500 g; 700 m
b) 145 dm²; 3900 ml; 750 mm³; 1403 m²
c) 2643 mm; 92 850 m²; 7 092 600 cm³

4
a) 5,63 m; 12,043 m
b) 4,012 kg; 3,033 t; 4,000666 kg
c) 2,022 l; 4,018312 m³
d) 18,18 hl; 205,05 hl; 50,050 l

5
a) >   b) <   c) =   d) <
e) >   f) =   g) =

6
a) 0,306 < 0,36 < 0,6 < 0,603 < 0,63
b) 1,101 < 1,11 < 11,0 < 11,01 < 11,1
c) 2,0345 < 2,3045 < 2,3405 < 2,345

7
a) 0,775 kg < 0,778 kg < 0,788 kg > 0,8 kg
b) 0,13 m² < 13,2 dm² < 0,00013 ha
c) 4,07 l < 4500,5 cm³ < 4,7 dm³

8
a) 1,2; 0,8; 23,9; 0,1
b) 2,457; 0,092; 14,287; 1,235
c) 19,86; 2,05; 117,26; 0,01

9
a) 28 m; 405 kg
b) 7 km; 87 ha; 43 cm
c) 839 mm²; 932 ml

10
a) 0,45; 0,7; 0,72; 0,3
b) 1,875; 0,064; 0,375; $0,\overline{6}$

11
a) $0,\overline{3}$; $0,8\overline{3}$; $0,\overline{4}$; $0,\overline{72}$
b) $0,\overline{6}$; $0,58\overline{3}$; $3,\overline{428571}$; $12,\overline{4}$

12
a) 0,57; 0,85; 6,07; 4,53
b) 0,16; 0,15; 0,17; 32,22

13
a) >   b) <   c) >

14
a) 3,62; 3,65; 3,66
b) 12,011; 12,015; 12,019
c) 0,755; 0,78; 0,8

Rückspiegel, Seite 170

1
a) 14,11; 11,726   b) 4,04; 8,005
c) 29,168; 13,995   d) 197,735; 97,3666

2
a) 90,75; 4,42; 1,55   b) 6,59; 5,39; 2,35

3
a) 43,81   b) 495,05
c) 30,239   d) 64,72

4
a) 1285,6; 9341; 320
b) 6,4389; 0,4293; 0,000076

5
a) 17,014; 40,1544; 3,3048
b) 4748,46; 41,4493; 0,019995
c) 34,28208; 1790,487192

6
a) 0,986; 2,935; 76,6125
b) 1,36; 5,77; 0,45

7
a) 3,25; 8,6; 0,546
b) 5,8; 12,5; 9,9

8
a) 12,47; 9,86; 2,93
b) 91,97; 0,57; 13,04

9
a) 3,6; 2,5; 32,5
b) 4; 0,25; 1,96

10
a) 14,8484   b) 145,5625   c) 62,76
d) 4,034   e) 83,4225

11
a) 155,82   b) 9,594
c) 179,54   d) 1,188

12
a) $4,7 \cdot (14,2 + 13,3) = 129,25$
b) $2 \cdot 8,9 + (9,2 - 7,5) = 19,5$
c) $9,3 \cdot 7 - 1,5 \cdot 3,5 = 59,85$
d) $(12,2 + 4,8) \cdot (12,2 - 4,8) = 125,8$

13
200 € reichen aus.
199,69 € < 200 €

14
11 · 3,25 € = 35,75
Bei 11 Besuchen wäre ein 12er Block billiger.

15
Frau Mager: 0,89 €
Herr Degele: 0,87 €

Rückspiegel, Seite 193

1
a) 4,13 €   b) 660 g   c) 13,60 €

2
a) 0,35 €   b) 2,2 cm   c) 16,50 €

3
20 Minuten würden sie zu dritt benötigen.

4
400 g zu 8,60 € sind billiger.

5

€	sFr	€	dkr
1	1,61	1	7,10
5	8,05	5	35,50
20	32,20	20	142,00
150	241,50	150	1065,00

6

Tauernbahn	8,5 km → 42,5 mm
Simplonbahn	19,8 km → 99,0 mm
Arlbergbahn	10,3 km → 51,5 mm
Gotthardbahn	15,0 km → 75,0 mm
Mt. Cenisbahn	12,2 km → 61,0 mm
Moselbahn	4,2 km → 21,0 mm

7
Nimm einen 100 mm langen Streifen, dann entsprechen die Prozentangaben der jeweiligen Länge in mm.

8

	J	F	M	A	M	J	J	A	S	O	N	D	
	68	62	52	62	88	102	100	90	76	64	58	52	mm
	–2	–1	2	5	9	12	13	12	10	7	2	–1	°C

Mathematische Symbole und Bezeichnungen/Maßeinheiten

9
a) 39   b) 2,95   c) 17740,$\overline{6}$

10
a) 183 m   b) 43,2 kg   c) 1682,5 cm³

11
Durchschnitt: 560 Besucher
Abweichung: 124 weniger,
28 weniger, 152 mehr

12
Kaiserstuhl: 11 °C
Berlin: 7 °C
München: 6 °C

Mathematische Symbole und Bezeichnungen

=	gleich
<	kleiner als
>	größer als
$\mathbb{N}$	Menge der natürlichen Zahlen
g, h, ...	Buchstaben für Geraden
g ⊥ h	die Geraden g und h sind zueinander senkrecht
∟	rechter Winkel
g ∥ h	die Geraden g und h sind zueinander parallel
A, B, ..., P, Q, ...	Buchstaben für Punkte
$\overline{AB}$	Strecke mit den Endpunkten A und B
$\overrightarrow{AB}$	Verschiebungspfeil
A(2|4)	Gitterpunkt mit dem Rechtswert 2 und dem Hochwert 4
∢ ASB	Winkel mit dem Scheitel S und dem Punkt A auf dem ersten Schenkel und dem Punkt B auf dem zweiten Schenkel
α, β, γ, ...	Bezeichnungen für Winkel

Maßeinheiten und Umrechnungen

Zeiteinheiten

Jahr	Tag	Stunde	Minute	Sekunde
1 a =	365 d			
	1 d =	24 h		
		1 h =	60 min	
			1 min =	60 s

Gewichtseinheiten

Tonne	Kilogramm	Gramm	Milligramm
1 t =	1000 kg		
	1 kg =	1000 g	
		1 g =	1000 mg

Längeneinheiten

Kilometer	Hektometer	Dekameter	Meter	Dezimeter	Zentimeter	Millimeter
1 km =	10 hm		1000 m			
	1 hm =	10 dam				
		1 dam =	10 m			
			1 m =	10 dm		
				1 dm =	10 cm	
					1 cm =	10 mm

Flächeneinheiten

Quadrat-kilometer	Hektar	Ar	Quadrat-meter	Quadrat-dezimeter	Quadrat-zentimeter	Quadrat-millimeter
1 km² =	100 ha					
	1 ha =	100 a				
		1 a =	100 m²			
			1 m² =	100 dm²		
				1 dm² =	100 cm²	
					1 cm² =	100 mm²

Raumeinheiten

Kubikmeter	Kubikdezimeter	Kubikzentimeter	Kubikmillimeter
1 m³ =	1 000 dm³		
	1 dm³ =	1 000 cm³	
	1 l =	1 000 ml	
		1 cm³ =	1 000 mm³

Register

addieren 78, 80, 146
Anteil 59
arithmetisches Mittel 185
Assoziativgesetz 85, 101

Bandornament 117
Bildfigur 116, 119
Bildpunkt 116
Bruch 52, 56, 58, 61, 62, 64, 70, 78, 80, 87, 88, 89, 91, 97, 136, 187
–, gleichnamiger 66, 78
–, ungleichnamiger 80
Bruchteil 52, 56, 59
Bruchzahl 62

Darstellung
–, grafische 181
Dezimalbrüche 131, 134, 136, 146
–, abbrechende 136
–, gemischt periodische 136
–, periodische 136
Dezimale 128
Dezimalschreibweise 128
Diagramm 181
Distributivgesetz 103, 164
dividieren 97, 152, 158, 161
Divisor 161
Drehung 121
Drehwinkel 131
Durchmesser 34
Durchschnitt 185
 -sgrößen 185

Endziffer 14
Endziffernregel 14
Eratosthenes 19
–, Sieb des 19
euklidischer Algorithmus 24
erweitern 66

Figur
–, drehsymmetrische 121

Genauigkeit 172
Grad 41

Halbgeraden 39
Hauptnenner 80

Kehrbruch 97
Klammer 85, 164
Kommaschreibweise 128
Kommaverschiebung 154
Kommutativgesetz 85, 101
Kreis 34
 -ausschnitt 37
 -bogen 37
 -sehne 37
kürzen 66

Maßzahl 56
messen 41
Mittelpunkt 34
Mittelwert 185, 187
Multiplikation 101
multiplizieren 89, 93, 152, 154

Nenner 52, 91
 Haupt- 80

ordnen 70, 131
Originalfigur 116, 119
Originalpunkt 116

Potenzschreibweise 20
Primfaktorzerlegung 20
Primzahl 18, 19, 20

Quersumme 16
Quersummenregel 16
Quotienten 64

Radius 34
Rechengesetze 85, 101
Rechenvorteile 85, 101
runden 134

Sachaufgaben 174
Schaubild 181
Scheitel 39

Schenkel 39
Schreibweise
–, gemischte 56
Sehne 37
spiegeln 116
subtrahieren 78, 80, 146
Symmetriewinkel 121

Tabelle 178
Teilbarkeit 12, 30
teilen 8, 91
Teiler 8
–, gemeinsamer 22
–, größter gemeinsamer 22
teilerfremd 22, 67
Teilermenge 8

Überschlagsrechnung 147, 154, 161
umwandeln 136

Verbindungsgesetz 85, 101
vergleichen 131
verschieben 119
Verschiebungspfeil 119
Vertauschungsgesetz 85, 101
Verteilungsgesetz 103, 164
vervielfachen 89
Vielfaches 8
–, gemeinsames 25
–, kleinstes gemeinsames 25
Vielfachenmenge 8

Winkel 39
 -maß 44
 -messung 41

Zähler 52, 89, 91
Zahl
–, natürliche 161
–, zerlegbare 20
Zahlenstrahl 62
Zehnerpotenz 152